U0234363

高等职业教育“十四五”系列教材
高等职业教育土建类专业“互联网+”数字化创新教材

工程总承包(EPC)管理实务

王　昆　沙　玲　主　编
任玲华　叶　雯　副主编
李树一　主　审

中国建筑工业出版社

图书在版编目（CIP）数据

工程总承包（EPC）管理实务/王昆，沙玲主编；任玲华，叶雯副主编．—北京：中国建筑工业出版社，2024．6

高等职业教育“十四五”系列教材　高等职业教育土建类专业“互联网＋”数字化创新教材

ISBN 978-7-112-29797-9

Ⅰ．①工…　Ⅱ．①王…②沙…③任…④叶…　Ⅲ．①建筑工程－承包工程－工程项目管理－高等职业教育－教材　Ⅳ．①TU723

中国国家版本馆 CIP 数据核字（2024）第 084178 号

本教材依据国家最新标准规范编写，提供一套完整的工程总承包管理实务知识体系。包括三大模块、五个岗位，三大模块分别为模块 1 认识工程总承包、模块 2 工程总承包管理实务、模块 3 工程总承包管理实务案例，其中模块 2 分为策划岗位、合同岗位、设计岗位、采购岗位和施工岗位五个岗位。

本教材适用于高等职业院校土木建筑类、水利类和交通运输类各专业师生使用。

为方便教师授课，本教材作者自制免费课件，索取方式为：1. 邮箱 jckj@cabp. com. cn；2. 电话（010）58337285；3. 建工书院 http：//edu. cabplink. com。

责任编辑：李天虹　李　阳

责任校对：赵　力

高等职业教育“十四五”系列教材

高等职业教育土建类专业“互联网＋”数字化创新教材

工程总承包（EPC）管理实务

王　昆　沙　玲　主　编

任玲华　叶　雯　副主编

李树一　主　审

*

中国建筑工业出版社出版、发行（北京海淀三里河路 9 号）

各地新华书店、建筑书店经销

北京龙达新润科技有限公司制版

北京圣夫亚美印刷有限公司印刷

*

开本：787 毫米×1092 毫米　1/16　印张：18¼　字数：452 千字

2024 年 7 月第一版　2024 年 7 月第一次印刷

定价：**56.00** 元（赠教师课件）

ISBN 978-7-112-29797-9

（42698）

前 言

尊敬的读者：

欢迎您踏入《工程总承包（EPC）管理实务》教材的世界！本教材旨在为您提供系统、全面的知识体系，帮助您深入理解和灵活运用工程总承包管理的理论与实践。

教材编写背景

近年来，我国工程建设行业蓬勃发展，工程总承包作为一种全新的管理模式逐渐得到广泛的应用。更多企业开始承接和参与工程总承包项目，并将工程总承包作为企业盈利板块的新增长点，进而急需大量相关人才队伍的建设和储备。我们洞察把脉行业先机、精准对接产业需求，经过多年的不懈努力，创作了本教材。

教材读者面向

本教材是从职场新人切入，通过工作中遇到的种种挫折，逐渐成长进步展开的迁移模式教学。因此，本教材学习要有一定的专业基础，建议安排在第一学年之后。本教材适用于土木建筑类、水利类和交通运输类各专业的学生、对于工程行业的从业人员也有较好的借鉴和学习价值。

教材创新之处

本教材内容全面贯彻国家现行规范和行业新标准，重点聚焦企业变革人才的新需求，提供一套完整的工程总承包管理实务知识体系。这不仅是一门新的教材，更创新了教材的新形式。

（1）“模块+任务/岗位”的课程新结构。“三大模块，五个岗位”包括模块1认识工程总承包、模块2工程总承包管理实务、模块3工程总承包管理实务案例，其中模块2工程总承包管理实务又分为策划岗位、合同岗位、设计岗位、采购岗位和施工岗位。

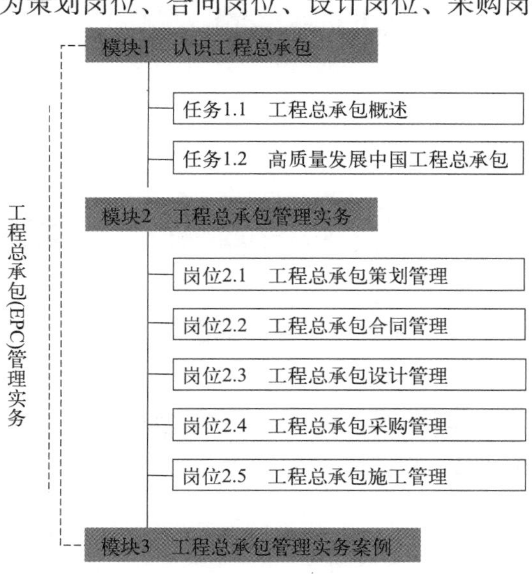

（2）“岗位＋能力＋思政”的课程新体系。纵向以岗位为主线，形成“认知链—实训链—考核链”经度能力链，横向以场景为主线，形成“思想链—文化链—实践链”纬度思政链。经度链、纬度链和能力链、思政链的双向协同、交叉融合，系统诠释了课程的知识体系。

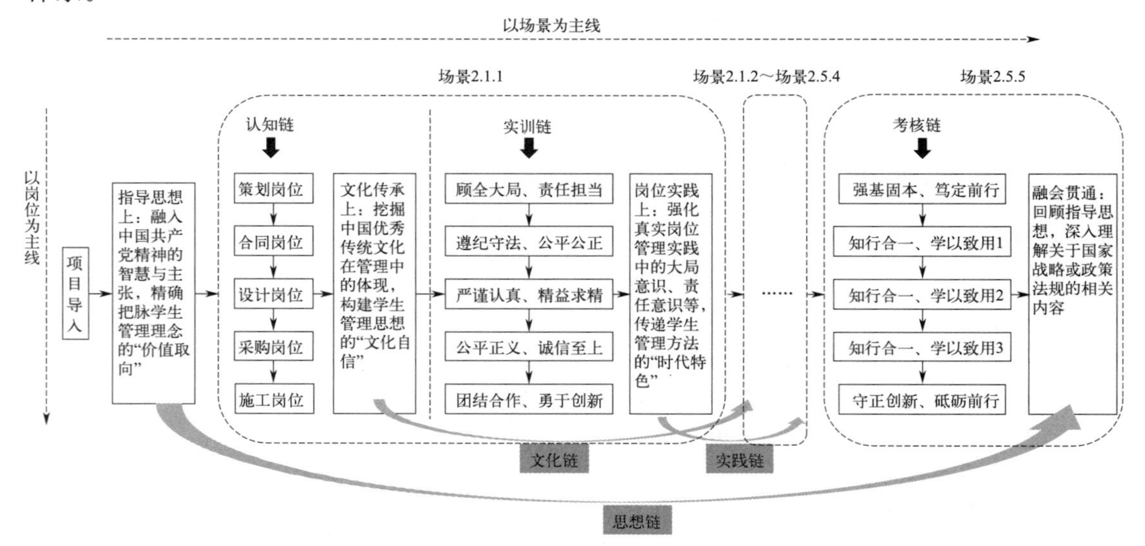

（3）“漫画＋图表＋动画”的课程新模式。以漫画导入情景、抓住学生的好奇心，进而分析问题原因、增加学习的驱动力。用流程图表形式，直观展现了工作的具体内容，更好地诠释岗位的能力职责。通过文字的“静—动”结合、场景的“虚—实”传递，全面展现真实的工作场景。

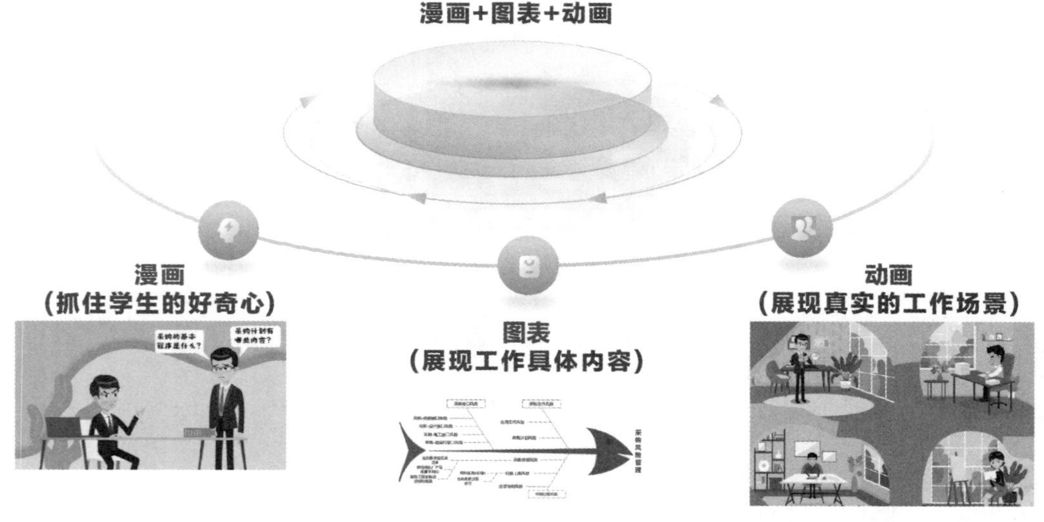

这门课程更关注学生的体验感受，更贴合企业真实的工作场景，以通俗易懂的语言和生动形象的案例，实现教学模式的创新。

教材作者简介

本教材由王昆、沙玲（浙江建设职业技术学院）任主编，任玲华（浙江建设职业技术学院）、叶雯（广东番禺职业技术学院）任副主编，汪茵、马尹骏、史一可（浙江建设职业技术学院），杨清源（广东番禺职业技术学院），张克燮、俞建强（华东勘测设计研究院），程文娟（河南高速公路监理咨询有限公司）参编。

其中，模块 1 由王昆执笔；模块 2 中策划岗位由叶雯、杨清源执笔，合同岗位由任玲华、史一可执笔，设计岗位由汪茵、张克燮执笔，采购岗位由沙玲执笔，施工岗位由马尹骏、俞建强执笔；模块 3 由马尹骏、程文娟执笔。全部编写工作是在王昆教授、沙玲教授的组织与具体指导下完成。中国电建集团华东勘测设计研究院有限公司李树一教授不辞辛劳地认真审阅了全部书稿。在此一并表示感谢。

由于编者水平有限，教材中难免还有不足之处，恳请读者、同行批评指正。我们的邮箱是 464868979@qq. com，期待收到您的来信!

目　录

模块 1　认识工程总承包

模块 2 工程总承包管理实务

模块 3 工程总承包管理实务案例

模块 1 认识工程总承包

EPC 发展历程

我国推行工程总承包模式历程大致分为试点、推广、全面推进三个阶段（图 1-1）。

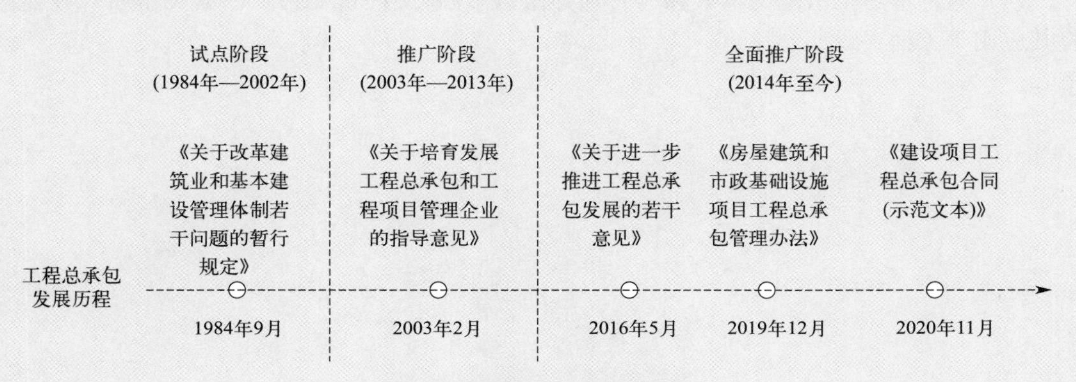

图 1-1 工程总承包发展历程

试点阶段（1984 年—2002 年）

1984 年 9 月，国务院颁布《关于改革建筑业和基本建设管理体制若干问题的暂行规定》，化工行业开始试行工程总承包模式，开启了我国工程总承包模式的探索之路。

推广阶段（2003 年—2013 年）

2003 年 2 月，建设部发布《关于培育发展工程总承包和工程项目管理企业的指导意见》，第一次以部级文件的形式规定了什么是工程总承包，规范了工程总承包模式的定义和内涵。

全面推进阶段（2014 年至今）

2016 年 5 月，住房和城乡建设部印发《关于进一步推进工程总承包发展的若干意见》，要求大力推进工程总承包，开展工程总承包试点工作。

2019 年 12 月，住房和城乡建设部、国家发展改革委联合印发《房屋建筑和市政基础设施项目工程总承包管理办法》（简称《管理办法》），明确要求工程总承包单位应当设立项目管理机构，实现对工程总承包项目的有效管理控制。

2020 年 11 月，住房和城乡建设部印发《建设项目工程总承包合同（示范文本）》（简称《示范文本》），对精准化项目定义、公平分配发承包双方的风险、强化项目管理等内容进行了丰富。

一系列新政策的发布和实施，特别是《管理办法》的正式推出，标志着我国工程总承包事业进入全面发展阶段。工程总承包模式正成为国家建筑产业转型升级的发展方向，在未来具有巨大的发展空间。

概述 能力培养

（1）通过认识工程总承包，理解工程总承包和施工总承包的区别，领会中国推行工程总承包发展的战略意义。

（2）通过了解 FIDIC 合同条件，理解中国工程总承包管理的发展模式，领会中国工程总承包与 FIDIC 合同条件的融通发展。

（3）通过学习工程总承包国内外发展分析，了解中国工程总承包企业的转型发展，理解中国工程总承包企业面向国际化的解决方案。

（4）通过学习《示范文本》和《管理办法》，理解文件重要条款的含义解析，并能够将其应用于工程实践。

任务1.1　工程总承包概述

场景1.1.1

2020年3月住房和城乡建设部、国家发展改革委联合印发《房屋建筑和市政基础设施项目工程总承包管理办法》，标志我国工程总承包的改革将逐步走向深入，建筑行业的新时代已徐徐拉开大幕。

GQ公司作为工程总承包行业的龙头企业，清晰认识到国家推行工程总承包的战略意义，工程总承包模式将成为未来建筑企业盈利业务的主要板块和竞相争夺的高端市场，如图1-2所示。请你自学工程总承包相关文件，尝试回答以下问题：

（1）什么是工程总承包？

（2）中国推行工程总承包发展的战略意义是什么？

图1-2　场景1.1.1

知识导入

1.1.1　一种全新的管理模式

1.1.1.1　认识工程总承包

工程总承包是指承包单位按照与建设单位签订的合同，对工程设计、采购、施工或者设计、施工等阶段实行总承包，并对工程的质量、安全、工期和造价等全面负责的工程建设组织实施方式。在工程总承包模式下，业主将工程项目建设全部委托给一家总承包单位组织实施，总承包单位凭借其设计、采购与施工管理过程的深度融合与衔接能力，降低工程建设成本，缩短项目建设周期，使业主提前获得预期的建设成果和商业运营收益，从而为其带来更大的经济效益。

狭义的工程总承包，是指对工程设计、采购、施工阶段实行总承包，并对工程的质量、安全、工期和造价等全面负责的工程建设组织实施方式。

广义的工程总承包：除狭义包含的内容外，还可以包括投融资、运营阶段。

微课
认识工程总承包

1. 工程总承包的特点

与传统总承包模式相比较，工程总承包模式具有以下特点：

（1）采用固定总价合同

工程总承包模式下，合同采用固定总价合同，即项目最终的结算价为合同总价加上可能调整的价格。一般情况下，业主允许承包商因费用变化调整合同价格的情况很少，只有在业主改变施工范围、施工内容等情况下才可以进行调整。所以工程总承包模式对承包商的报价能力和风险管理能力提出了很高的要求。在实际操作中，为了合理控制总价合同的风险，工程总承包模式一般用于建设范围、建设规模、建设标准、功能需求等明确的项目。

（2）由业主或委托业主代表管理项目

在工程总承包模式下，业主自身的管理工作很少，一般自己或委托业主代表进行项目管理。正常情况下，业主代表将被认为具有业主根据合同约定的全部权利，完成业主指派给他的任务。对于承包商的具体工作，业主很少干涉或基本不干涉，只对工程总承包项目进行整体的、原则的、目标的协调和控制。

（3）承包商承担了大部分风险

在工程总承包模式下，总承包单位承担了大部分的责任和风险，总承包单位需要对项目的安全、质量、进度和造价全面负责。

2. 工程总承包的优势

与传统总承包模式相比较，工程总承包模式具有以下优势：

（1）工程投资控制好

采用工程总承包模式从源头上节省投资，降低投资风险，通过方案设计与价格的综合评估，把“投资无底洞”消灭在工程发包之中；并且，由于实行整体性发包，招标成本也大幅度降低；总承包单位通过限额设计，杜绝在建设过程中随意变更、提高投资规模等顽疾，从而确保投资不超概算。

（2）合同履约能力强

工程总承包模式能有效克服设计、采购、施工相互制约和相互脱节的矛盾，有利于实现各阶段工作的深度融合，提高工程建设效率，大大增强了合同的履约。

（3）项目责任主体明确

设计、采购、实施的错缺漏项由总承包单位负责，减少推诿、扯皮现象，能有效发挥项目管理人员的质量意识，如：通过技术交底、样板先行、常见质量问题分析及控制的宣贯等措施，提高项目建设质量。

（4）降低投资风险和管理责任

工程总承包模式由总承包单位统一统筹谋划、协调管理。项目管理线条清晰单一，责任明确，使业主摆脱了工程建设中的繁杂事务，实现了专业的事交由专业的企业和人员来做，降低了建设单位的投资风险，减轻了工程管理责任。

（5）完善监管体制机制

实施工程总承包建设模式后，规范了项目实施的管理流程，有利于创造良好的项目建设环境，减少了违法发包和转包、挂靠等违规行为，促进建筑业持续健康发展。

综上所述，工程总承包模式最突出的特点是充分发挥设计的主导作用，实现设计、采购、施工的合理交叉和有效融合。见表 1-1。

工程总承包特点及优势汇总表　　表 1-1

评价分类		建设单位	工程总承包单位	总体效果
分项评价	投资	管理投入减少 拆改损耗减少	增加创效空间 阳光利润增加、结算迅速	总体投资降低 各方效益增加
	管理人力	管理人力大幅减少	专业人做专业事 管理人力小幅增加	总体人力投入减少
	工期	招标投标流程缩减 工期大幅减少	外部干扰大幅减少 工序穿插更紧密	大大缩短工期
	风险	风险大幅减少	风险大幅增加 风险防控能力更强	总体风险降低
总体评价	优势	(1)有利于项目综合效益的提升； (2)业主的投资成本在早期即可得到保证； (3)工期固定，且工期短； (4)承包商是向业主负责的唯一责任方； (5)管理简便，缩短了沟通渠道； (6)工程责任明确，减少了争端和索赔； (7)业主方承担的风险较小	(1)利润高； (2)压缩成本、缩短工期的空间大； (3)能充分发挥设计在建设过程中的主导作用，有利于整体方案的不断优化； (4)有利于提高承包商的设计、采购、施工的综合能力	总体来看 优势>劣势
	劣势	(1)合同价格高； (2)对承包商的依赖程度高； (3)对设计的控制强度减弱； (4)评标难度大； (5)能够承担大型项目的承包商数量较少，竞争性弱； (6)业主无法参与建筑师、工程师的选择，降低了业主对工程的控制力	(1)承包商承担了绝大部分风险； (2)对承包商的技术、管理、经验的要求都很高； (3)索赔难度大； (4)投标成本高； (5)承包商需要直接控制和协调的对象增多，对项目管理水平要求高	

1.1.1.2　理解工程总承包和施工总承包的区别

工程总承包是指承包单位按照与建设单位签订的合同，对工程设计、施工或者设计、采购、施工等阶段实行总承包，并对工程的质量、安全、工期和造价等全面负责的工程建设组织实施方式。即工程总承包主要包括设计、施工总承包（DB）和设计、采购和施工总承包（EPC）两种经典模式。

施工总承包是发包人将全部施工任务发包给具有施工承包资质的企业，由施工总承包企业按照合同的约定向建设单位负责，承包完成施工任务。指业主在发包时将建设程序中包括设计、施工、管理，分别发包给不同的承包单位，即施工总承包是指设计、招标、施工（DBB）模式。

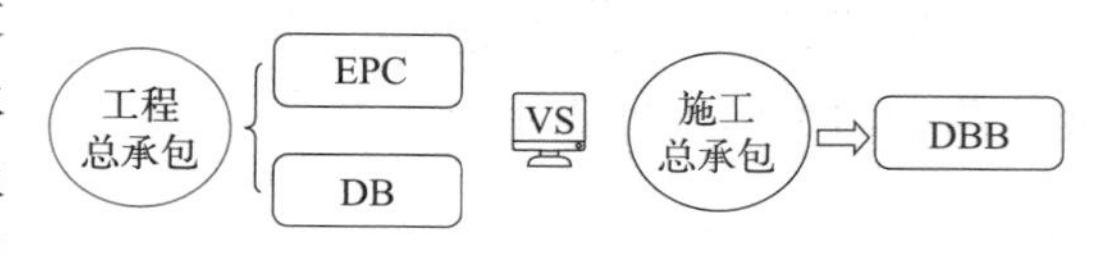

图 1-3　工程总承包与施工总承包

工程总承包和施工总承包简称描述如图 1-3 所示。

1. 工程总承包和施工总承包运行模式区别

运行模式分为合作模式、管理内容、责任主体三个方面，对比分析两者的不同。

（1）合作模式区别，如图 1-4 所示。

工程总承包：业主对整体、原则、目标的协调和控制，总承包单位对勘察、设计、施工、采购商进行总体协调把控，对项目的安全、进度、质量、造价全面负责。

施工总承包：业主对勘察、设计、施工、采购分别进行协调把控；施工承包单位对各自的安全、进度、质量负责。

（2）管理内容区别，如图 1-5 所示。

工程总承包：是指总承包单位受业主委托，按照合同约定对工程建设项目的勘察、设计、采购、施工等实行全过程的承包。管理内容涵盖了工程项目建设的全周期内容。

施工总承包：主要是施工建造的管理。

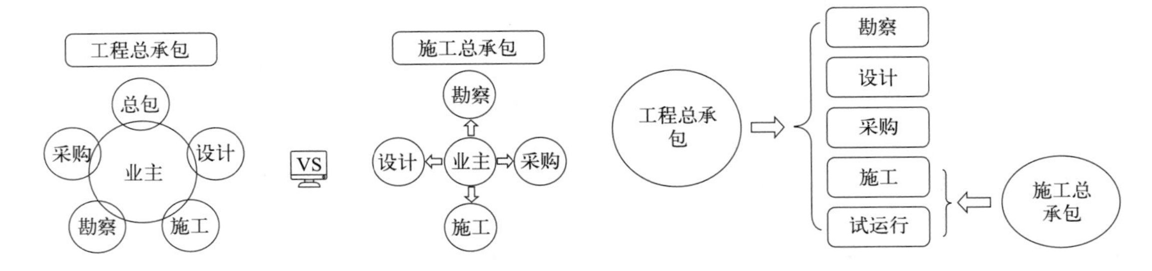

图 1-4　合作模式区别　　图 1-5　管理内容区别

（3）责任主体区别，如图 1-6 所示。

工程总承包：总承包单位作为第一责任主体，就项目全部阶段的安全、质量、进度、造价对业主负责。

施工总承包：存在多方责任主体。

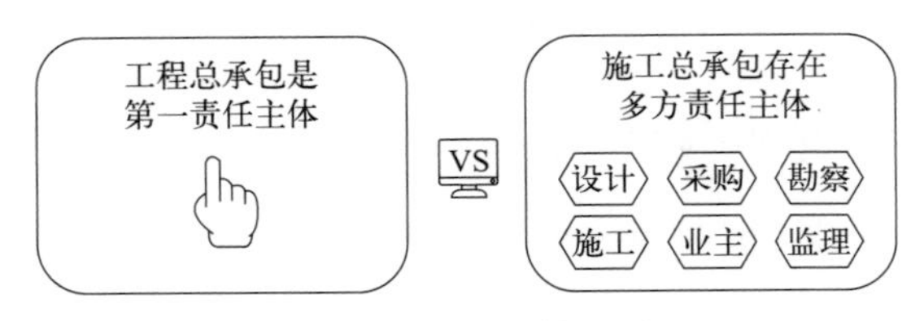

图 1-6　责任主体区别

2. 工程总承包和施工总承包管理模式区别

管理模式分为经营理念、管理体制、项目管理、设计管理、合同管理五个方面，对比分析两者的不同，见表 1-2～表 1-6。

经营理念的区别　　表 1-2

对比类别	工程总承包	施工总承包
竞争范围	扩展到设计、采购等环节	施工环节
竞争优势	提升到资源整合能力	施工技术
利润来源	提供全过程解决方案，具有高附加值，获得丰厚回报	获取劳务报酬

管理体制的区别　　表 1-3

工程总承包	施工总承包
要求多结构管理体制： (1)整合优化资源能力。通过发展或并购具备核心专业能力的设计院、材料设备供应商、分包施工单位等相关资源建立战略合作关系，整合优化资源。 (2)矩阵式架构管理结构。将单个项目的相对独立性与各运作环节所涉及部门单位的协作要求统一起来，在提升管理效率的同时加大管控力度。 (3)"三化"管理手段。精细化、信息化、标准化管理手段得到推广应用，便于资源调配，降低管理成本，提高运作效率	施工单线条管理

项目管理的区别　　表 1-4

工程总承包	施工总承包
要求各环节优化管理： (1)精细化的项目管理。加强资源整合与计划，准确定位和处理好管理程序和资源流程，做到协调衔接流畅。 (2)分析关键环节控制。特别是涉及采购环节包含的利润增长点，做好进度、费用和质量控制，提高项目整体管控水平，提高工程综合收益	主要为施工管理

设计管理的区别　　表 1-5

工程总承包	施工总承包
要求强大的设计管理能力： (1)摆脱重施工轻设计的观念和习惯。注重内部设计管理及设计院所建设，引进或并购外部设计资源。 (2)推进深化设计和设计优化。联合生产物资部门，以项目设计实践和资源积累为基础，加强对有关人员的培养。 (3)提高材料设备的技术经济性。保持对材料设备行情的跟踪把握，提升国际采购和材料优化选型能力。 (4)提升设计力量统筹计划、优化方案以及完善细节的能力。更好地实现设计意图、功能要求和整体造价的结合	没有或较少有设计管理

合同管理的区别　　表 1-6

对比要素	工程总承包	施工总承包
适用范围	规模较大的投资项目，如大规模住宅小区项目、石油、石化、水电站、工业项目等	一般的房屋建筑工程、基础设施项目，适用范围广泛
主要特点	工程总承包承担设计、采购、施工，可合理交叉进行	设计、采购、施工交由不同的承包商按顺序进行
设计的主导作用	能充分发挥	难以充分发挥
设计采购和安装费占总成本比例	所占比例高	所占比例小
设计和施工进度	能实现深度交叉	协调和控制难度大
业主项目管理深度	较低	较高
招标形式	邀请招标或者议标	公开招标
承包商投标准备工作	工作量大，比较困难	相对工程总承包模式较容易
对承包商的专业要求	需要特殊的设备、技术，而且要求很高	一般不需要特殊的设备和技术
承包商利润空间	相对施工总承包较大	一般

3. 工程总承包和施工总承包组织模式区别

组织模式分为沟通协调、人才培养、融资能力、风险控制四个方面，对比分析两者的不同，分别见表1-7～表1-10。

沟通协调的区别　　表1-7

工程总承包	施工总承包
由总承包人协调，属于内部协调： (1)了解业主意图和要求。在设计满足业主需求的情况下，再考虑施工。 (2)加强和业主沟通解释。对于变更索赔等正当权益要据理力争，同时做好风险防范措施。 (3)建立外部沟通的机制。完善报批报建手续，建立与规划、住建、设计审查等政府各部门和外部单位的沟通	由业主协调，属于外部协调： 主要是业主的施工管理部门、监理、部分政府部门的沟通

人才培养的区别　　表1-8

工程总承包	施工总承包
要求复合型管理人才： (1)培养既通晓规则又有专业技能的人才。具有设计、采购、施工、风控、财税以及合同、商务管理等方面人才。 (2)培养既懂设计又懂施工的复合型人才。以满足工程总承包项目设计优化、深化设计和控制建造成本的要求。 (3)引进特殊、急需人才。应当打破常规，大力引进，促进人力资源匹配企业竞争战略转型的需要	施工管理人才

融资能力的区别　　表1-9

工程总承包	施工总承包
更高的融资能力： (1)发展与外部各类金融机构的关系。工程总承包通常是投资规模较大、工程期限较长的项目，企业应当具备相应的融资能力，为项目运作争取低成本高保障的资金。 (2)取得金融机构的支持与协作。国际工程项目，对所在国政治经济稳定性等因素应予以重点关注，取得金融机构支持，增强经营实力和风险抵御能力	一般的融资能力

风险控制的区别　　表1-10

工程总承包	施工总承包
更高的风险控制： (1)固定总价合同。报价要充分反映项目技术、进度、成本及其他风险费用，并考虑价格异常波动，设立谈判补偿机制。 (2)国别风险。国际工程项目要了解所在国的政治、法律、宗教信仰、文化习俗、不可预见的气候和地质条件、语言障碍、中外设计标准差异等，做到运用自如	一般的风险控制

1.1.1.3　中国推行工程总承包发展的战略意义

1. 提升企业国际竞争力，服务“一带一路”建设

目前，我国大多数勘察、设计、施工、监理企业存在着功能单一、业务领域狭窄、组织结构不合理、融资能力较差，不能为业主提供工程建设全过程的承包和服务等问题，缺乏国际竞争实力，国际承包市场的占有份

额较小。通过培育发展工程总承包和工程项目管理企业，可以调整我国勘察、设计、施工、监理企业的经营结构，增强其综合实力。

因此，加快推行工程总承包，促进行业转型升级，缩短与国际工程总承包企业管理水平的差距，改变我国建筑业“大而不强”的现状，有效提升建筑业企业的核心竞争力，在“一带一路”大背景下，推动企业“走出去”。

2. 加快与国际工程总承包和管理方式接轨

建设工程作为国民经济的支柱产业，存在着行业发展方式粗放、监管体制机制不健全、工程建设组织方式落后等问题。近年来，我国实行过多次改革，但基本上是用行政手段去决定工程建设的技术经济问题，忽视了对工程建设项目的技术、经济、进度、质量的全面管理和专业化服务体系，导致建设项目的管理水平低，使工程设计、设备制造、施工安装相互脱节，使工期一拖再拖，投资一超再超，质量也得不到保证，严重影响了基本建设的整体效益。

因此，加快推行工程总承包，借鉴发达国家通行做法，结合我国国情，建立权责分明、制约有效、科学规范的工程项目管理体制和运行机制，不断提高投资效益和项目管理水平；同时带动我国技术、机电设备及工程材料的出口，促进劳务输出，开拓国际工程总承包市场。

3. 推进中国高质量发展的有力手段

装配式建筑、智能建造等项目具有“设计标准化、生产工厂化、施工装配化、主体机电装修一体化、全过程管理信息化”的特征，工程总承包模式有别于以往的传统管理模式，可以整合产业链上下游的分工，实现生产关系与生产力相适应，技术体系与管理模式相适应，全产业链上资源优化配置、整体成本最低化，进而解决工程建设切块分割、碎片化管理的问题。

因此，唯有推行工程总承包模式，才能推进建筑一体化、全过程、系统性管理，将工程建设的全过程联结为完整的一体化产业链，以工程总承包的集成化管理优势，为加速建筑业深化改革、推动经济高质量发展发挥了重要作用。

知识拓展

拓展1-1：业主、总承包单位的概念

业主是指工程项目的发包人或招标文件或合同文件中被称为业主的当事人及其财产上的合法继承人。

总承包单位是指与业主签订工程总承包合同，并负责按照合同的规定实施、完成和修复工程缺陷的工程项目的当事人及其财产上的合法继承人。

业主和建设单位这两个概念当视情形而论：

（1）如果业主直接负责项目的建设，那么业主就是建设单位；

（2）如果业主出资，由项目法人制建立的单位实际管理建设全过程，后期该部门即为新建项目的经营者，那么这个管理项目的单位就叫作建设单位。

专家答疑

困惑 1-1：EPC 是指什么？

答疑：EPC 英文全称为 Engineering Procurement Construction，是指设计、采购、施工的全部承包。其中：Engineering 是指从工程项目总体策划到具体项目的设计工作；“设计”不仅包括具体的工程项目设计工作，而且还包括整个工程建设内容的总体策划以及整个工程实施组织管理的策划工作；Procurement 是指从工程专业设备到建筑材料的采购工作；“采购”不仅包括建筑材料采购，而且包括专业的设备、机械、电器、仪表及其他材料的采购；Construction 是指从工程施工、安装到工程交接等的工作；“施工”除包括建构筑物的施工外，还包括设备、机械、电气和仪表的安装、调试、单机试运行、联动试运行和工程中间交接等内容。

在 EPC 模式中“E”具有如下特点：（1）可施工性设计，设计需结合现场的地形、地质条件，考虑现场的施工方案，保证设计的可施工性；（2）限额设计，在满足工程功能、质量和安全的前提下，设计人员需与造价管理工程师密切配合，从经济性着手进行多方案比较，最终达到控制工程造价的目的；（3）设计优化，设计人员应对项目的设计、采购、施工等进行全面细致的分析比较，树立成本意识，全过程考虑成本的最佳平衡点，通过优化设计来尽可能多地获得工程项目经济效益。

举例说明：家庭装修有三种模式，清包、半包和全包。其中：清包，是指业主自行购买所有材料，找装饰公司或装修队伍来施工的一种工程承包方式；半包，是介于清包和半包之间的一种方式，施工方负责施工和辅料的采购，主料由业主采购；全包，也叫包工包料，所有材料采购和施工都由施工方负责。EPC 模式类似装修工程中的全包。

困惑 1-2：工程总承包就是 EPC 吗？

答疑：近年来，国内常见的形式是“EPC 工程总承包”或“工程总承包（简称 EPC）”，那么工程总承包就是 EPC 吗？两者之间有何关系？

《管理办法》指出，“工程总承包是指承包单位按照与建设单位签订的合同，对工程设计、采购、施工或者设计、施工等阶段实行总承包，并对工程的质量、安全、工期和造价等全面负责的工程建设组织实施方式。”这是目前我国最新政策文件中工程总承包的权威定义。这一定义之下的工程总承包，其承包内容至少包含设计和施工，并强调了“对工程的质量、安全、工期和造价等全面负责”，这实际上涵盖了国际上的设计施工总承包（DB）和设计、采购和施工总承包（EPC）两种经典模式。其中，DB 可认为是工程总承包最为基本的模式。与 DB 相比，EPC 的概念在我国应用更为广泛，仅从字面上看，EPC 是从 DB 的“设计施工总承包”扩展为“设计、采购和施工总承包”。

从 FIDIC 系列合同条件来看，DB 和 EPC 分别有其对应的标准化合同条件，即黄皮书和银皮书，而从它们的历史渊源看，EPC 可视为 DB 的一种衍生模式。即使跳出 FIDIC 合同条件的背景，不以银皮书作为 EPC 的典型合同文本，而将所有包括设计、采购和施工的承包模式都泛称为 EPC，那么由于仅包括设计和施工的承包模式也属于工程总承包，所以 EPC 也只能是工程总承包的一种模式而已。

因此，无论是以 FIDIC 银皮书还是以承包范围来定义 EPC，EPC 都不等同于工程总承包，工程总承包是EPC的上位概念。

困惑1-3：采用总价合同就是工程总承包吗？

答疑：受FIDIC银皮书等方面的影响，工程界常将工程总承包与固定总价合同相关联，认为工程总承包就是固定总价，采用价格一笔包死的合同就是工程总承包，这是典型的混淆了合同计价方式和工程承包模式两个概念造成的理解偏差。本质上，工程总承包是对工作内容或阶段的承包，而不是对价格或成本的承包。因此，工程总承包的最大优势并不在于是否采用固定总价合同，而在于其将工程设计和施工进行融合（设计与施工一体化），然后发包给一个总承包方（如DB总承包方），这为总承包方开展工程优化提供了平台和空间。

而FIDIC银皮书推荐采用固定总价合同，也仅是针对工程总承包模式之一的EPC所推荐使用的合同示范文本的约定，并不适用于所有工程总承包项目。在银皮书的背景下，采用固定总价合同将大部分风险转由总承包方承担，其是与银皮书所适用的情形相适应的。而通过对银皮书和黄皮书进行比较，我们会发现两者在业主与总承包方双方的风险分配问题上就存在较大差异。因此，不同类型的工程总承包项目，其是否采用固定总价合同，应根据项目具体特点决定。

实践中，一些不确定性较大的项目可能更适合采用工程总承包，因为不确定性大，意味着潜在优化空间大，而工程总承包通过设计与施工的一体化正好提供了优化平台，只要总承包方有能力并愿意付诸努力积极优化，就能将潜在优化效益变为现实。而为了激发总承包方的这种优化积极性，我们就需要突破传统固定总价合同框架，设计更匹配的合同计价方式，以合理分配收益和风险。

能力训练

住房和城乡建设部印发的《关于进一步推进工程总承包发展的若干意见》中指出："建设单位在选择建设项目组织实施方式时，应当本着质量可靠、效率优先的原则，优先采用工程总承包模式。政府投资项目和装配式建筑应当积极采用工程总承包模式。"

训练1-1：5个月工期的体育场馆新建工程，能按照合同工期要求完工吗

某体育场馆新建工程作为某市重点工程，要求国庆节前必须投入使用，建设工期5个月。住房和城乡建设局李局长发愁，前期报批报建和招标投标手续最快需要2个月，这么短的工期、这么大的工程怎么可能完成？再说原来类似工程管理经验少，技术质量怎样保证？

以分组讨论形式，完成以下任务：

李局长能按照上级要求按期完工吗？他该怎么办呢？

答案

体育场馆案例

场景 1.1.2

住房和城乡建设部《“十四五”工程勘察设计行业发展规划》明确提出要“稳步推进工程总承包模式”，国家相继出台系列相关政策法规文件。

顺势而为、乘势而上！GQ 公司为加强团队建设管理，要求集团全体员工定期培训学习。目前主要有两项内容：一是《房屋建筑和市政基础设施项目工程总承包管理办法》；二是《建设项目工程总承包合同（示范文本）》。这两项内容是工程总承包项目实施的主要依据，也是员工培训学习的主要内容，如图 1-7 所示。

图 1-7　场景 1.1.2

金兰生在《格言联璧·持躬类》中说：“此生不学一可惜，此日闲过二可惜，此身一败三可惜。”告诫人们应该珍惜分分秒秒，抓紧每一时刻，千万不可虚度光阴。

通过学习，你了解到《示范文本》和《管理办法》的一般规定和重点内容有哪些？

知识导入

1.1.2　解读工程总承包相关政策之概述

1.1.2.1　《示范文本》概述相关重点条款解析

第 1 条　一般约定

1.1　词语定义和解释

【范本原文】

1.1.1.6《发包人要求》：指构成合同文件组成部分的名为《发包人要求》的文件，其中列明工程的目的、范围、设计与其他技术标准和要求，以及合同双方当事人约定对其所作的修改或补充。

【条文解析】

《发包人要求》是合同组成的重要法律文件，不可忽视，是发包人在订立合同之初的需求，承包人也是根据这个需求进行报价，并通过磋商后形成签约合同价。而在合同履行过程中，发包人通过“指令”“联系单”等形式提出的“要求”有可能构成工程的变更，会影响合同价格，因此要把《发包人要求》和发包人“要求”区分对待。承包人要有能力区分哪些新“要求”属于超出合同订立时的《发包人要求》，也要求承包人要在收到《发包人要求》时对其内容进行细致评审，对那些不明确和范围不明晰的发包人要求提出明确的意见，以避免手续变更产生的纠纷。

1.12 《发包人要求》和基础资料中的错误

【范本原文】

承包人应尽早认真阅读、复核《发包人要求》以及其提供的基础资料，发现错误的，应及时书面通知发包人补正。发包人作相应修改的，按照第 13 条［变更与调整］约定处理。

《发包人要求》或其提供的基础资料中的错误导致承包人增加费用和（或）工期延误的，发包人应承担由此增加的费用和（或）工期延误，并向承包人支付合理利润。

【条文解析】

首先，本条规定承包人发现《发包人要求》中的错误后及时通知发包人即可，而没有设置通知的具体期限。而 2011 年版《示范文本》中则规定了“对这些资料中的短缺、遗漏、错误、疑问，承包人应在收到发包人提供的上述资料后 15 日内向发包人提出进一步的要求”，即对承包人有 15 天的复核期限限制。

其次，明确了当《发包人要求》或其提供的基础资料中的错误导致承包人增加费用和（或）工期延误的，发包人应承担由此增加的费用和（或）工期延误，并向承包人支付合理利润。此类风险共担的模式更适合目前国内培育工程总承包的市场，当然也对发包人提出了更高的要求，至少应再次警醒发包人在制定《发包人要求》时应避免错误。

最后，需要特别注意，当承包人发现错误问题时，通知的应当是发包人，而非发包人的“工程师”。

1.13　责任限制

【范本原文】

承包人对发包人的赔偿责任不应超过专用合同条件约定的赔偿最高限额。若专用合同条件未约定，则承包人对发包人的赔偿责任不应超过签约合同价。但对于因欺诈、犯罪、故意、重大过失、人身伤害等不当行为造成的损失，赔偿的责任限度不受上述最高限额的限制。

【条文解析】

对于工程总承包而言，承包人需要对工程项目承担更多的风险。为了避免风险无限扩大，合理分担风险，2020 年版《示范文本》设置了发包、承包双方可在专用合同条件中约定承包人赔偿的最高限额。即使在专用合同条件中没有约定，2020 年版《示范文本》也设置了承包人对发包人的赔偿责任不应超过签约合同价。这里采用的参照标准是“签约合同价”而不是“合同价格”，一定程度上使承包人风险控制在承包人可预见的范围内，有利于工程总承包模式的推广及市场的建设。

1.1.2.2　《管理办法》概述相关重点条款解析

微课

《管理办法》重点条款解读

第二条　【适用范围】

【办法原文】

从事房屋建筑和市政基础设施项目工程总承包活动，实施对房屋建筑和市政基础设施项目工程总承包活动的监督管理，适用本办法。

【条文解析】

《管理办法》的性质为规范性文件，其制定的首要目的是规范市场主体从事房屋建筑和市政基础设施项目工程总承包活动。同时，规范性文件作为行政机关执行法律、法规、规章，履行行政管理职能的重要方式，在政府管理中发挥着不可替代的作用。行政机关必须在法定权限范围内行使职权，不得超越法定职权范围行使法律没有授予的权力，这也是依法行政原则的根本要求之一。因此，行政机关对房屋建筑和市政基础设施项目工程总承包活动进行监督管理也应适用《管理办法》。

【理解与适用】

《管理办法》适用范围中“房屋建筑工程”和“市政基础设施工程”的理解：

本条规定明确了《管理办法》的适用范围，具体包括房屋建筑与市政基础设施项目工程总承包活动及其监督管理。

参照《房屋建筑和市政基础设施工程施工招标投标管理办法》中的“房屋建筑工程”应当从广义角度理解，包括各类房屋建筑、其附属设施、与其配套的线路、管道、设备安装工程及室内外装修工程。

参照《房屋建筑和市政基础设施工程施工招标投标管理办法》中的“市政基础设施工程”应当包括，在城市区、镇（乡）规划建设范围内设置、基于政府责任和义务为居民提供有偿或无偿公共产品和服务的各种建筑物、构筑物、设备等，城市生产生活配套的各种公共基础设施建设都属于市政工程范畴，如常见的城市道路、城市桥梁、城市公共广场、地铁、城市供排水、城市供气供热、生活垃圾，如与生活紧密相关的各种管线：雨水、污水、上水、中水、电力、电信、热力、燃气等，还有城市园林等的建设，都属于市政基础设施工程的范畴。

第三条 【工程总承包的定义】

【办法原文】

本办法所称工程总承包，是指承包单位按照与建设单位签订的合同，对工程设计、采购、施工或者设计、施工等阶段实行总承包，并对工程的质量、安全、工期和造价等全面负责的工程建设组织实施方式。

【条文解析】

首先，从字面含义上来讲，“工程总承包”属于一种工程项目组织实施方式，在现阶段并非一个明确的法律概念，且实践中尚未形成共识，需从国家层面进行引导和规范；其次，国家推行工程总承包是对完善工程建设组织模式、提升工程建设质量和效益的一种尝试；最后，在现阶段发承包市场较为复杂的情形下，明确工程总承包的内容范围可以有效引导这一模式的发展走向，实现提升工程建设质量和效益的根本目的。

【理解与适用】

1. 上位法对于工程总承包的规定

2. 工程总承包范围的定义未包括勘察阶段

本条款中工程总承包单位承包的范围不包括“勘察”阶段。由于工程总承包模式下，一般采用固定价格合同，但因为地质条件差异及地下埋藏物对工程设计方案及工程造价有重大影响，如果在工程承发包阶段承包人尚未全面了解地质条件的前提下便约定合同，则该报价难以具有准确性，特别是在发包人市场的大环境下，承包人往往难以在报价中充分考虑因承担不利地质条件风险的合理的风险费用。所以，在目前尚在推进工程总承包模式的前提下，为保障合同参与方对工程总承包合同的可履行性，不宜将勘察工作列入总承包范围。

3. 工程总承包范围应当包含设计、施工两个阶段，主要包括设计、采购、施工总承包和设计、施工总承包等形式

4.《管理办法》要求工程总承包单位对质量、安全、工期、造价所负的全面责任

本条款概括地指出了工程总承包单位应对工程的质量、安全、工期、造价等负全面责任，所谓“全面”即针对工程总承包范围内的部分，包括自行完成的部分，也包括分包给第三人的部分。具体如下：

（1）在质量管理方面，工程总承包单位应当对其承包的全部建设工程质量负责，分包单位对其分包工程的质量负责，分包不免除工程总承包单位对其承包的全部建设工程所负的质量责任。工程总承包单位、工程总承包项目经理依法承担质量终身责任。

（2）在工期控制方面，工程总承包单位应当依据合同对工期全面负责，对项目总进度和各阶段的进度进行控制管理，确保工程按期竣工。

（3）在安全管理方面，分包单位应当服从工程总承包单位的安全生产管理，分包单位不服从管理导致生产安全事故的，由分包单位承担主要责任，分包不免除工程总承包单位的安全责任。

（4）在造价控制方面，工程总承包单位应当要完成从“按图施工”向“按约施工”的思维转变，承包人在满足发包人要求的前提下，要严格按照合同价款的约定进行限额设计，努力通过设计优化实现更多的盈利。

第六条　【工程总承包方式的适用项目】

【办法原文】

建设单位应当根据项目情况和自身管理能力等，合理选择工程建设组织实施方式。

建设内容明确、技术方案成熟的项目，适宜采用工程总承包方式。

【条文解析】

本条第1款未对特定类型项目强制性要求必须采用工程总承包的模式，而是将是否采用工程总承包模式交由建设单位和市场决定，并提示建设单位结合项目具体情况和自身管理能力“合理”选择实施方式，避免不问项目情况、不结合实际盲目推进工程总承包模式。

本条第2款对于适于工程总承包模式的项目条件从建设内容、技术方案两个基本方面作出了规定，实践中项目具体情况与发包人特定需求会有不同，还可能存在其他条件需要在工程总承包项目发包时明确。例如，北京市《关于在本市装配式建筑工程中实行工程总承包招投标的若干规定（试行）》规定了在前期可研阶段发包的，工程项目的建设规模、建设标准、功能需求、技术标准、工艺路线、投资限额及主要设备规格等均应确定；《上海市工程总承包试点项目管理办法》（自2017年1月1日起施行）规定了在前期可行性研究阶段发包的，工程项目的建设规模、设计方案、功能需求、技术标准、工艺路线、投资限额及主要设备规格等均应确定。

【理解与适用】

1. 项目具体情况及建设单位自身的管理能力是建设单位确定是否采用工程总承包模

式的重要考虑因素

工程总承包模式对建设单位的自身管理能力提出了要求，建设单位具体应主要关注以下两点：

（1）应关注项目前期咨询阶段的管理工作

在工程总承包项目的前期工作阶段，建设单位即应与有相应能力的咨询单位合作，初步确定设计标准、投资估算等关键要素，使后续的设计、施工、试运行等阶段的工作从开始就建立在符合需求、经济合理的基础之上。

（2）应关注项目管理的人员队伍建设和管理措施落实

建设单位应加强人员培训和队伍建设，进行有针对性的学习。应根据自身情况和项目特点进一步提升专业化水平，建立与设计、施工、试运行等阶段相对应的项目管理机构职能部门，并在管理工作开展过程中开展技术方面、经济方面、沟通方面的学习，加强与使用单位的沟通，确保建设目标和使用目标的有机结合。

2. 对于适合采用工程总承包的项目类型，政策法规已有指引性的规定，对此建设单位可以结合实际情况进行参考

工程总承包模式相对于传统的施工总承包模式，承包商承包范围包含了设计阶段，承包范围向前延伸，而且国际惯例通常采取固定总价。本款要求发包人发包时应建设内容明确、技术方案成熟，这有助于双方风险管理，减少过程中的变更及争议。

专家答疑

困惑 1-4：住房和城乡建设部发布《“十四五”建筑业发展规划》的远景目标和主要任务是什么？

答疑：住房和城乡建设部发布《“十四五”建筑业发展规划》的远景目标和主要任务：

（1）远景目标：到 2035 年，建筑业发展质量和效益大幅提升，建筑工业化全面实现，建筑品质显著提升，企业创新能力大幅提高，高素质人才队伍全面建立，产业整体优势明显增强，“中国建造”核心竞争力世界领先，迈入智能建造世界强国行列，全面服务社会主义现代化强国建设。

（2）主要任务：

一是加快智能建造与新型建筑工业化协同发展。包括完善智能建造政策和产业体系，夯实标准化和数字化基础，推广数字化协同发展，大力发展装配式建筑，打造建筑产业互联网平台，加快建筑机器人研发和应用，推广绿色建造方式。

二是健全建筑市场运行机制。包括加强建筑市场信用体系建设，深化招标投标制度改革，完善企业资质管理制度，强化个人执业资格管理，推行工程担保制度，完善工程监理制度和深化工程造价改革。

三是完善工程建设组织模式。包括推广工程总承包模式，发展全过程工程咨询服务，推行建筑师负责制。

四是培育建筑产业工人队伍。包括改革建筑劳务用工制度，加强建筑工人实名制管理和保障建筑工人合法权益。

五是完善工程质量安全保障体系。包括提升工程建设标准水平，落实工程质量安全责任，全面提高工程质量安全监管水平，构建工程质量安全治理新局面，强化勘察设计质量管理，优化工程竣工验收制度和推进工程质量安全管理标准化和信息化。

六是稳步提升工程抗震防灾能力。包括健全工程抗震防灾制度和标准体系，严格建设工程抗震设防监管，推动工程抗震防灾产业和技术发展，提升抗震防灾管理水平和工程抗震能力。

七是加快建筑业“走出去”步伐。包括加强与有关国际标准化组织的交流合作，参与国际标准化战略、政策和规则制定，支持企业开展工程总承包和全过程工程咨询业务，推动对外承包业务向项目融资、设计咨询、运营维护管理等高附加值领域拓展，逐步提高我国企业在国际市场上的话语权和竞争力。

困惑 1-5：《管理办法》适用于房屋建筑和市政基础设施项目工程的重点内容有哪些？

（1）工程总承包的方式：明确应采用 EPC 和 DB 两种模式

《管理办法》第三条规定：“本办法所称工程总承包，是指承包单位按照与建设单位签订的合同，对工程设计、采购、施工或者设计、施工等阶段实行总承包，并对工程的质量、安全、工期和造价等全面负责的工程建设组织实施方式。”明确工程总承包应当同时包含设计和施工内容，应采用设计-采购-施工总承包（EPC）和设计-施工总承包（DB）两种模式。

（2）不再强制要求采用工程总承包模式，使其回归本源

《管理办法》第六条规定：建设单位应当根据项目情况和自身管理能力等，合理选择工程建设组织实施方式。建设内容明确、技术方案成熟的项目，适宜采用工程总承包方式。

（3）工程总承包的发包条件：原则上在初步设计审批完成后进行发包

《管理办法》规定，建设单位应当根据项目情况和自身管理能力等，合理选择工程建设组织实施方式，建设内容明确、技术方案成熟的项目适宜采用工程总承包方式。采用工程总承包方式的企业投资项目，应当在核准或者备案后进行工程总承包项目发包；采用工程总承包方式的政府投资项目，原则上应当在初步设计审批完成后进行工程总承包项目发包，但其中按照国家有关规定简化报批文件和审批程序的政府投资项目，应当在完成相应的投资决策审批后进行工程总承包项目发包。

（4）工程总承包项目的招标要求：可以采用直接发包的方式进行分包

《管理办法》第八条明确，工程总承包项目范围内的设计、采购或者施工中，有任一项属于依法必须进行招标的项目范围且达到国家规定规模标准的，应当采用招标的方式选择工程总承包单位。《管理办法》同时明确，分包项目除暂估价形式包括在总承包范围内的工程、货物、服务分包外，工程总承包单位可以采用直接发包的方式进行分包。

（5）工程总承包单位的资质条件：资质要求从单一资质变为双资质

《管理办法》第十条规定：工程总承包单位应当同时具有与工程规模相适应的工程设计资质和施工资质，或者由具有相应资质的设计单位和施工单位组成联合体。工程总承包单位应当具有相应的项目管理体系和项目管理能力、财务和风险承担能力，以及与发包工程相类似的设计、施工或者工程总承包业绩。

（6）工程总承包的资质认定：鼓励设计单位与施工单位互相申请资质

《管理办法》第十二条规定：鼓励设计单位申请取得施工资质，已取得工程设计综合资质、行业甲级资质、建筑工程专业甲级资质的单位，可以直接申请相应类别施工总承包一级资质。鼓励施工单位申请取得工程设计资质，具有一级及以上施工总承包资质的单位可以直接申请相应类别的工程设计甲级资质。完成的相应规模工程总承包业绩可以作为设计、施工业绩申报。

（7）工程总承包的投标主体：区分企业投资项目和政府投资项目，分别规定发包条件和回避原则

《管理办法》第十一条规定，工程总承包项目的代建单位、项目管理单位、监理单位、造价咨询单位、招标代理单位不得参与工程总承包项目的投标，政府投资项目在招标人公开已经完成的项目建议书、可行性研究报告、初步设计文件的情况下，前述单位可以参与该工程总承包项目的投标。

（8）工程总承包的风险问题：工程总承包单位和建设单位的合理分担原则

《管理办法》第十五条明确了建设单位应承担的风险，包括主要工程材料、设备、人工价格与招标时基期价相比，波动幅度超过合同约定幅度的部分；因国家法律法规政策变化引起的合同价格的变化；不可预见的地质条件造成的工程费用和工期的变化；因建设单位原因产生的工程费用和工期的变化；不可抗力造成的工程费用和工期的变化。该规定有利于平衡建设单位与工程总承包单位之间的利益。

《管理办法》第十六条进一步明确了企业投资项目的工程总承包宜采用总价合同，除合同约定可以调整的情形外，合同总价一般不予调整。该规定不仅避免了承包人以不合理的低价进行投标，促进招标投标的公平化、规范化，而且有利于减少建设单位与工程总承包单位就合同总价是否需要调整而产生的纠纷。

（9）工程总承包单位的责任：对其承包的全部工程质量、安全、工期和造价全面负责

①工程质量责任

《管理办法》第二十二条明确了工程总承包单位应当对其承包的全部建设工程质量负责，分包单位对其分包工程的质量负责，分包不免除工程总承包单位对其承包的全部建设工程所负的质量责任。工程总承包单位、工程总承包项目经理依法承担质量终身责任。

②安全生产责任

《管理办法》第二十三条规定了工程总承包单位对承包范围内工程的安全生产负总责。分包单位应当服从工程总承包单位的安全生产管理，分包单位不服从管理导致生产安全事故的，由分包单位承担主要责任，分包不免除工程总承包单位的安全责任。

③工期责任

《管理办法》第二十四条明确了工程总承包单位应当依据合同对工期全面负责，对项目总进度和各阶段的进度进行控制管理，确保工程按期竣工。

④保修责任

《管理办法》第二十五条规定，建设单位与工程总承包单位应当签署工程保修书，在保修期内，工程总承包单位应当根据法律法规规定以及合同约定承担保修责任，工程总承包单位不得以其与分包单位之间保修责任划分而拒绝履行保修责任。

能力考核—强基固本、笃定前行

唐代韩愈的《古今贤文·劝学篇》说："书山有路勤为径，学海无涯苦作舟。"意思是在读书、学习的道路上，没有捷径可走，也没有顺风船可驶，如果你想要在广博的书山、学海中汲取更多更广的知识，"勤奋"和"刻苦"是必不可少的。

一、问答题

1. 什么是工程总承包?

2. 工程总承包的特点和优势是什么?

3. 我国推行工程总承包的意义是什么?

4. 工程总承包和施工总承包的区别有哪些?

二、思考题

1. 简述我国工程总承包的发展历程。

2. 住房和城乡建设部《"十四五"建筑业发展规划》中提出的发展工程建设组织模式有哪些?

3. 我国发布的工程总承包相关政策文件有哪些? 每个文件的核心内容是什么?

4.《管理办法》适用于房屋建筑和市政基础设施项目工程的重点内容有哪些?

5. AAA医院为什么要采用工程总承包模式?

任务 1.2　高质量发展中国工程总承包

场景 1.2.1

图 1-8　场景 1.2.1

GQ 公司作为国内工程总承包龙头企业，为了让新入职员工更好地理解企业文化，更多地了解工程总承包起源和发展，更快地培养专业技术团队，定在每周六对入职新员工进行业务培训，如图 1-8 所示。培训的主题是：

（1）FIDIC 系列合同条件的联系和区别有哪些？

（2）中国工程总承包管理的模式有哪些？

知识导入

1.2.1　FIDIC 合同条件背景下的中国工程总承包

1.2.1.1　了解 FIDIC 合同条件

1. FIDIC 简介

“FIDIC”一词是国际咨询工程师联合会的缩写。FIDIC 条件的标准文本由英语写成。FIDIC 知识体系如图 1-9 所示，合同条件只是其中之一。

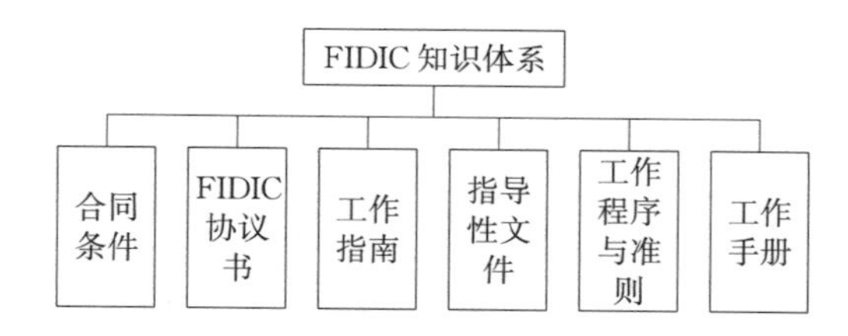

图 1-9　FIDIC 知识体系

2. FIDIC 合同条件简介

为了适应市场需求，1999 年 FIDIC 发布了《设计采购施工（EPC）/交钥匙工程合同条件》（银皮书），从而确定了工程总承包模式在 FIDIC 合同体系中的独立性地位。这种合同模式的突出特点是项目的最终价格和要求的工期具有更大程度的确定性，由承包商承担项目设计和实施的全部责任，业主风险大部分转移给承包商。

1999 年版银皮书的发布，在业内也受到了一些批评和质疑。一种较为普遍的观点认为，该合同条件将过多的风险不合理地分配给了承包商。虽然 FIDIC 提示，若使用该合同条件，招标程序应允许在投标人和业主之间就技术问题和商务条件进行讨论，但在实际应用中，仍然有将承包商既无法合理预见，又无法合理避免或控制的风险交给承包商承担的情况，导致承包商项目管理难度增加，项目索赔和争端的数量亦有所上升。

（1）FIDIC合同条件区别

鉴于以上1999年版银皮书存在的问题，FIDIC于2017年12月在伦敦举办的FIDIC国际用户会议上发布了FIDIC 2017年版系列合同条件，其中包括：

红皮书，即《施工合同条件》（Conditions of Contract for Construction）：适用于业主提供设计，承包商负责设备材料采购和施工，咨询工程师监理；按图纸估价，按实结算，不可预见条件和物价变动允许调价；是一种业主参与和控制较多，承担风险也较多的合同格式。如图1-10所示。

黄皮书，即《生产设备和设计-施工合同条件》（Conditions of Contract for Plant and Design-Build）：适用于承包商负责设备材料采购、设计和施工，咨询工程师监理；总额价格承包，但不可预见条件和物价变动可以调价；是一种业主控制较多的总承包合同格式。如图1-11所示。

图1-10　红皮书

图1-11　黄皮书

图1-12　银皮书

银皮书，即《设计采购施工（EPC）/交钥匙工程合同条件》（Conditions of Contract for EPC/Turnkey Projects）：适用于承包商承担全部设计、采购和施工，直到投产运行；合同价格总额包干，除不可抗力条件外，其他风险都由承包商承担；业主只派代表管理，只重最终成果，对工程介入很少，是较彻底的交钥匙总承包模式。如图1-12所示。

FIDIC系列合同条件区别，见表1-11。

FIDIC系列合同条件区别一览表　　**表1-11**

合同类型	红皮书《施工合同条件》	黄皮书《生产设备和设计-施工合同条件》	银皮书《设计采购施工(EPC)/交钥匙工程合同条件》
工程类型	土木工程	含设备制造的专业工程	重大复杂性工程
合同类型	单价合同	总价合同(机电设备项目为主)	总价合同(工程总承包)
支付方式	支付类型为计量支付,支付形式为分期按约定金额或比例支付	支付类型为支付计划表,支付形式为分期按约定里程碑支付	支付类型为支付计划表,支付形式为按约定的永久工程主要工程量清单支付

续表

合同类型	红皮书《施工合同条件》	黄皮书《生产设备和设计-施工合同条件》	银皮书《设计采购施工（EPC）/交钥匙工程合同条件》
设计归属	雇主承担几乎全部设计	承包商承担大部分设计（例如生产设备或装备的详细设计），使生产设备符合雇主编制的纲要或性能规范	雇主希望承包商承担设计和施工的全部职责；只要最终结果符合雇主规定的性能标准，雇主不希望介入工作的日常进展
付款方式	能使雇主随时充分了解情况，能做出变更；按工程量表付款，或按批准的已完工作总额付款	付款方式一般依照实际完成的工程里程碑按总额支付	雇主愿意为建设其项目多付款，作为对承包商承担工期、质量和价格额外风险的回报
风险承担	业主承担边界风险	风险共担	承包商承担主要风险

（2）银皮书的特点

银皮书《设计采购施工（EPC）/交钥匙工程合同条件》（工程总承包）合同模式下，承包商的工作范围包括设计、材料和机电设备的采购、工程施工，直至工程竣工、验收、交付业主后能够立即运行。因此，这类工程总承包合同条件要求承包商承担大多数风险。与其他 FIDIC 合同相比其特点主要体现在以下三个方面：

1）固定总价和工期

工程总承包合同的最大特点是：固定总价和工期。工程总承包通常与融资有密切的关系，为了方便融资安排，融资人要求项目成本必须要有确定性，并且还要有前瞻性，以确保融资金额的相对固定和安全，固定总价和固定工期这一特点对工程总承包项目的管理有很大的影响。

首先，由于是固定总价，投标和签订合同时总价的确定就显得非常重要。项目没有详细完整的设计方案和图纸，只能依据已建成和正在建设的同类型项目及承包商的经验来进行定价，这对承包商投标报价和投标管理的要求很高。

其次，价格一旦固定很难索赔。例如，不良地质条件之类的未知因素在普通 FIDIC 合同中很明确不是承包商应该承担的风险，属于可索赔的范畴，而在工程总承包合同条件下是应该由承包商承担的。因此，总承包单位一定要在签订合同时争取更有利的价格及工期，以便在面对完全固定的硬性规定时保证应有的利润。

最后，费用控制和进度控制的难度加大。在红皮书中，工程量的变更导致费用增加是可以索赔的，而银皮书中，总承包单位承担设计、采购、施工的全部责任，总价一旦固定下来就很难索赔。

2）没有“工程师”第三方

与传统的采用独立的“工程师”管理项目不相同，工程总承包合约中没有咨询工程师这个独立的第三方角色。业主按照工程总承包合同第三条“雇主的管理”的规定，委派业主代表来管理项目，并将业主代表的姓名、地址、任务和权利，以及任命日期通知承包商，当业主希望替换已任命的雇主代表，只需要提前 14 天将替换人的姓名、地址、任务、权利以及任命日期通知承包商就可以了。而在红皮书和黄皮书当中，业主更换工程师，接替原工程师的人选应该经承包商的同意。

此外，工程总承包项目中业主代表作出决定时，也要求不像“工程师”那样，业主代表对项目的管理主要是监控进度，对承包商的监管很弱，业主实际参与项目的力度很小。

3）里程碑式的付款方式

工程总承包合同的支付是“里程碑式的付款方式”，而不像传统的 FIDIC 合同那样，计算已完工程量来确定期中支付，最终支付合同价款一定要通过“竣工试车”验收并最终成功。

工程总承包合同的支付方式，有时在业主的招标文件中做出原则性规定，例如，某医院工程总投资 9000 万元，首先总承包单位按照合同范围，列出全部工程清单，并分解为许多个工作包，然后每月依据已完成的工作包提出付款申请。工程包的分解就是里程碑的界定，以工作包的完成情况和完成多少来确定支付数额。

1.2.1.2　国际建设项目管理的组织模式

1. 施工总承包模式（DBB 模式）

施工总承包模式称为设计-招标-施工（Design-Bid-Build）模式，简称 DBB 模式。该管理模式在国际上最为通用，世界银行、亚洲开发银行贷款项目及以国际咨询工程师联合会的合同条件为依据的项目均采用这种模式。最突出的特点是强调工程项目的实施必须按照设计-招标-施工的顺序方式进行，只有一个阶段结束后另一个阶段才能开始。

2. 阶段发包管理模式（CM 模式）

阶段发包管理模式称为建筑工程管理模式（Construction Management Approach），简称 CM 模式。业主在项目开始阶段就雇用经验丰富的咨询人员即 CM 经理，参与到项目中来，负责对设计和施工整个过程的管理。它打破过去那种待设计图纸完全完成后，才进行招标建设的连续建设生产方式。其特点是：由业主和业主委托的 CM 经理与工程师组成一个联合小组共同负责组织和管理工程的规划、设计和施工。完成一部分分项（单项）工程设计后，即对该部分进行招标，发包给一家承包商，由业主直接按每个单项工程与承包商分别签订承包合同。CM 模式又可以分为代理型 CM 模式和风险型 CM 模式。

（1）代理型 CM 模式

该模式下业主所关心的问题与 DBB 模式并没有什么不同，但其对 CM 经理的选择会在很大程度上影响业主的利益，因此业主在认真进行资格审查的基础上选择适当的 CM 经理是非常重要的。这种模式中 CM 经理可以提供项目某一阶段的服务，也可以是整个过程的服务。CM 经理的工作是负责协调设计和施工之间及不同承包商之间的关系。项目管理公司的报酬是以固定酬金加管理费的办法计取的。

（2）风险型 CM 模式

风险型 CM 管理模式中 CM 经理同时也是施工的总承包单位，业主要求 CM 经理提出保证最大工程费用，工程费用包括工程的预算总成本和 CM 经理的酬金，CM 经理不从事设计和施工，主要从事项目管理。风险型 CM 经理实际上相当于一个总承包单位，它与各专业承包商之间有着直接的合同关系，并负责使工程以不高于合同价格的成本竣工。

3. 设计-施工模式（DB 模式）与交钥匙模式（TKM 模式）

设计-施工（Design-Build）模式，简称 DB 模式，就是在项目原则确定后，业主只选定唯一的实体负责项目的设计与施工，设计-施工承包商不但对设计阶段的成本负责，而且可用竞争性招标的方式选择分包商或使用本公司的专业人员自行完成工程实施，包括设计和施工等。在这种方式下，业主首先选择一家专业咨询机构代替业主研究、拟定拟建项目的基本要求，授权一个具有足够专业知识和管理能力的人作为业主代表，负责与设计-施工承包商联系，代行业主对承包商管理的职责。

交钥匙模式（Turnkey Model），简称 TKM 模式，是一种特殊的设计-建造方式，即由承包商为业主提供包括项目融资、土地购买、设计、采购、施工直到竣工移交给业主的全套服务。

4. 建造-运营-移交模式（BOT 模式）

建造-运营-移交（Build-Operate-Transfer）模式，简称 BOT 模式。BOT 模式是 20 世纪 80 年代在国外兴起的一种将政府基础设施建设项目依靠私人资本的一种融资、建造的项目管理方式，或者说是基础设施国有项目民营化。政府开放本国基础设施建设和运营市场，授权项目公司负责筹资和组织建设，建成后负责运营及偿还贷款，协议期满后，再无偿移交给政府。

5. 项目管理模式（PMC 模式）

项目管理模式（Project Management Consultant），简称 PMC 模式。即业主聘请专业的项目管理公司，代表业主对工程项目的组织实施进行全过程或若干阶段的管理和服务。

在项目前期阶段，PMC 承包商的任务是代表业主对项目前期工作进行管理。主要工作包括：项目建设方案的优化，项目风险的优化管理，审查设计文件，组织完成设计；协助业主完成政府各环节审批；提出设备、材料清单及其供应商；提出项目实施方案，完成项目投资估算；编制招标文件，进行资格预审，完成招标、评标等。

在项目实施阶段，PMC 承包商在这个阶段里代表业主负责项目的全部管理协调和监理作用，直到项目完成。主要工作包括：编制并发布工程统一规定；设计管理，协调技术条件，确保各承包商之间的一致性和互动性；采购管理；施工管理及协调；同业主配合进行运营准备，组织试运营，组织验收；向业主移交项目全部资料等。

PMC 模式一般具有以下一些特点：

（1）设计管理、投资控制、施工组织与设备管理等承包给 PMC 承包商，把繁重而琐碎的具体管理工作与业主剥离，有利于业主的宏观控制，较好地实现工程建设目标。

（2）这种模式管理力量相对固定，能积累一整套管理经验，并不断改进和发展，使经验、程序、人员等有继承和积累，形成专业化的管理队伍，同时可大大减少业主的管理人员，有利于项目建成后的人员安置。

（3）通过工程设计优化降低项目成本。PMC 承包商会根据项目的实际条件，运用自身的技术优势，对整个项目进行全面的技术经济分析与比较，本着功能完善、技术先进、经济合理的原则对整个设计进行优化。

1.2.1.3 中国工程总承包管理的发展模式

工程总承包作为国际通行的建设项目组织实施方式，目前已经成为深化建设项目组织实施方式改革的重要抓手。工程总承包一般采用“设计-采购-施工”总承包或者“设计-施工”总承包模式。建设单位也可以根据项目特点和实际需要，按照风险合理分担原则和承包工作内容采用其他工程总承包模式。

在实际运用中，工程总承包模式分为基本模式和延伸模式，其中延伸模式又分为向前延伸模式和向后延伸模式。这些模式的探索、研究或实践，对我国工程总承包的发展都是新的尝试。如图 1-13 所示。

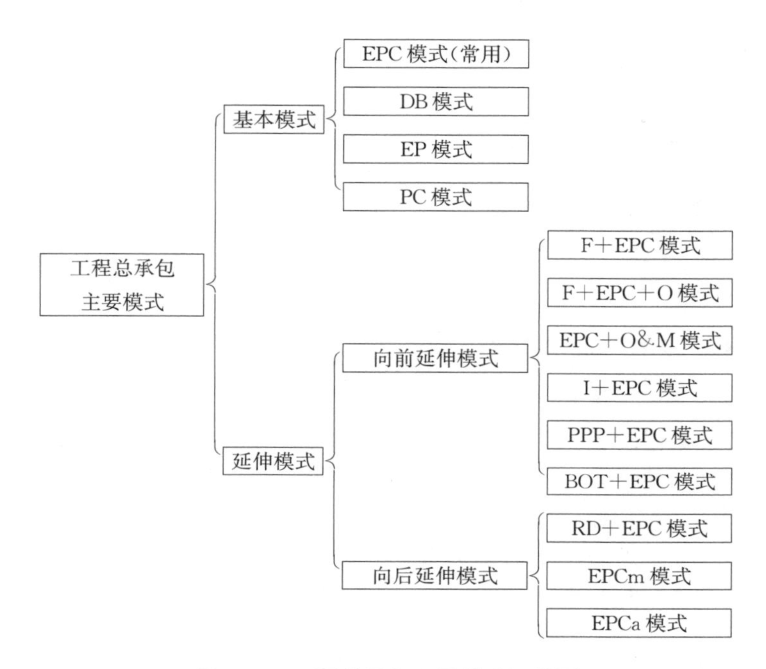

图 1-13　工程总承包主要模式汇总图

1. 工程总承包基本模式

2003 年建设部《关于培育和发展工程总承包和工程项目管理企业的指导意见》中规定，除了设计-采购-施工总承包（EPC）和设计-施工总承包（DB）之外，还可采用设计-采购总承包（EP）和采购-施工总承包（PC）等方式。几种总承包模式的区别在于承包商所承担的工作内容及进入项目的阶段不同，见表 1-12。

工程总承包模式的工作阶段比较　　表 1-12

总承包模式	工程项目建设程序						
	项目决策	初步设计	技术设计	施工图设计	材料/设备采购	施工	试运行
EPC	——	——	——	——	——	——	——
DB		——	——	——		——	
EP		——	——	——	——		
PC					——	——	
施工总承包						——	

（1）设计-采购-施工（EPC）模式

EPC 模式，是指工程总承包企业按照合同约定，承担工程项目的设计、采购、施工、试运行服务工作，并对承包工程的质量、安全、费用、进度、职业健康和环境保护等全面负责。如图 1-14 所示。

（2）设计-施工（DB）模式

DB 模式，是指工程总承包企业按照合同约定，承担工程项目的设计和施工，并对承包工程的质量、安全、费用、进度、职业健康和环境保护等全面负责。如图 1-15 所示。

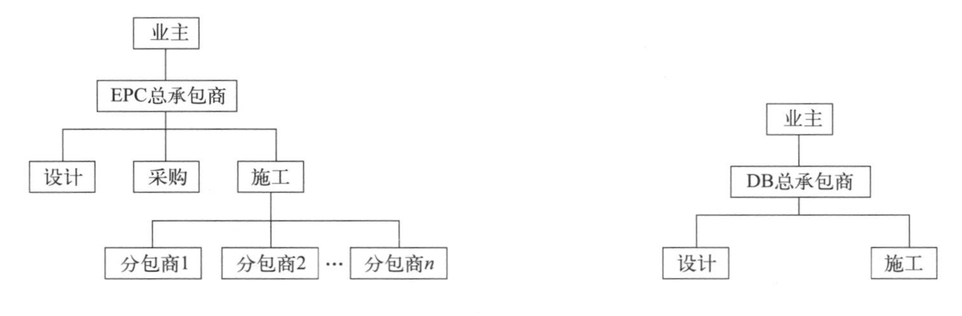

图 1-14　EPC 基本模式示意图　　图 1-15　DB 基本模式示意图

（3）设计-采购（EP）模式

EP 模式，是指工程总承包企业按照合同约定，承担工程项目的设计和采购，并对承包工程的质量、安全、费用、进度、职业健康和环境保护等全面负责。如图 1-16 所示。

（4）采购-施工（PC）模式

PC 模式，是指工程总承包企业按照合同约定，承担工程项目的采购和施工，并对承包工程的质量、安全、费用、进度、职业健康和环境保护等全面负责。如图 1-17 所示。

图 1-16　EP 基本模式示意图　　图 1-17　PC 基本模式示意图

2. 工程总承包延伸模式

建设单位在实际运用中，根据项目特点和实际需要，按照风险合理分担原则向上下游延伸，产生了 9 种衍生模式。其中向前延伸的模式有 6 项，向后延伸的模式有 3 项，这些模式的探索、研究或实践，对我国工程总承包的发展都是新的尝试。

（1）工程总承包向前延伸模式

1）F＋EPC 模式

F＋EPC 模式，是应业主及市场需求而派生出的一种新型项目管理模式，F 为融资投资，F＋EPC 为融资 EPC，须为业主解决部分项目融资款，该模式是未来国际工程发展的一个极为重要的方向。如图 1-18 所示。

中国港湾工程有限责任公司与伊朗 Tablis 市政下属公司 Kish Investment Tirajeh 在德黑兰签署了伊朗 Tirajeh 城市综合体项目 F＋EPC 合同（中伊两国融资协议项下融资），合同金额约 1.18 亿欧元。

2）F+EPC+O 模式

F+EPC+O 模式，即融资+EPC+运营，由工程总承包企业提供融资并负责运营的服务交钥匙模式，如图 1-19 所示。

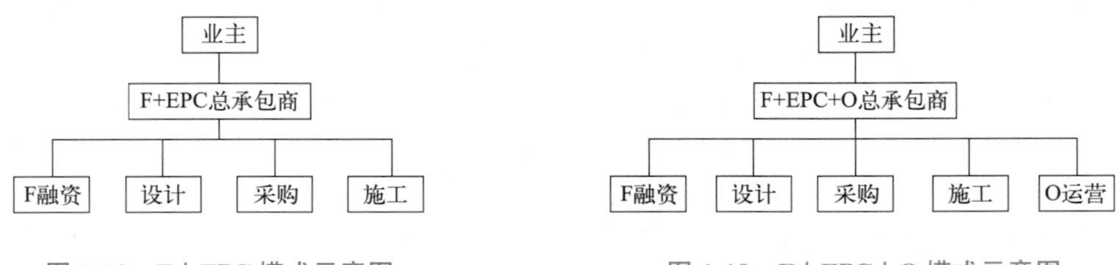

图 1-18　F+EPC 模式示意图　　图 1-19　F+EPC+O 模式示意图

湖北省电力勘测设计院承担的孟加拉诺瓦布甘杰 100MW 重油电站项目，为以 F+EPC+O 形式承接的国际工程。他们借助国际银行间的融资平台获得第三国的低成本长期出口买方信贷，通过工程总承包及四年运营的商业服务模式的竞标取得该项目，项目投资 1.25 亿美元。

3）F+EPC+O&M 模式

F+EPC+O&M 模式，即工程总承包企业负责工程的设计、采购、施工，并在完成后继续负责运营、维护，如图 1-20 所示。

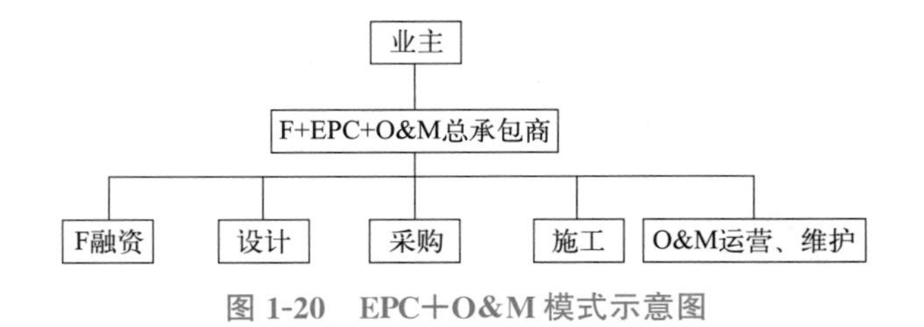

图 1-20　EPC+O&M 模式示意图

4）I+EPC 模式

I+EPC，即以投资为引领的工程总承包模式，是以投资为动力，设计为龙头，实现设计、生产、采购、施工一体化的全产业链建设管理，如图 1-21 所示。

天津住宅集团在天津生态城商品房建设项目采用的即是 I+EPC 模式。

5）PPP+EPC 模式

PPP+EPC 不是 PPP 的一种具体模式，而是在解决资金问题上融合社会资本，建设上采用 EPC 模式的组合。该模式的优点主要是提高生产效率、增加政府支持力度、企业更加注重成本控制、有助于提升管理人员综合素质、降低了资金回收风险，如图 1-22 所示。

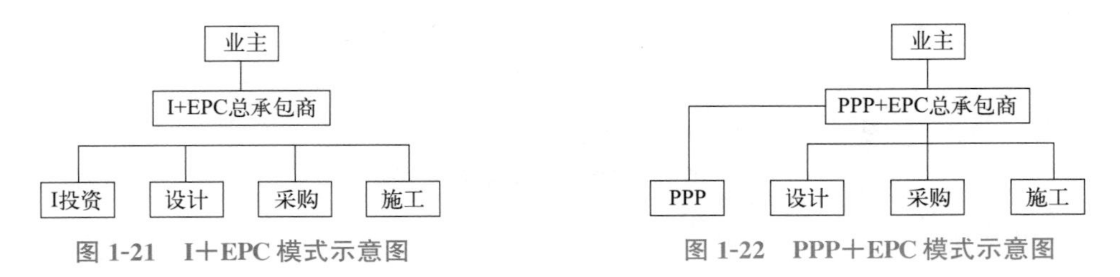

图 1-21　I+EPC 模式示意图　　图 1-22　PPP+EPC 模式示意图

杭州大江东产业集聚区基础设施项目、杭州市富阳区大源镇及灵桥镇安置小区建设工程项目采用的即是 PPP＋EPC 模式。

6）BOT＋EPC 模式

BOT＋EPC 模式，即政府向某一企业（机构）颁布特许，允许其在一定时间内进行公共基础建设和运营，而企业（或机构）在公共基础建设过程中采用总承包模式施工，当特许期限结束后，企业（或机构）将该设施向政府移交。该模式的优点就在于政府能通过该融资方法，借助于一些资金雄厚、技术先进的企业（或机构）来完成基础设施的建设，如图 1-23 所示。

广佛肇高速公路（肇庆段）项目，作为广东省高速公路建设领域首次采用 BOT＋EPC 模式的项目，比批复工期提前一年完工，创造广东省高速公路建设新纪录。

（2）工程总承包向后延伸模式

1）RD＋EPC 模式

RD＋EPC 为“建筑师 EPC”模式，具体是指由建筑师负责统筹协调整个项目的设计、土建、施工、装修装饰的全过程，改变了以往“层层脱节、各自为战”的传统建筑发包弊端，而成为“一个大脑、统一协调”，确保项目高效的落地性、工期的加快和成本的集约，如图 1-24 所示。

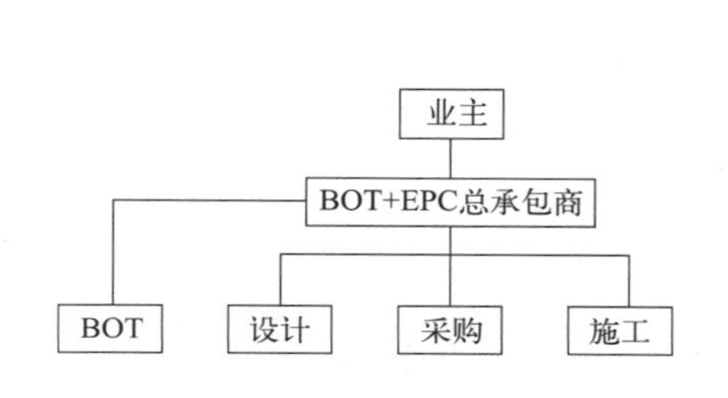

图 1-23　BOT＋EPC 模式示意图

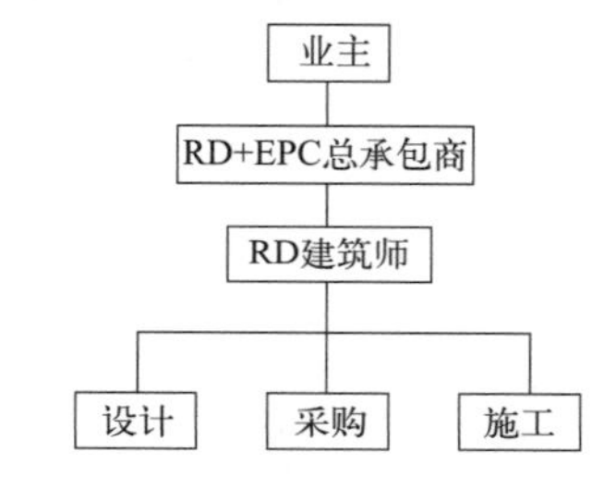

图 1-24　RD＋EPC 模式示意图

2）EPCm 模式

EPCm 模式，即设计采购与施工管理，是指工程总承包商与业主签订合同，负责工程项目的设计和采购，并负责施工管理。另外由施工总承包商与业主签订施工合同并负责按照设计图纸进行施工。施工总承包商与 EPCm 总承包商不存在合同关系，但是施工总承包商需要接受 EPCm 总承包商对施工工作的管理。EPCm 总承包商对工程的进度和质量全面负责，如图 1-25 所示。

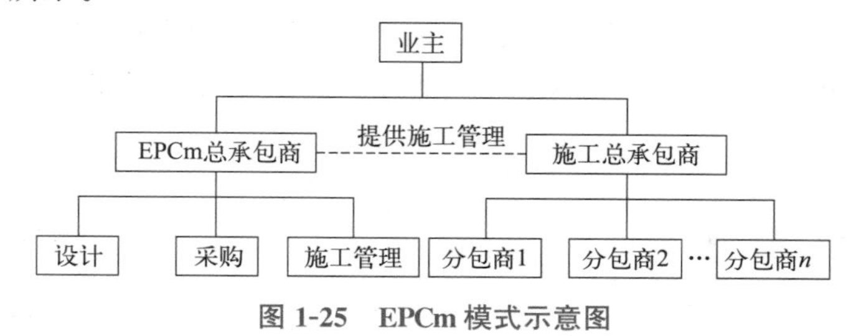

图 1-25　EPCm 模式示意图

3）EPCa 模式

EPCa 模式，即设计、采购和施工咨询，是指工程总承包商负责工程项目的设计和采购，并在施工阶段向业主和施工总承包商提供咨询服务。施工咨询费不包含在总承包价中，按实际工时计取。施工总承包商与业主另行签订施工合同，负责项目施工按图施工，并对施工质量负责，如图 1-26 所示。

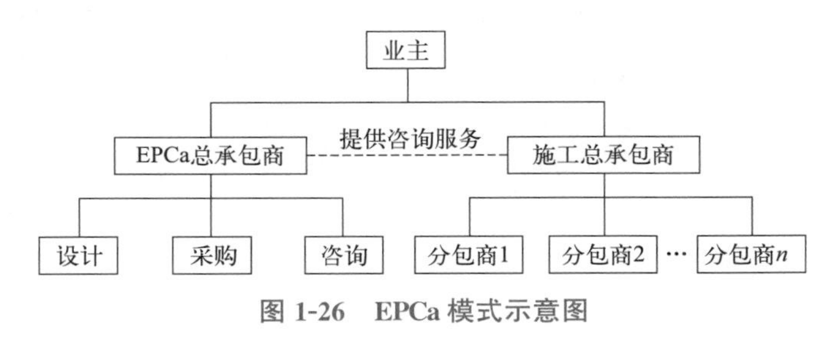

图 1-26　EPCa 模式示意图

1.2.1.4　中国工程总承包与 FIDIC 合同条件的融通发展

住房和城乡建设部《关于进一步推进工程总承包发展的若干意见》指出，工程总承包是国际通行的建设项目组织实施方式，大力推行工程总承包，有利于提升项目可行性研究和初步设计深度，实现设计、采购、施工等各阶段工作的深度融合，提高工程建设水平；有利于发挥总承包单位的技术和管理优势，促进企业做优做强，推动产业转型升级，服务于“一带一路”倡议实施。显然，我国对工程总承包的提倡，既有学习国外先进经验提升国内工程建设水平的目的，也有帮助中国企业“走出去”接轨国际市场的用意。我国工程总承包的概念需要与国际通行的概念相融通。

1. 工程总承包应以承包商全面负责为核心内涵

《管理办法》在定义中明确工程总承包是承包单位对工程的质量、安全、工期和造价等全面负责的工程建设组织实施方式，这准确反映了工程总承包的核心内涵。2017 年版 FIDIC 银皮书在其“专用条件编写指南”“专用条件部分 B - 特别规定”的“引言”中说明，银皮书被推荐用于由一个实体承担工程项目的全部职责，包括生产设备的设计、制造、交付和安装，以及建筑或工程的设计和实施。因此，以承包商全面负责为工程总承包的核心内涵，既符合上述国务院办公厅《关于促进建筑业持续健康发展的意见》等政府文件的精神，也能够实现与国际通行概念的对接。

2. 工程总承包的承包范围应满足全面负责的要求

承包商对工程的质量、安全、工期和造价等全面负责，需要以其承担的工作为基础。只有承包商的承包范围客观上能够满足全面负责的要求，才属于工程总承包。如就机电工程而言，机电设备的采购、安装和试运行对于整个项目的实施具有关键意义，工程总承包的范围就必须包括机电设备的采购、安装和试运行，否则承包商无法做到对工程全面负责。《管理办法》放弃原有定义中“全过程或者若干阶段承包”的表述，而列举了“设计、采购、施工”和“设计、施工”两种具体的承包模式，是与“全面负责”相适应的，现定义中的“等阶段”的解释也应受限于“全面负责”的要求，而不能是建设阶段的任意组合。

3. 工程总承包的全面负责制具有阶段性

全面负责虽然是工程总承包的应有内涵，但承包商并不必然负责工程项目建设的全过程。工程总承包的全面负责是有阶段性的，其负责的阶段取决于建设单位进行发包的时间。《管理办法》第七条规定："采用工程总承包方式的企业投资项目，应当在核准或者备案后进行工程总承包项目发包。采用工程总承包方式的政府投资项目，原则上应当在初步设计审批完成后进行工程总承包项目发包；其中，按照国家有关规定简化报批文件和审批程序的政府投资项目，应当在完成相应的投资决策审批后进行工程总承包项目发包。"因此，如果建设单位是在立项后即发包的，勘察就可能被纳入工程总承包的承包范围，而如果是在初步设计审批完成后进行发包的，则承包商将只对初步设计之后的工程建设阶段全面负责。

专家答疑

困惑 1-6：业主为什么要采用工程总承包？

答疑：站在业主的视角，采用工程总承包的终极目的，是提高工程项目建设效益和效率，实现项目价值增值，或者实现业主的目标偏好。在不同情境下，业主偏好和需求可能存在差异，因而实行工程总承包的具体缘由也有所不同。

在当今时代，业主主导的大型工程项目，尤其是海外工程项目，面临更多、更大风险。业主因专业能力相对有限或协调能力不足，往往难以独自高效应对风险。因此，业主会希望拥有全过程管控能力的总承包方对设计、施工等相应阶段全面负责，与其共同承担风险，或降低其协调工作量，甚至愿意为此支付更高价格。由于总承包方是单一责任主体和单一利益主体，此时业主仅需做好面向单一总承包方的宏观管控，而将更多注意力放在市场、融资等重大战略问题的决策上。

总之，工程总承包模式顺应了工程项目本身及其建设环境条件的新发展趋势，以及这种趋势下业主的多种现实需求。但业主也应注意到，尽管存在种种推动力，但也须保持理性，在合适的时间、合适的地点和合适的条件下将工程总承包模式应用到合适的项目中，并要选择合适的具体运作方式。

困惑 1-7：企业做好工程总承包项目，最关键的是什么？

答疑：企业做好工程总承包项目最关键在于参建各方思维模式的转变，走出传统认识的误区。

首先，发包方应充分认识到工程总承包模式既不是合同内容"包干包净"，也不是事无巨细地什么都要"管"，发包与承包双方应形成明确的沟通思路和清晰的工作界面，才不至于造成发包方自身管理工作的缺位，或者各方主观能动性缺失，权责不清晰。

其次，承包方应对设计及其相关工作进行充分的了解与认识，项目的整体风险化解工作不应过分依赖于设计单位和专业分包，而忽视自身的管控。

最后，项目参建各方应打破各方管理意识上的壁垒，设计方不仅要关注自身设计工作的完成度，更要同时对项目得失进行整体衡量，避免责权失衡；而施工方应重点培养全局思维，将策划和设计工作作为项目重点进行谋划，避免偏居一隅而造成合同造价和项目履约失控。

困惑 1-8：各地政府应该如何推进和培育工程总承包项目？

答疑：

（1）各级政府要加大工程总承包的宣传、培训和沟通力度

各地政府一方面要加强工程总承包的宣传力度，积极推广工程总承包试点项目的成功经验，提高工程建设项目各方主体对工程总承包的认识，另一方面要积极协调各地发展和改革委员会、审计局、财政局等政府相关管理部门，统一认识，形成协同支持工程总承包业务发展的局面。

（2）各级政府要继续积极推动工程总承包项目落地

建议建设单位在项目可行性研究、方案设计或者初步设计完成后，以工程估算（或工程概算）为经济控制指标，以限额设计为控制手段，组织开展工程总承包招标工作。

（3）各级政府要出台对工程总承包企业实施税费优惠的制度

建议对于采用工程总承包的项目实施税费优惠，把“鼓励建筑工程总承包示范企业申报高新技术企业，经认定后，按规定享受相应税收优惠政策”的措施落实到实处。

（4）做好中国标准推广工作，抓住“一带一路”市场新机遇

建议在政府层面加大在“一带一路”上进行中国标准的宣传力度，并对我方投资的项目优先采用中国标准，以加大中国企业的国际竞争力，使中国企业拥有更加广阔的国际市场。

困惑 1-9：各地政府如何配套工程总承包的相关政策？

答疑：开展试点工作，把试点经验的有益做法上升为地方性法律法规。

（1）通过试点和经验总结，出台工程总承包的指导性意见。如：发包制度、分包制度、施工图审查、工程质量安全监督、施工许可、工程审计等，这些指导性意见能够很好地促进工程总承包业务的发展。

（2）通过试点和经验总结，完善工程总承包的管理办法。如：工程招标投标管理制度、施工图审查制度、合同备案制度、安全监督制度、竣工结算及结算审计制度等。

（3）通过试点和经验总结，形成系统性工程总承包管理的法律体系。如：配合住房和城乡建设部修订、充实和完善现行法律法规，在资质许可、招标投标、施工许可、质量安全责任认定等方面增加工程总承包的相应条款。

能力训练

工程总承包中 E（Engineering）翻译为设计，但 E 不仅仅是传统意义上的设计，它不仅包括具体的设计工作，还包括设计优化、限额设计、可施工性设计。因此，在项目实施过程中，充分发挥设计中的主导作用，做到设计与采购、施工的合理交叉和深度融合，达到设计为工程总承包项目服务的目的。

训练 1-2：工程部提出修改设计方案，设计部该不该接受呢

GQ 公司中标了某市上跨高铁立交桥新建工程，发包模式为工程总承包。工程部王芳拿着图纸去工程部找该项目设计师高峰，提出了两点建议：“（1）工地有 45m 箱梁模板，能否把引桥的跨径由 40m 改成 45m？（2）现场地质情况良好，能否适当降低基础的配筋？”高峰一听不愿意了：“40m 跨径是标准跨径，基础配筋是按照规范设置的。设计图纸出来了你

们按图施工就可以了！不改!”

两人各执一词，找到了项目经理李二，项目经理严厉地批评了设计师高峰。

以分组讨论形式，完成以下任务：

设计师高峰要求必须按图施工，这样做对吗？为什么？

场景 1.2.2

图 1-27　场景 1.2.2

新入职员工王芳是一个勤奋认真、善于思考的人。她通过学习，了解到国家为了大力推广工程总承包模式，出台了系列新政策和新文件，旨在锻炼一批具有工程总承包管理经验的专业人才，培育一批具有先进管理技术和国际竞争力的总承包企业，如图 1-27 所示。她不禁思考：

（1）工程总承包在国内外的发展现状如何?

（2）中国工程总承包企业为什么要面向国际化发展?

知识导入

1.2.2　中国工程总承包直面国际化

1.2.2.1　工程总承包中外发展分析

20 世纪 80 年代化工部提出在化工工程建设中推行工程总承包模式，之后在工业工程建设领域工程总承包得到了较多应用。“十三五”期间，建筑业在发展工程总承包方面取得了长足的进步，其工程总承包营业收入年均增长 28.3%，2020 年工程总承包营业收入达 3.3 万亿元。

为了进一步推广工程总承包，住房和城乡建设部在 2022 年 1 月发布的《“十四五”建筑业发展规划》中提出，“以装配式建筑为重点，鼓励和引导建设内容明确、技术方案成熟的工程项目优先采用工程总承包模式”。面对向工程总承包转型的发展要求，建筑企业要坚定不移地将以工程总承包为主的国际工程公司作为自己的发展愿景。

1. 中外工程总承包市场对比

在发达国家工程建设市场上，工程总承包是主要的工程建设组织模式。以美国为例，传统的碎片化的设计-招标-施工模式（DBB）占比逐步下降，各类一体化的工程承包模式已经成为主流。

根据美国设计-建造学会的统计，2016 到 2020 年，传统 DBB 模式占比 23%，DB 模式占比 42%，其他工程承包模式占比 35%。预计在 2021 到 2025 年，传统 DBB 模式将进一步下降到 15%（图 1-28）。

从工程总承包业务领域来看，根据 ENR（《工程新闻记录》）的统计数据，2020 年国际工程总承包商业务领域按规模排名前四位的是交通设施、房屋建筑、石油化工与电力（图 1-29）。

中国承包商排名前四位的业务领域相同，不过位次有一些变化（图 1-30）。我国房屋建筑和交通运输基础设施建设量巨大，国内这两个领域合计占比达到 80.2%，并且房屋建

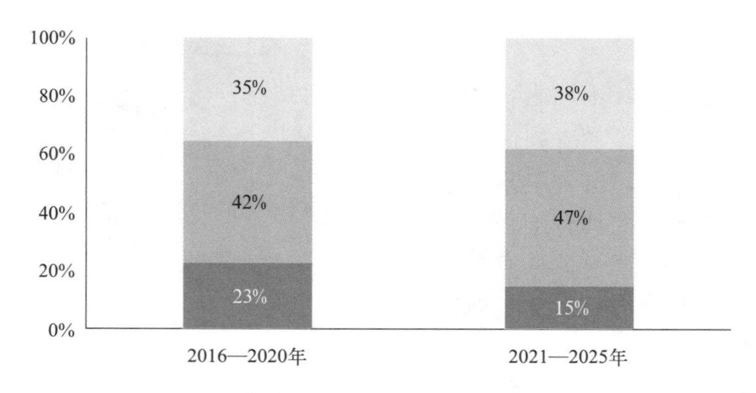

图 1-28　美国工程建设组织模式变化趋势

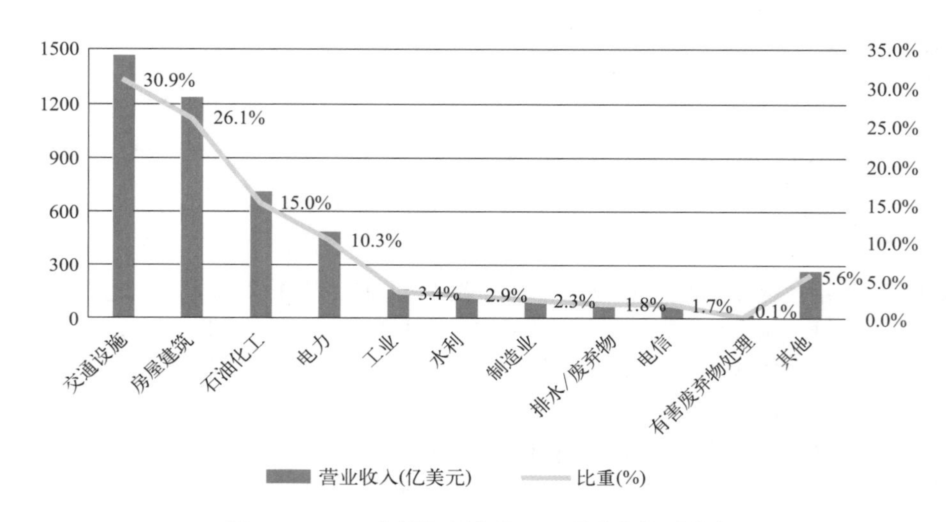

图 1-29　2020 年国际承包商 250 强业务领域分布

筑承包市场最大。

从中外工程总承包市场对比来看，我国工程总承包成长空间很大。

“十四五”期间工程总承包市场将持续增长。初步估算，当前工程总承包占建筑业产值的 15%左右，如果乐观预测，到“十四五”末期工程总承包将占建筑业产值的 30%或以上，市场规模可能达到 10 万亿元。特别在以政府、国有企业投资为主的工程建设项目方面，工程总承包未来将成为主流模式。

2. 中外工程总承包模式对比

国际 FIDIC 合同条件建议，EPC 模式不适用的条件包括：如果投标人没有足够的时间或资料以仔细研究或核查业主要求，或进行他们的设计、风险评估；如果建设内容涉及相当数量的地下工程，或投标人未能调查的区域内的工程；如果业主要严格监督或控制承包商的工作，或要审核大部分图纸；如果每次期中付款的款项要经官员或其他中介机构的确定；以上这些情况均不适合采用 EPC 模式。

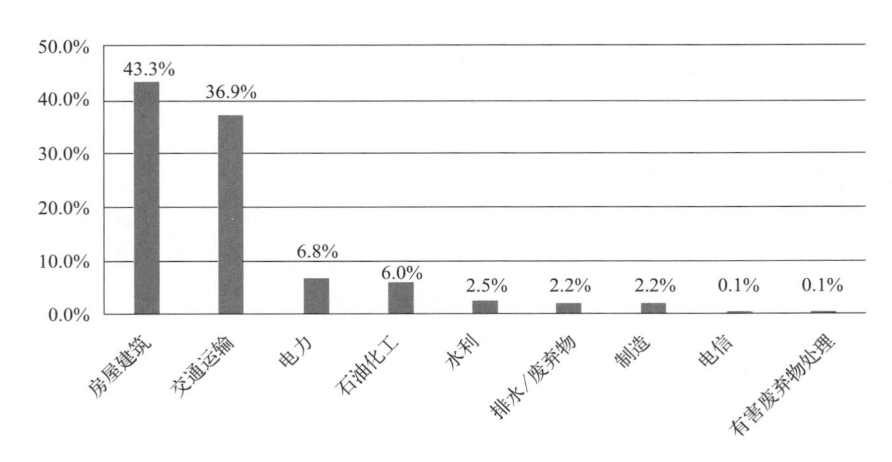

图 1-30　2020 年全球承包商 250 强中国企业业务领域分布

国内工程总承包项目提出，企业投资项目的工程总承包宜采用总价合同，政府投资项目的工程总承包应当合理确定合同价格形式。采用总价合同的，除合同约定可以调整的情形外，合同总价一般不予调整。在实际运行中，政府和国有企业投资项目很多采用了传统的审计结算模式。

众所周知，工程总承包模式的优点是在减少建设单位管理协调精力的基础上，通过工程总承包单位的设计优化和设计采购施工的高效融合，带来工期的缩短和投资的节约。而审计结算模式下，工程总承包单位没有动力去实现投资的节约，工程总承包模式的优点体现不足。

从中外工程总承包模式对比来看，我国工程总承包模式需要完善。

需要根据不同的项目类型和建设要求，采用不同的工程总承包模式，调动工程总承包单位的积极性，充分发挥工程总承包模式的优点，实现多方共赢。住房和城乡建设部在《“十四五”建筑业发展规划》中提到“加快完善工程总承包相关的招标投标、工程计价、合同管理等制度规定”，以促进工程总承包的良性发展。

3. 中外工程总承包主体对比

《房屋建筑和市政基础设施项目工程总承包管理办法》提出“工程总承包单位应当同时具有与工程规模相适应的工程设计资质和施工资质，或者由具有相应资质的设计单位和施工单位组成联合体”。由于历史原因，国内勘察设计与施工划分为两大行业，各自有资质管理办法，目前只有少量企业具备双资质。因此，“双资质”的要求导致当前国内绝大部分工程总承包项目的实施主体是联合体。

从国际上来看，联合体不是工程总承包的主要实施主体。美国工程总承包的实施主体按对象来看，施工企业（具备详细设计能力）作为实施主体的占比 54%，设计施工一体化的工程公司作为实施主体的占比 28%，设计咨询公司（具备工程管理能力）作为实施主体的占比 13%，联合体作为实施主体的占比只有 5%。

从中外工程总承包主体对比来看，国内联合体作为工程总承包的主要实施主体应该是过渡办法。

发展工程总承包是大势所趋。建筑业企业需要认清形势、坚定信心。住房和城乡建设部在《“十四五”建筑业发展规划》中提出“落实工程总承包单位工程设计、施工主体责任”，其意义是要求工程总承包单位提升全过程项目管理能力，为向独立承接方向发展做好准备。在投资额不大的房屋建筑和市政基础设施项目中，未来独立承接主体将会成为主流。

4. 中外工程总承包发展环境对比

我国的工程建设与国外的工程建设在营建体制、市场竞争、承担风险、费用控制上均有不同，使我国的工程建设不能完全照搬国外的建设模式进行操作。依据我国的国情，在借鉴国外先进的管理模式时注意到对国际惯例有选择地接受，对其与中国国情不相适应的部分加以区分：

（1）营建体制不同。国际工程总承包是市场主导、总承包单位负责制，国内工程总承包是国家主导、建设单位负责制。由于我国工程建设系统长期以来形成的条块分割，大量工程建设项目中业主与总承包同属一个利益主体，业主仍然是最大的承担主体。

（2）市场竞争不同。国际工程总承包投标企业较少，国内工程总承包门槛较低、投标企业较多。而我国工程总承包企业入围，缺乏一定的竞争力，对工程管理模式的探讨和总承包单位的发展来说，缺乏一定的动力。

（3）承担风险不同。国际工程总承包模式签订总价合同、总承包单位承担工程多数风险，国内工程总承包模式主要签订可调总价合同、业主承担工程多数风险。

（4）费用控制不同。国际工程总承包主要是业主按照时间进度支付进度款，不再详细审查承包商上报的费用申请。国内工程总承包费用控制部门注重费用的审核，比如施工设备费用和实际应用存在差异时，业主部门会要求承包商说明变化原因，否则将不支付该部分工程款项。

1.2.2.2 中国工程总承包企业的转型发展

1. 中国工程总承包企业分类

（1）以设计主导工程总承包企业

工业领域的工程总承包模式从化工设计院起步，逐步延伸到电力、有色、黑色、电子、医药、轻工、造船等诸多行业，综合能力强的设计院都在布局工程总承包业务。经过近 20 年的努力，已有一批单一功能的设计院转型成为以设计为主导，具备咨询、设计、采购、施工管理、开车服务等多种功能的国际工程公司。

（2）以施工主导工程总承包企业

目前多数建筑企业没有设备制造能力，没有设计、工艺等技术能力，要从事工程总承包业务，就必须整合这些能力，或者收购设计院形成联盟式紧密合作关系。近几年，一批施工企业组建的工程总承包公司，如中国建筑股份有限公司（简称“中国建筑”）、中国铁路工程集团有限公司（简称“中国中铁”）、中国交通建设股份有限公司（简称“中国交通”）等，通过改革和发展，调拨结构，完善功能，开展了工程总承包业务。

以设计主导工程总承包企业和以施工主导工程总承包企业对比表，见表 1-13。

设计主导和施工主导工程总承包企业对比表　　表 1-13

工程总承包分类	单位类型	优势	劣势	总结
以设计主导工程总承包企业	大型国企设计院，比如化工、电力、水利、造船、建筑等设计院	①价值链上游技术优势 ②更容易赢得业主信任 ③有利于缩短采购周期	①较薄弱的服务意识 ②融资能力不均衡 ③没有优化图纸理念 ④项目管理人才缺失	综上所述，设计院如何转变观念、有效地整合能力与资源、提升设计管理水平并培养综合型管理人员，是决定设计院能否真正引领工程总承包模式的关键
以施工主导工程总承包企业	大型国企施工总承包公司，如中国建筑、中国中铁、中国交通等	①现场管理占据优势 ②更有利于总价控制 ③抗风险有一定优势	①信用低业主不信任 ②价值链中下游劣势 ③设计管理人才缺失 ④不注重科技的研发	综上所述，施工企业要在综合管理能力、设计能力、战略性采购体系等诸多方面形成整体合力，全面实现工程总承包模式转型

2. 中国工程总承包企业的转型发展

我国企业在 20 世纪 80 年代中期才开始在工程建设领域尝试开展工程总承包业务，为数众多的勘察设计企业、施工企业、设备安装企业以及一些监理、咨询企业为适应工程建设领域发展形势的需要，逐渐向具有工程总承包功能的工程公司转型。目前，在经过 30 年的发展和积累，我国勘察设计、施工安装等类型的企业在向工程公司转型过程中，已经形成了较为成熟的模式，业务能力和综合实力也获得稳步提升。

尽管我国工程公司转型发展总体上取得了一定的成绩，但与国际一流工程公司相比，还有较大的差距。尤其是在“走出去”过程中遇到了一系列新问题、新挑战，因此，在完成转型的同时，我国工程建设企业还需要实现进一步发展，方能真正成为国际一流企业。

（1）由低端业务领域向高端业务领域升级

国际一流工程公司依靠强大的技术、管理实力占领世界高端工程市场，为业主提供 PMC、EPC 以及试运、投产、维护等全过程的项目管理服务。

这些一流的工程公司业务也越来越向高端延伸，向重管理和技术方向发展，主要做 PMC 和 EPC/EPCM 等管理和技术含量高、低成本、高利润的业务，逐步摒弃单纯设计或施工业务，通过将低端业务分包出去的方式，把项目风险转移到工程总承包业务起步较晚的工程公司身上。

因此，我国工程公司还应充分利用资本优势，向高端产业链发展，将传统施工总承包向提供投（融）资服务的总承包模式转变，甚至可以参与项目的前期策划，承担项目建议书、可行性研究等工作。

（2）由低端市场向高端市场升级

我国国际工程市场起步较晚，在低端市场的份额较多，多年来以亚、非、拉等发展中国家市场为主，近年来虽然在欧、美、日、中东等市场有所突破，但所占比例有限且或多或少出现一些问题。

我国工程公司要想真正迈入国际一流行列，必须要实现从低端市场向高端市场的升级。低端市场对价格比较敏感，即市场竞争主要是价格的竞争，而在发达国家或高端市场的竞争则更多追求的是满足质量和标准的前提下如何降低成本，即企业的竞争主要是成本竞争。

（3）由单一业务向多元化业务升级

通过多元化的经营模式，企业可以跳出单一的经营环境，将来自产业、政策、文化等方面的影响降到最低，尤其是能够平抑单一行业周期性变化带来的经营风险，从而获得竞争优势。

国际先进工程公司大都是多元化业务公司，像 Fluor、Bechtel 等公司不仅仅满足服务范围的延伸，同时也在追求业务领域的多元化，Bechtel 公司的行业涵盖航空、交通和水利工程等土建基础设施，以及石油化工、国防、航天等工业业务领域；Technip 由传统的岸上油气工程，逐渐发展形成了岸上、离岸和海底三大业务板块。对于我国的工程公司而言，完成多元化升级是规避风险、最终实现做大做强不可或缺的战略举措。

（4）由资源密集型向技术密集型升级

国外领先的工程公司大都拥有技术研发中心，并配备相当数量的专业技术人员从事技术创新工作，专利储备基本达到几百项甚至几千项的规模。

我国实力较强的工程公司大都由国资合并重组而成。利用打造大企业集团的良好机遇，将本集团内部分散的设计、施工力量和工程市场进行整合，虽然具有成本、资金、人力等资源优势，但是企业的核心竞争力不强，可持续发展内在动力和能力不足。科技创新能力决定了企业是否拥有可持续发展能力，只有始终重视对相关材料、技术、工艺、产品的超前研发和不断创新，才能始终屹立于行业的前列。

（5）由“走出去”到国际化再到全球化的升级

国际一流的工程公司大都致力于全球化发展，随着进程的不断推进，很多工程公司已经由原来的国际化战略转变为全球化战略。

我国工程公司还需做好与国际一流工程公司的对标分析和行业研究，重视围绕国际一流工程公司发展目标的战略规划，继续提高市场、资源、人才以及管理的国际化运营水平和整合能力，才能完成从国内工程公司向国际工程公司、再向国际一流工程公司的转变，即完成“走出去”到国际化再到全球化的升级，实现从国内一流到国际先进再到国际一流的跨越。

1.2.2.3 中国工程总承包企业面向国际化的解决方案

从我国企业实际情况看，在工程总承包项目上与国际惯例尚有一定差距，影响着我国工程总承包管理水平的提高。因此，要加速与国际惯例接轨，应该注重以下几点：

1. 建立高素质项目管理班子，是与国际惯例接轨的关键

1）组建强有力的项目管理班子。班子成员要懂技术、会管理、富有国外施工经验、法律知识，这是搞好工程项目管理与国际惯例接轨的关键。尤其要选好项目经理，项目经理不仅要有较高的专业技术和领导水平，还要有较高的政治素质、强烈的责任感和敬业精神。

2）熟悉国际建筑市场发展动态。当前参与国际工程总承包的惯用做法是实行工程总包和工程分包[1]，这就要求我们必须了解和熟悉工程所在国对工程总包和分包的政策规定，

[1] “工程总包、工程分包”解释详见——知识拓展 1-3

指导我们采取相应的政策和策略。

3）处理好与业主、监理与当地雇员的关系。在对外交往中，既要坚持原则，也要有一定的灵活性和策略性。在外国人眼中，我们代表的是中国，要不卑不亢，维护自身的利益，按国际惯例，寸理必争，寸利必得。

2. 了解和掌握 FIDIC 合同条款，搞好索赔，维护自身合法权益

1）精通 FIDIC 有关合同条款。FICIC 的索赔条款是进行索赔的法律依据，其条款中很多规定为承包商索赔提供了依据。我们要充分利用这些规定，在施工过程中注意与索赔相关事件的发生，及时抓住索赔时机，寻找索赔动因，提出索赔方案。

2）按照索赔条款收集整理索赔资料。因为索赔是一项非常严肃的法律工作、技术工作和经济工作，是一项综合性的系统工程。负责索赔的责任人必须熟悉和掌握索赔条款，有较强的事业心和责任感。只有这样的责任人才能收集到准确的索赔资料，达到索赔的目的。

3. 学会工程项目风险管理，把风险损失降到最低限度

1）提高施工管理的风险意识。一是增强对工程项目的监管和风险管理的力度，突出施工技术措施和质量安全操作规程的到位，特别是项目管理人员、施工技术人员要认识到风险的危害性，提高遵规守章的自觉性。二是加强在施工过程中对风险因素进行评估、预测、防范和控制，减少风险的发生和发生风险时能采取有效的弥补措施，从而达到防险、避险、减少损失、降低成本、提高效益的目的。

2）施工保险风险管理。施工保险应包括施工全过程，即所有施工人员的人身事故保险、材料、设备运输保险等。要尽可能对施工全过程包括相关项目环节进行分析和研究，对所有可能发生风险的环节，按照国际惯例能投保的全部投保。对不能投保的风险环节要制订相应的、切实可行的防范措施。

3）合同担保风险管理：合同担保是独立于合同具有法律效力的文件。它主要包括：投标担保、履约担保、预付款担保、保证金担保等项目。合同担保的关键，一要认真分析研究发包人的担保文件，要做到合情、合理、合法，损害国格和承包商利益的苛刻条件是不能接受的；二要认真研究合同条款，要特别注意和防止业主终止合同的风险条款，同时对担保金额进行技术处理，不能因担保泄漏标价。

4. 掌握国外项目管理软件的应用

1）成立项目管理软件应用机制。项目管理软件是高新技术，是新兴现代项目管理手段。因此与国际惯例接轨，对项目计算机技术进行全面的研究、学习、开发、应用。

2）项目管理软件纳入工程项目科学管理轨道。现在国外工程，复杂的项目管理中使用 P6[1]，在一般项目中使用 Microsoft Project[2]，另外还使用一些专项项目管理软件。所以，与国际惯例接轨，在建立了软件开发应用机制后，就应着手培养微软复合型人才，要求这些人既要懂计算机技术，又要懂管理和技术，才能适应项目管理的需要。

5. 按国际惯例解决项目中的争议问题

1）易于引起争议的问题

---

[1] “P6”解释详见——知识拓展 1-4

[2] “Microsoft Project”解释详见——知识拓展 1-5

①索赔，一是业主向总承包单位索赔，二是总承包单位向业主索赔。不管谁向谁索赔，都存在索赔成立不成立的问题，索赔金额能不能达到一致的问题。

②违约处罚，一是不承认自己违约，二是指责对方违约，三是不仅要罚违约金，还要追加索赔。

③终止合同，一是业主责任引起终止合同，如事实证明业主拖欠付款，破产或无力偿还债务，导致不能继续承包；二是承建商责任引起终止合同，如事实证明工程拖期，无力扭转局面，破产或无力偿还债务，导致不能继续承包。

2）减少和解决争议的对策

①签订好承包合同。在合同签订时，一定要熟悉工程所在地法律、法规，并严格依法签订。合同双方必须把双方责任、违约、罚款、索赔、免责等都要做出规范的界定和规定。

②严格履行合同条款。一是发生纠纷要及时解决。在纠纷面前，双方应采取积极合作的态度，通过友好、合理、合法的协商途径及时解决；二是发生纠纷严格按合同条款处理。在解决纠纷时，一般采用非对抗式和对抗式两种方式解决。非对抗式采用谈判、调解解决；对抗式采取仲裁和诉讼解决。无论采取何种方式在合同中都应做出明确规定。

知识拓展

拓展 1-2：ENR 是指什么

ENR 英文全称 Engineering News-Record，中文名称译作《工程新闻记录》，是全球工程建设领域最权威的学术杂志，隶属于美国麦格劳－希尔公司。ENR 提供工程建设业界的新闻、分析、评论以及数据，帮助工程建设专业人士更加有效地工作。

拓展 1-3：工程总包、工程分包是指什么

《建筑法》第二十九条规定：建筑工程总承包单位可以将承包工程中的部分工程发包给具有相应资质条件的分包单位；但是，除总承包合同中约定的分包外，必须经建设单位认可。施工总承包的，建筑工程主体结构的施工必须由总承包单位自行完成。

建筑工程总承包单位按照总承包合同的约定对建设单位负责；分包单位按照分包合同的约定对总承包单位负责。总承包单位和分包单位就分包工程对发包单位承担连带责任；禁止总承包单位将工程分包给不具备相应资质条件的单位。禁止分包单位将其分包的工程再分包。

总包就是总承包单位，负责这个项目的管理运作，直接对甲方负责，由监理进行监督。

分包是与总承包单位协商以后负责其中一个分包工程的队伍，例如劳务分包、门窗分包、防水分包等。

拓展 1-4：P6 是什么

P6 是软件 Primavera Project Planner 的简称，是用于项目进度计划、动态控制、资源管理和成本控制的项目管理软件。P6 是项目管理专家们最推崇的选择，是当今项目管理软件公认的标准。P6 长期以来被认为是一种标准，它在如何进行进度计划编制、进度计划优化以及进度跟踪反馈、分析、控制方面一直起到方法论的作用。

拓展1-5：Microsoft Project是什么

Microsoft Project是一个国际上享有盛誉的通用的项目管理工具软件，凝集了许多成熟的项目管理现代理论和方法，可以帮助项目管理者实现时间、资源、成本的计划、控制。Microsoft Project可以快速、准确地创建项目计划，而且可以帮助项目经理实现项目进度、成本的控制、分析和预测，使项目工期大大缩短，资源得到有效利用，提高经济效益。

专家答疑

困惑1-10：FIDIC中的DB和EPC有何不同？

答疑：根据FIDIC（国际咨询工程师联合会）的建议，工程总承包模式主要有两类：《生产设备和设计-施工合同条件》（黄皮书，简称“DB”）和《设计采购施工（EPC）/交钥匙工程合同条件》（银皮书，简称“EPC”）。

DB是承包商负责设备采购、设计和施工，咨询工程师监理，合同总价承包，但不可预见条件和物价变动可以调价，是业主控制较多的总承包合同模式。

EPC是承包商承担全部设计、采购和施工，直到投产运行；合同总价包干，除不可抗力条件外，风险都由承包商承担；业主只派代表管理，只重最终成果，对过程介入很少，是较彻底的交钥匙总承包模式。

小结：DB和EPC都是工程总承包模式，都实行总价合同，DB模式下业主通过咨询工程师干预较多，但承包商风险较小；EPC模式下业主主要作宏观管理，但承包商风险更大。

举例：美国的工程建设中应用DB模式更多，EPC主要在工业工程建设领域应用较多。此外，还有大量的分段承包模式（CM/GC、CMAR等），类似于国内在《房屋建筑和市政基础设施项目工程总承包管理办法》中提出的“政府投资项目原则上应当在初步设计审批完成后进行工程总承包项目发包”的做法。

困惑1-11：工程总承包直面国际化对中国建筑企业究竟是“蜂蜜”还是“苦果”？

答疑：虽然中国建筑企业参与国际市场程度日益增长，但中国建筑企业在国际市场竞争中仍处于金字塔的底端，与发达国家的建筑企业相比还有很大的差距。一方面，中国建筑企业海外收入低；另一方面，中国建筑企业国际化程度低。

当企业发展到一定阶段后，由于国内市场空间有限，竞争激烈，限制了企业的发展，要想获得更大的发展，就需要开辟海外市场。联想和华为等企业都是在这样的情况下进入国际市场的。对于中国建筑企业，目前国内市场空间还很大，目前似乎还没太大必要进入国际市场。然而我们也看到，国际化对企业的好处是多方面的，国际市场不仅市场空间巨大，利润空间也很大，国际化可以使企业摆脱国内市场诸多非理性竞争导致的利润微薄的窘境，赚取更多的利润，还可以使企业利用国际市场的资源，培养企业的核心竞争能力，使企业获得更好、更快、更长久的发展。

能力考核—强基固本、笃定前行

韩愈的《进学解》说：“业精于勤，荒于嬉；行成于思，毁于随。”意思是学业靠勤奋才能精湛，如果贪玩就会荒废；德行靠思考才能形成，如果随大流就会毁掉。

一、问答题

1. 什么是 FIDIC 合同条件？
2. 红皮书、黄皮书、银皮书的区别是什么？
3. 银皮书的特点是什么？
4. 《管理办法》中规定工程总承包的模式有哪些？
5. 实际应用中工程总承包的延伸模式有哪些？
6. 我国工程总承包企业的分类有哪些？

二、思考题

1. F＋EPC 和 I＋EPC 的区别是什么？
2. PPP＋EPC 和 BOT＋EPC 的区别是什么？
3. 我国为什么要大力发展工程总承包？
4. 企业为什么要转型发展工程总承包业务？

小结

近年来国家也通过各种政策大力推行工程总承包模式。国家统计局数据显示，2015 年中国总承包企业的总产值为 163655 亿元，至 2019 年达到 231055 亿元，复合年增长率为 9.0%，预计 2024 年达到 313586 亿元，占总体建筑市场份额近半壁江山，发展空间巨大。行业已经在由量变转为质变，尽快适应并掌握 EPC 总承包方式是传统企业在竞争日益激烈的建筑工程市场中占有一隅之地的必然选择。

作为高职建设工程管理类专业教材，本岗位要求读者：（1）通过认识工程总承包，能够理解工程总承包和施工总承包的区别，领会中国推行工程总承包发展的战略意义；（2）通过了解 FIDIC 合同条件，能够理解中国工程总承包管理的发展模式，领会中国工程总承包与 FIDIC 合同条件的融通发展；（3）通过学习工程总承包国内外发展分析，了解中国工程总承包企业的转型发展，能够理解中国工程总承包企业面向国际化的解决方案；（4）通过学习《示范文本》和《管理办法》，能够理解文件重要条款的含义解析，并将其应用于工程实践。

工程管理人才培养注重“创新型、全能型、专业型”三个方面。一是着重培养统筹意识、风险管控意识、造价管控意识、服务意识。统筹意识指要跳出专业束缚，从业主需求和使用功能出发，推进可施工性设计、优化设计。树立服务意识指理解业主需求、过程管控得当，打造良好的口碑。二是专业融合不可或缺。在项目管理中，设计往往“可施工性”较差，施工过程中变更频繁，加上责任主体多，容易导致索赔频发而增加项目成本。因此，专业人员需要着重实现设计和施工两大专业的高度融合，贯通造价、采购层专业，通过融合来打破专业壁垒、实现优势互补。

模块 2 工程总承包管理实务

EPC 案例导入

为了响应市委市政府“城市东扩”的战略规划，响应国家老龄化与社会管理的需要，AAA 医院规划在新开区建设成 1200 张床位的老年病、慢性病医院，提供老城区急救、门诊基本医疗保障，也为预留今后城市化，AAA 医院“一院四区”的建设做准备。如图 2-1 所示。

图 2-1 模块 2 项目导入

工程名称：AAA 医院新建工程

建设目的：项目规划总用地面积 138.8 亩，规划总建筑面积 13.5 万 m^2。医院按总体规划、分期实施的原则，分三期进行建设，一、二期工程已结束［包括急救中心楼、内科综合住院楼（含创伤外科治疗化中心、肿瘤治疗中心和康复中心）、妇幼儿童中心楼］，三期拟建设病房医技楼、门诊楼。本项目是在一、二期已建成投运基础上进行扩建。

建设内容：病房医技楼建筑面积 62050m^2，南楼地上 12 层，北楼地上 15 层，地下 2 层；门诊楼建筑面积 18880m^2，地上 5 层，地下 1 层；门诊一期加层建筑面积 1198m^2，1 层。

承包方式：工程总承包。

合同工期：2021 年 1 月 5 日～2022 年 4 月 6 日。

工期总日历天数：456 天。

市委市政府指出：AAA 医院工程是我市的“一号”民生工程，该医院建成投入使用后填补了我市“有医无养”“有养无医”的业务空白，解决了我市失能老人“老有所养，老有所医”的民生需求，满足广大人民群众日益增长的医养需求。各责任部门要牢固树立“一盘棋”思想，强化责任担当，密切协调配合，抢抓进度，确保 AAA 医院如期投入使用。

EPC 管理流程

AAA 医院新建工程的项目管理流程图，如图 2-2 所示。

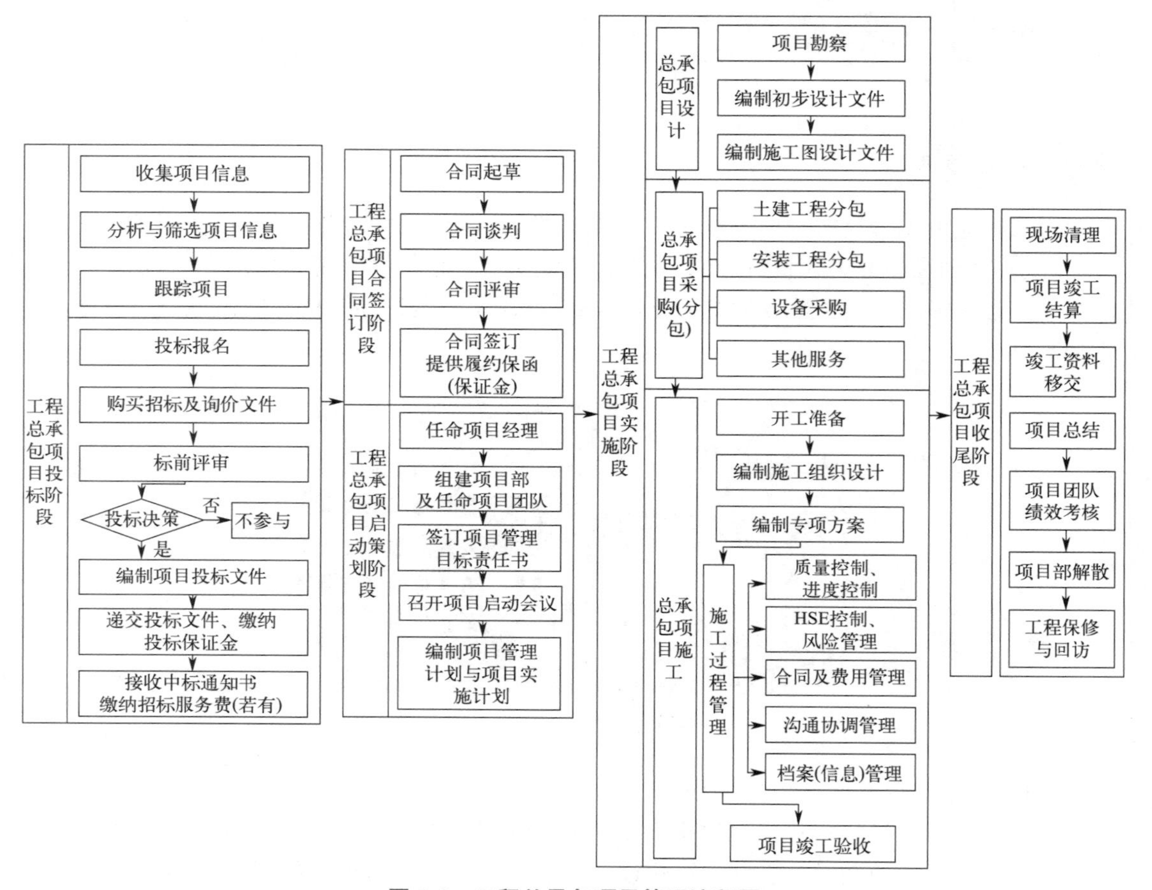

图 2-2 工程总承包项目管理流程图

岗位 2.1　工程总承包策划管理

策划 岗位导入

AAA 医院项目将启动招标，该项目是可行性研究报告批复后发包，招标范围要求：包括但不限于根据本项目的批复方案进行初步设计、深化设计、施工图设计、工程施工及材料设备采购、安装、调试，直至项目竣工验收、移交、保修等工作内容。

图 2-3　策划 岗位导入

GQ 公司作为意向投标方，为本次投标做了充足准备，任命张策为策划部经理，让他在公司各个部门挑选精兵强将，成立 AAA 医院项目策划部。成立第二天，张策召开团队会议，布置了部门工作的主要内容，包括项目战略策划、投标商务策划、融资模式策划、组织体系策划、质量管理策划、进度管理策划、技术管理策划、合约管理策划等，如图 2-3 所示。

项目策划是决策层在管理方向、管理思路、管理目标等方面的实施纲领，对干好项目起到定航引领的关键作用。工程总承包项目管理亦是如此，只有结合现场“精准把脉”，找准问题“对症开方”，才能推进项目管理精细化，及时化解风险、实现项目管理的目标。

策划 能力培养

（1）通过了解工程总承包策划管理概念，能够厘清策划管理的要点。

（2）通过掌握工程总承包投标报价策略，能够依据不同项目特点，选择合适的报价方案。

（3）通过掌握工程总承包融资模式分类和组织体系模式，能够依据不同项目特点，选择匹配的融资模式并策划合理的组织结构图。

（4）通过掌握工程总承包质量进度和进度管理要点，能够依据不同项目特点，设计契合的质量管理体系和进度管理计划。

（5）通过理解政策文件中策划管理的相关条款，能够表达清楚该条款在实践应用中的意义。

场景 2.1.1

图 2-4　场景 2.1.1

GQ 公司接到 AAA 医院项目投标任务，组建策划部，确定了人员名单和完成任务时间节点。策划部经理张策在召开动员大会时强调："策划是项目实施的中枢神经！通过策划管理使团队成员明确工程项目要做成什么样、谁来做、做什么、何时做和怎么做，使项目在实施过程中目标明确、界面清晰，管理有条不紊，提高工作效率。"如图 2-4 所示。

西汉的司马迁在《史记·高祖本纪》中写："夫运筹策帷幄之中，决胜于千里之外，吾不如子房。"这是汉高祖刘邦称赞张良的军事谋划能力，意思是前期做好周详的战略部署，就能够获得战争的胜利。

作为一名新职场人，你是否知道：

（1）什么是企业战略？

（2）什么是策划管理？

知识导入

2.1.1　防患未然的策划管理

2.1.1.1　策划管理概述

策划管理是对工程总承包项目实施的任务分解和任务组织工作的策划，包括设计、施工、采购任务的招标投标，合同结构，项目管理机构设置、工作程序、制度及运行机制，项目管理组织协调，管理信息收集、加工处理和应用等。

策划管理视项目系统的规模和复杂程度，分层次、分阶段地展开，从总体的轮廓性、概略性策划，到局部的实施性详细策划逐步深化。

1. 策划管理的目的和意义

策划管理的目的就是要充分了解和掌握工程总承包合同的基本内容、基本特点及项目要求，并对项目管理的基本策略、项目管理主要内容、项目管理主要方法等方面作出定义，明确工作范围、阶段划分、职责分工，明确各项管理目标，识别工程风险，提出管理要求等。

在一定程度上，没有策划管理，就没有现代意义上的项目管理，项目实施就没有方向和目标，就难以取得项目管理的成功；没有策划管理就无法提高效率，无法实现项目的效益最大化。因此，工程总承包项目在实施前必须针对项目内容、合同、边界条件，结合国家及地方政策要求，对管理活动进行正式的策划。

2. 策划管理的依据和分类

策划管理的依据包含：总承包合同及附件、项目情况的实施条件、业主方的要求与期望、业主方提供的信息与资料、项目管理目标、相关市场信息、相关法律法规等。如图 2-5 所示。

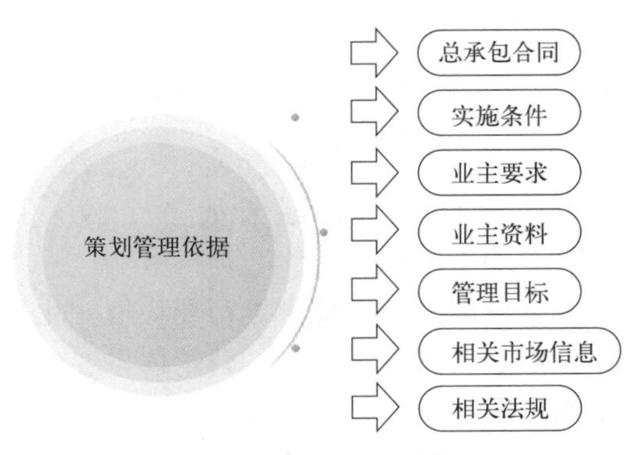

图 2-5 策划管理依据

策划管理是一项系统工程，不同的建设项目有其不同的项目特点和执行难点。结合建设工程项目管理的实践分析，可以将策划管理大致分为四类：基于客户需求的项目策划管理，以差异性高标准质量、安全文明施工水平等为主；基于总承包企业内部管理需要的项目策划管理，以项目利润、品牌效应等为主；基于国家相关机构奖项评定需要的项目策划管理，以达标创优、鲁班奖等为主；基于客户和总承包单位等参建各方共同需要的项目策划管理，以工期、安全、质量、费用等为主。

3. 策划管理的步骤和内容

（1）策划管理的步骤

项目策划管理程序可以分为三个步骤，即分析项目特点、确定策划目标、组织策划管理的“三步走”战略。

a. 分析项目特点。项目要实现预期的目标，首先必须对自身优势和竞争能力的现状进行分析，只有通过预测、找出差异，才能创新。

b. 确定策划目标。总承包工程的建设目标分为进度目标、安健环目标、费用目标、利润目标、质量目标、设计优化目标、成本目标等。

c. 组织策划管理。企业不论是为了实现项目盈利还是倾力打造品牌，都是在分析汇总项目特点难点、确定项目管理目标的基础上，为实现企业自身经营目标进行的策划管理。

策划一经完成，得到企业评审之后，即可进行实际操作和监控。在控制过程中，策划中的各个阶段必须落实责任人、日常检查人，并实行全程跟踪，定期召开交底会议、审查会议，确保过程控制的顺畅，最终实现总承包企业的项目利润目标。

（2）策划管理的内容

项目策划管理内容要满足合同要求，同时要符合工程所在地对社会环境、依托条件、项目干系人需求以及项目对技术、质量、安全、费用、进度、职业健康、环境保护、相关政策和法律法规等方面的要求。具体包括下列主要内容：

a. 明确项目策划原则；

b. 明确项目技术、质量、安全、费用、进度、职业健康和环境保护等目标，并制定相关管理程序；

c. 确定项目的管理模式、组织机构和职责分工；

d. 制订资源配置计划；

e. 制订项目协调程序；

f. 制订风险管理计划；

g. 制订分包计划。

2.1.1.2　策划管理要点

1. 工程总承包项目企业战略

（1）企业战略

企业战略是指企业根据市场环境变化，依据本身资源和实力选择适合的经营领域和产品，凝炼自身的管理理念、营销体系、生产体系、技术保障体系、科研开发体系，形成自己的核心竞争力，并通过差异化在市场竞争中取胜，保持企业的持续发展。

企业战略是对企业各种战略的统称，其中既包括竞争战略，也包括营销战略、发展战略、品牌战略、融资战略、技术开发战略、人才开发战略、资源开发战略等等。企业战略虽然有多种，但基本属性是相同的，都是对企业的谋略，都是对企业整体性、长期性、基本性问题的计谋。

（2）企业战略的特征

企业战略是设立远景目标并对实现目标的轨迹进行的总体性、指导性谋划，属宏观管理范畴，具有指导性、全局性、长远性、竞争性、系统性、风险性六大主要特征。

a. 指导性

企业战略界定了企业的经营方向、远景目标，明确了企业的经营方针和行动指南，并筹划了实现目标的发展轨迹及指导性的措施、对策，在企业经营管理活动中起着导向的作用。

b. 全局性

企业战略立足于未来，通过对国际、国家的政治、经济、文化及行业等经营环境的深入分析，结合自身资源，站在系统管理高度，对企业的远景发展轨迹进行了全面的规划。

c. 长远性

企业战略着眼于长期生存和长远发展的思考，确立了远景目标，并谋划了实现远景目标的发展轨迹及宏观管理的措施、对策。其次，围绕远景目标，企业战略必须经历一个持续、长远的奋斗过程，除根据市场变化进行必要的调整外，制定的战略通常不能朝令夕改，具有长效的稳定性。

d. 竞争性

竞争是市场经济不可回避的现实，也正是因为有了竞争才确立了“战略”在经营管理中的主导地位。面对竞争，企业战略需要进行内外环境分析，明确自身的资源优势，通过设计适合的经营模式，形成特色经营，增强企业的对抗性和战斗力，推动企业长远、健康地发展。

e. 系统性

立足长远发展，企业战略确立了远景目标，并需围绕远景目标设立阶段目标及各阶段目标实现的经营策略，以构成一个环环相扣的战略目标体系。同时，根据组织关系，企业战略需由决策层战略、事业单位战略、职能部门战略[1]三个层级构成一体。

[1] “决策层战略、事业单位战略、职能部门战略”解释详见——知识拓展 2-1

f. 风险性

企业做出任何一项决策都存在风险，战略决策也不例外。市场研究深入，行业发展趋势预测准确，设立的愿景目标客观，各战略阶段人、财、物等资源调配得当，战略形态选择科学，制定的战略就能引导企业健康、快速地发展。反之，仅凭个人主观判断市场，设立目标过于理想或对行业的发展趋势预测偏差，制定的战略就会产生管理误导，甚至给企业带来破产的风险。

（3）企业战略的分析

工程总承包企业战略分析在于明确企业所处的环境、企业资源能力、竞争地位和企业文化特征，为战略制定做好准备。战略分析是整个战略管理的基础，它有助于总承包企业了解国内外工程承包市场环境正在发生什么变化，这些变化对企业未来的发展将有何影响，工程总承包企业在应对环境变化时的能力如何，又具备什么样的资源去应对环境的变化，工程总承包企业战略分析应围绕以下三个方面进行：

a. 环境分析—国内外工程承包市场环境的最新变化。

b. 资源分析—总承包企业在设计、采购、施工以及咨询等方面的资源拥有情况。

c. 方略与期望分析—总承包企业长远方针战略以及其近期经营目标。

（4）企业战略的选择

工程总承包企业的战略选择是指制定可能的行动方案及对这些方案进行评价和选择，战略选择可以划分为三个方面的内容：战略方案的制定、战略方案的评价和战略方案的选择。

a. 战略方案的制定

总承包企业可选择的战略很多，关键在于要进行科学的分类，发现其内在规律性，以便制定战略时遵循。对于工程总承包企业来说有以下几种战略方案可供选择：

面向国内外市场，实施“走出去”战略。

培育核心竞争力，实施“差异化”战略。

坚持以人为本，实施“人才强企”战略。

b. 战略方案的评价

对于工程总承包企业来说，判断和评价战略的优劣是理智地选择战略的关键，战略评价主要是回答以下几个问题：

战略是否合理与可接受？

战略是否利用了企业面临的机会？

战略是否发挥了企业的优势？

战略是否有力地抵消了恶劣环境因素的威胁和克服（避免）了企业的弱点？

其中战略的合理性又称为战略的适宜性，即战略是否与行业环境和企业资源能力相适应。战略评价的另一项重要内容是战略的可接受性，工程总承包企业战略选择的目的是尽可能多地承揽总承包项目并使企业盈利，在给定预算条件下最大限度地发挥预算的效力。因此战略要被接受，财务上必须盈利。

c. 战略方案的选择

摆在总承包企业面前的战略方案可能不止一个，一个战略的优缺点通常不是一清二楚的，往往利弊同时存在、相互交织，因此进行战略决策往往是一项十分艰难的任务。

（5）企业战略的实施

战略实施是把选定的战略转化为具体行动的过程。战略实施首先要解决资源规划的问题，即实施一项战略所需要的资源条件，哪些是需要承担的关键任务，在经营资源的配置方面需要进行什么样的变化，何时进行有关的调配，由谁来负责等等。对于总承包企业来说，雄厚的人力资源、先进的机械设备、具有创新性的施工工艺及技术专利等是其重要的资源条件。战略实施还涉及企业组织结构的调整，这对工程总承包企业来说更是关键的任务，执行起来比较困难。但是对任何战略的改变，组织结构不进行相应的调整是不可能的。这就要求做好各方面的配套工作。

除此之外，新的战略还需要新的管理体系来保证。不同部门各自的责任是什么，战略实施过程中用什么信息系统来监测战略的执行情况，应建立什么样的企业文化，如何做到在战略改变时，组织的全体员工能够了解到相应的、充分的新信息，这些都是战略实施中要考虑的问题。

2. 工程总承包项目策划管理要点

工程总承包项目的策划工作，不是简单的经营谈判、组织设计、采购施工管理过程的累加，而是一个系统工程。策划管理的主要内容如下：

a. 搭建开展工程总承包相适应的战略体系和组织架构。总承包企业应该从公司层面制定与开展工程总承包相适应的战略，并建立矩阵型组织架构体系，以支持这种战略的落地。

b. 健全开展工程总承包相匹配的业务职能。总承包企业应完善业务职能，重点是加大提升设计管理能力，同时强化采购与施工职能，提升投融资能力，加快对国际工程总承包合同条款的研究，规避其合同风险。

c. 强化工程总承包项目管理能力。在具体项目实施方面，强化总承包企业的项目管理能力，通过加强项目信息化，尤其是通过先进的管理软件系统建设，建立起对项目的整体管理体系。

因此，策划管理，进一步明确项目管理的目标，系统分解项目各阶段工作重点，有效控制各阶段完成的质量，为项目的各阶段工作实施起到指导和依据作用。策划管理，既是项目成功的重要保证，同时也是提升工程总承包企业盈利水平的有效途径。每个工程总承包项目，建议主要参与部门如合约部、设计部、采购部及施工部等，应积极协助企业制定出适合该项目的策划工作模式，并且满足工程总承包项目独特性和一次性需求。

知识拓展

拓展 2-1：决策层战略、事业单位战略、职能部门战略的区别

决策层战略是企业总体的指导性战略，决定企业经营方针、投资规模、经营方向和远景目标等战略要素，是战略的核心。本教材讲解的企业战略主要属于决策层战略。

事业单位战略是企业独立核算经营单位或相对独立的经营单位，遵照决策层的战略指导思想，通过竞争环境分析，侧重市场与产品，对自身生存和发展轨迹进行的长远谋划。

职能部门战略是企业各职能部门，遵照决策层的战略指导思想，结合事业单位战略，侧重分工协作，对本部门的长远目标、资源调配等战略支持保障体系进行的总体性谋划，比如：策划部战略、采购部战略等。

能力训练

卫星是海上航行的定向标，策划管理是工程总承包项目成功的“金箍棒”！

训练 2-1：作为一名新职场人，你能够完成一份合格的项目策划书吗

GQ 公司策划部经理张策在 AAA 医院项目的策划会议中，让李明写一份项目策划书。李明是一位刚刚毕业的新人，不知道怎么写项目策划。他在网上搜索范本简单修改下就交上去。张策看完后狠狠地批评了李明，并让其重新制作一份项目策划。

训练 2-2：作为一名新职场人，你知道策划管理的风险因素有哪些吗

李明受到批评后，对 AAA 医院的招标文件、图纸等进行认真的研究，对相关历史数据和社会信息进行仔细的调查，并广泛征求了有关部门的意见，重新做了一份项目策划书。张策对第二次递交的策划书表示了认可，说：“我们要做好策划阶段的风险控制啊”！

分组模拟场景，解决下列问题：

（1）训练 2-1：项目策划书依据哪些资料？包含哪些内容？

（2）训练 2-2：策划管理阶段的风险因素有哪些？

场景 2.1.2

AAA 医院项目投标工作进入白热化阶段，部门全体人员不分昼夜、加班加点准备资料。但如何策划投标方案、打败竞争对手最终中标，职场新人王芳却是毫无头绪、一筹莫展。

在投标策划会议上，策划部经理张策鼓励大家："我们拿下这个项目的关键在于掌握该项目的各项信息资源以及竞争对手的投标情况。信息掌握得越充分，我们的决策才越精准。"经过科学的谋划、精心的准备，GQ 公司最终成功中标 AAA 医院项目，如图 2-6 所示。

图 2-6　场景 2.1.2

《孙子兵法·谋攻篇》说："知彼知己，百战不殆；不知彼而知己，一胜一负；不知彼，不知己，每战必殆。"意思是强调打仗前掌握充分信息的重要性。工程总承包项目投标商务策划亦是如此！如何合理评估项目的可投性，了解旗鼓相当的竞争对手，挖掘准确有用的信息资源，制定出奇制胜的投标方案等，都是投标策划中的"知彼知己，百战不殆"！

你是否知道：

（1）工程总承包项目投标策划的意义；

（2）工程总承包项目投标的各种策略。

知识导入

2.1.2　知己知彼的投标报价策划

2.1.2.1　工程招标投标博弈分析

招标投标工作是指工程建设单位在开展项目建设前为确定合适的承包单位而进行的活动。

工程总承包模式而言，招标投标工作一般是在项目的可行性研究阶段或初步设计阶段开展，业主只提出项目的范围、规模、性能、标准等功能性要求，投标人需要对工程的设计、采购、施工、设备安装、试运行等进行工程总承包。

1. 工程招标分析

工程总承包模式招标过程与施工总承包模式相比，在项目前期准备和资格预审过程中，总承包单位会投入更多的时间，并在评审标准上有详细的规定解释和系统的评标方法。

（1）招标程序分析

亚洲开发银行 1999 年推出的亚行总承包招标文件，将工程总承包项目的招标程序分为三种：单阶段投标、双信封投标、两阶段投标。

单阶段投标是指投标者一次性提交含有技术建议书和商务建议书的投标文件，在公开唱标时，每一个标书的投标报价和替代方案等细节内容全部公开和记录。单阶段投标适用于土建内容较多的项目。

双信封投标是指投标者将商务标和技术标装在两个信封里同时提交。评标委员会先打开技术标进行评审，如果招标机构要求补充和修改技术标并调整投标报价，调整技术标的目的是保证所有技术标符合业主可接受的技术标准。调整后的技术标通过评审后，方可进行商务标评审。双信封投标适用于需要做替代方案（如机械、设备安装工程或工业厂房工程等）的技术标。

两阶段投标与双信封投标有类似之处，最主要的区别是投标人要求提交的只有技术标书，商务标随后提交。投保人与招标机构共同讨论和澄清技术问题，技术标经评审通过后才能进行商务标的编制工作，编制的基础和依据是经过调整和补充修改的技术标书。两阶段投标适用于招标机构不确定应该采用哪一种技术规范，一是由于市场上刚刚出现可供选择的新技术，二是招标机构已获得多个市场选择，并且有两个以上的技术方案可供选择。

（2）招标内容分析

项目概况分析：对招标项目的基本情况进行概述，包括项目名称、地点、规模、类型等。

招标背景分析：分析项目招标的背景，包括政策法规、市场需求、项目建设意义等。

市场竞争分析：对项目所在行业或领域的竞争情况进行分析，包括竞争对手、市场份额、竞争优势等。

招标标段分析：对项目按照不同标段进行招标的情况进行分析，包括标段划分依据、各标段规模、预算金额等。

招标条件分析：对招标条件进行分析，包括招标方式、资格要求、技术要求、投标条件等。

投标人分析：分析参与招标的潜在投标人，包括其资质、技术实力、经验、信誉等。

投标价格分析：对不同投标人的报价情况进行分析，包括价格水平、差异性、合理性等。

评标标准分析：对评标标准进行分析，包括技术评标、商务评标等，以及各项评标指标的权重和评分规则。

风险分析：对项目实施过程中可能存在的各类风险进行分析，包括技术风险、市场风险、合同风险等。

2. 工程投标分析

工程总承包模式招标过程与施工总承包模式相比，由于其承包内容包含更多的工程阶段，承包商在进行投标决策时，需要考虑设计、施工以及采购等环节的所有成本造价。因此，工程总承包项目的投标决策内容更多、投标决策风险控制更难、投标决策影响更大。

（1）投标文件的准备

工程总承包招标文件中包含下列内容：

a. 投标人须知

针对“投标人须知”，要重点阅读和分析的内容有：一是“总述”中有关招标范围、资金来源以及投标者资格的内容，二是“标书准备”中有关投标书的文件组成、投标报价与报价分解、可替代方案的内容，三是“开标与评标”中有关标书初评、标书比较和评价、相关优惠政策等内容。

b. 合同通用条件

c. 合同专用条件

针对“合同通用条件”和“合同专用条件”，要重点分析有关合同各方责任与义务、设计要求、检查与检验、缺陷责任、变更与索赔、支付以及风险条款的具体规定。

d. 业主要求

“业主要求”，是投标准备过程中最重要的文件，投标小组要反复研究，将业主要求系统归类和解释，并制定出相应的解决方案，融汇到标书的各个文件中。

e. 投标形式与投标附录

f. 标准格式

g. 报价表与计划表

h. 图纸

针对“投标形式与投标附录”“标准格式”“报价表与计划表”，要严格按照招标文件的格式要求，进行投标文件的准备；针对“图纸”，要组织专业技术人员对图纸的工作范围、工作内容、工程量及工程量清单进行复核，如发现和招标文件不符，须及时提出质疑。

（2）标前会议的准备

标前会议是总承包单位唯一一次在投标之前与业主和竞争对手接触的机会，如果允许，总承包单位可以协同部分分包商代表一同参加。注意搜集资料有：工作条件和限制条件、气候条件、当地法规（国际工程适用）、当地货源和运输条件、银行与保险业务安排等。

2.1.2.2　投标报价策划概述

工程投标指的是投标人按照项目招标文件的要求，在规定时间内对投标项目进行选择、调研然后报价的过程。在实际的投标决策过程中，招标投标阶段的范围往往还会扩展到中标后的合同谈判阶段。投标策划是投标工程能否顺利进行、投标人能否中标的关键。

1. 工程投标策划内容

投标策划是保证投标顺利进行、提高中标概率的基础，投标策划的主要内容有 11 个方面：

a. 投标准备工作安排；

b. 投标工作范围要求；

c. 投标工作的各个过程以及进度安排；

d. 投标需要的资源；

e. 投标质量保证措施；

f. 投标所需要的文件和资料；

g. 与业主、招标代理以及合作方的安排；

h. 投标沟通和信息管理；

i. 投标的风险分析与对策；

j. 投标任务分配以及人员职责与权限；

k. 保密要求与措施。

投标策划要围绕这 11 个方面开展工作，只有详尽周全地策划，才能避免犯错误，才能保证投标工作的顺利进行。另外预备方案也是投标策划必须完成的工作，是保证投标工作顺利进行的关键。

2. 工程投标策划作用

工程投标策划可以客观筛选投标项目、有效分析竞争对手、及时防范合同风险和提升企业中标概率。

(1) 投标策划客观筛选投标项目

投标策划，最基本的功能是实现投标任务的分解与分配。应该在项目可行性研究阶段启动投标策划，并根据公司的发展战略和方向对项目进行筛选，符合要求的项目要重点跟踪、调查、策划。不符合要求的项目应果断放弃，避免劣质项目拖垮公司。招标文件是编制投标文件的重要依据，一定要全方位理解招标文件，对招标文件中的工期、投标有效期、质量要求、技术标准、招标范围等实质性内容进行充分理解。

下列情况应放弃投标：a. 本企业施工能力或资质级别之外的项目；b. 工程规模、技术要求或资金要求超出本企业能力之外的项目；c. 在本企业生产业务饱满的前提下，招标项目支付条件苛刻、利润低下或者有亏损风险的项目。

当决定投标，要及时召开策划会，详细了解项目的工程情况、标段划分、招标条件、资格要求、定价及定标规则等信息，包括对项目所在地市场调查、建设方情况调查、施工现场情况调查、资源调查、供应商调查以及竞争对手调查等。认真进行分析，并形成策划报告。

(2) 投标策划有效分析竞争对手

投标策划需要掌握竞争对手的实际情况，包括其企业的经营规模、经济实力、已有项目业绩、机械设备配置等，全方面进行了解，并与本企业进行有效对比，分析两企业相互之间的优势以及劣势情况，注意在投标过程中扬长避短，扩大自身优势，增加中标机会。另外，对于市场情况以及竞争形势的调查也是必不可少的，需要根据形势走向确定策划制定的方向，提升竞争力。

(3) 投标策划及时防范合同风险

投标策划要充分调动各部门积极参与调查研究，发挥各部门作用，防范在投标过程中涉及的合同风险。主要对投标前存在的风险系数进行分析，严格评审项目施工合同中的内容，对其中存在问题的条款进行分析。

合同风险分析内容如下：a. 对项目的工程量风险进行分析，一般由工程部进行核算；

b. 对项目的资金风险分析，研究分项工程单价和投标总报价；c. 对项目的税收风险防控，了解相关的税收政策，对可能涉及的问题进行讨论；d. 对项目中的材料、机械和设备的风险防控，一般需要采购指定的品牌，如没有指定品牌需要对其质量进行有效的监督管理。

（4）投标策划提升企业中标概率

投标策划工作开展最为重要的目标是提升企业的中标率。在实际的投标策划工作中应当加强对团队分工、各部门工作的科学分配和管理，在技术和经济实力、企业管理方面加强管理，提升企业的信誉度。这些需要在投标策划中进行考虑，是提升企业中标概率的重要保障。

3. 工程总承包项目投标报价程序

工程总承包项目投标报价程序，如图 2-7 所示。

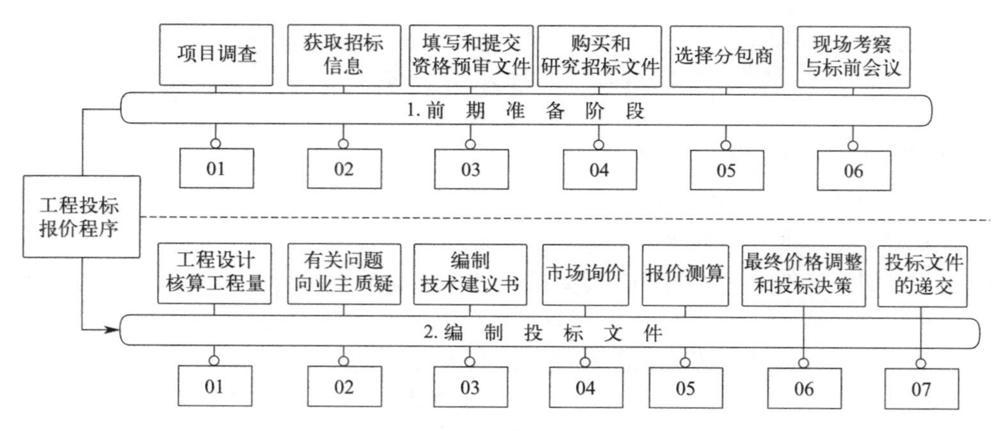

图 2-7　工程投标报价程序

（1）前期准备

a. 项目调查

工程总承包企业首先要做的应是通过各种途径对该项目进行详细的调查，调查主要分为以下几个方面：项目所在地区或国家的市场宏观政治经济环境调查；项目所在地区或国家的自然环境考察；对项目业主的调查；对竞争对手的调查。

b. 获取招标信息、购买资格预审文件

工程总承包企业应始终对业内信息保持高度的敏感性。一旦发现与自身专业适合、获利可能性大、有利于企业未来发展的工程总承包项目，就要给予密切关注，并在初步决定投标后，购买资格预审文件。

c. 填写和提交资格预审文件

投标人必须严格按照资格预审文件的要求填写，并提交有关的证明文件。特别需要注意的是，联营体不仅要提交联营体协议或草案，还必须向业主提交能反映组成联营体的参与各方资质条件的证明文件，由业主对参与各方分别进行资质审查。

d. 购买和研究招标文件

通过资格预审的投标人，在确认投标后应向业主购买招标文件，并认真研读招标文件，重点应放在“投标人须知”、专用条件、技术规范、业主功能描述书、投标书附录等方面。

e. 选择分包商

鉴于工程总承包项目的庞大规模，总承包单位往往需要将一部分工程分包出去。虽然分包商只承担工程小部分的工作，但它们仍然会对整个工程的进度、质量和费用产生重大影响。因此，在投标阶段应制定分包计划，进行分包询价和拟定分包人选，从而在很大程度上可以降低总承包单位的风险，有利于工程在约定的工期内顺利完成。

f. 现场考察与标前会议

业主一般会在投标期限刚过一半时组织所有投标人进行现场考察，并在考察期间召开一次投标人会议，解答投标人的质疑。投标人应对工地现场进行认真考察，为以后的工程设计和工程估价做准备，并在标前会议上要求业主对有关问题进行澄清。

（2）编制投标文件

在编制投标文件时，投标小组应遵循以下程序。

a. 工程设计、核算工程量

工程设计是核算工程量和估算报价的基础，是编制施工方案的依据，也是影响投标成败的关键。因此，工程设计必须按照招标文件的有关要求和相关技术规范的规定，根据工程的特点和当地的自然地理条件，选择科学的工艺和流程，最大限度地实现质量、进度和费用三者之间的完美结合。投标人根据投标文件以及工程设计进行工程量核算，并估算报价。

b. 有关问题向业主质疑

投标阶段的技术澄清是相当重要的。招标文件本身一般会有缺陷或问题，有些问题可能是由于技术水平的局限、方案的不成熟或打印错误造成的，有些问题则是业主有意模糊或掩饰，给投标人一个比实际情况要好的错误印象，如标书中对沿线地质地貌的描述等，所以投标人必须对这些问题提出质疑，不能以不确切的信息进行投标报价，以免在日后实施工程时蒙受损失。

c. 编制技术建议书

技术建议书是总承包企业技术、经验、资源状况和管理能力的体现，也是工程质量达标、按期完成和节约成本的途径，因此投标小组必须依据设计文件和已核算的工程量，参照工地现场的水文地质条件以及劳动力、材料和机械设备的供应情况等，在满足工期的前提下编制出科学合理的技术建议书。

d. 市场询价

总承包企业应对工程建设所需的人、机、料在不同的地区或国家分别询价，并且还应根据其历史变化预测出未来的市场价格。工程物资询价还涉及物资的供货、运输、保险、储存等方面，采购必须满足施工进度的要求，这也是在询价中必须考虑的问题。如果建设项目的施工地点比较分散，特别是像管道工程这样的线形项目，其所需货物的供货地点应该是分散的，在充分考虑供货能力、运输条件、仓储条件和采购成本后，供货地点应就近选择和分散布置。

e. 报价测算

工程量评估：首先，报价人员要熟悉和了解项目，审核业主要求，仔细阅读设计说明和技术规范，估算项目工程量。计算工程量时除了计算工程量清单提供的显性工程量外，还要计算隐性工程量，如模板等周转材料、临时施工便道、临时设施、施工场地，临时水、电接入等施工辅助工程量，以确保项目不漏项。其次，计算勘察和设计费用、计算设备和材料费用（包括国内外的运费、保险费）等，在此基础上对工程量进行分析，是否有漏项、重复项，是否有多计或少计工程量的科目。

投标价计算与复核：首先，根据项目实际投入，采用类似项目的相关参数，计算投标价格。其次，对投标价进行宏观造价分析和微观单价分析。在项目总报价得出后，承包商应与调查所得到的所在地区同类项目的宏观造价指标做价格分析，以保证本项目的报价不出纰漏并在合理范围内。为使报价合理，除了做宏观指标分析以外，还应做微观单价分析。

f. 最终价格调整和投标决策

总承包单位在编制标书的同时，要收集竞争对手的资料，更多了解、分析竞争对手的状况，包括对手资源状况、联合投标状况、合作伙伴背景、市场分配状况、设计及施工的一体化竞争力等，在投标截止期限之前，对投标报价做最后的调整，确保总价包干的基数满足风险预防的要求。

投标报价编制完成后，承包商需对整个总承包价格做最后分析。承包商不仅要依据自己的实力，制订自己的合理价格，也需要对对手做出判断，报出合理的价格。

g. 投标文件的递交

投标文件包括技术标部分和商务标部分，其具体内容如下：

技术标部分文件包括：设计方案、施工方案与施工方法说明；采购计划；总进度计划；设计、采购、施工组织机构说明以及负责人的技术履历；施工机械设备清单及设备性能表；主要耗材清单及其来源与质量证明。

商务标部分文件包括：投标保函；投标人的授权书及证明文件；联营体投标人提供的联营协议；投标人所代表的公司的资信文件；分包商的资信文件；价格表；计日工的报价表；主要单价分析表（如有要求）。如果是国际工程，包括外汇比例表、外汇费用构成表以及外汇兑换率；工程款支付估算表；用于变更估价的单价表；永久设备报价；用于价格调整的物价上涨指数的有关文件。

投标人必须根据“投标人须知”中的有关规定在投标截止日期和时刻前以密封方式递交投标文件，未按规定书写或密封以及迟到的标书一般将被视为废标。

2.1.2.3 工程总承包项目投标报价策划

1. 工程投标总体策划

工程常见投标的总体策略有先亏后盈法、优惠取胜法、以人为本法、以信取胜法、合理化建议取胜法。如图 2-8 所示。

（1）先亏后盈法

总承包企业为了打进某一地区，依靠自身的雄厚资本实力，可采取先亏后盈法的投标方法。当然，这里的亏不是绝对的亏，而是企业通过提高工作效率、施工组织水平等途径来降低成本，特别是对于大批量工程或分期建设的工程，可适当减少大型临时设施费用，采用先进技术和先进施工工艺，也是支持先亏后盈策略的有力保证。

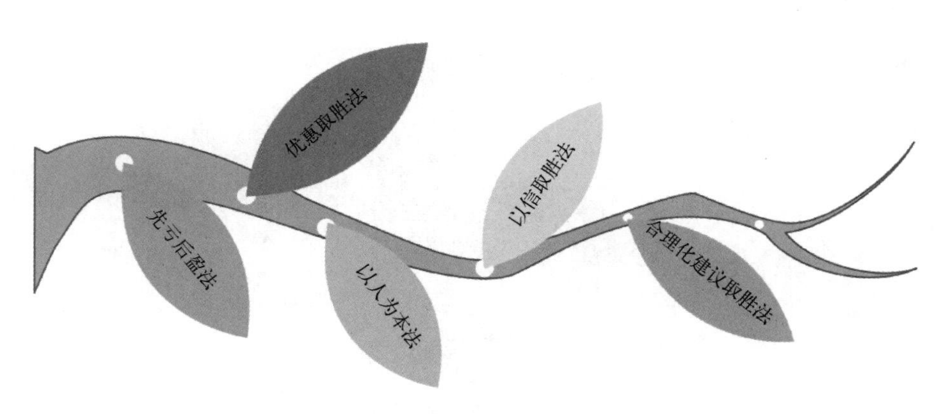

图 2-8　工程投标总体策略

（2）优惠取胜法

在投标文件中给建设单位提供一些优惠条件，比如：缩短施工工期、提高质量、降低支付条件，免费转让新技术或某种技术专利、免费技术协作、代为培训人员，提供物资、设备、仪器、车辆等，以此优惠条件取得业主赞许，争取中标。

（3）以人为本法

注重与业主和当地政府搞好关系，邀请他们到本企业施工管理过硬的在建工地考察，以显示企业的实力和信誉。按照当地崇尚的信仰、道德水准去处理好人际关系，求得理解与支持，争取中标。

（4）以信取胜法

依靠总承包企业长期形成良好的社会信誉、技术和管理优势、优良的工程质量、到位的服务意识、合理的价格优势等因素争取中标。

（5）合理化建议取胜法

仔细研究图纸，发现不合理之处，提出对应修改建议，从而降低工程造价或缩短工期，提高招标单位的吸引力。

2. 工程投标报价策划

投标的重中之重是投标报价，它直接影响到中标的成功与否，同时也关系着中标企业的利润。报价是工程投标的核心，报价过高会失去中标机会，报价过低即使中标也会给工程带来亏本的风险。因此，报价过高或过低都不可取，要从宏观角度对工程报价进行控制，力求报价适当，以提高中标率和经济效益。

（1）投标报价组成

工程总承包项目从工作内容构成来源划分，投标报价主要分为三部分：

a. 设计部分报价，根据计划和进度编制出设计、现场服务等需要的成本，有的行业设计报价还需要考虑专利费和其他特殊费等。

b. 采购部分报价，主要包括设备材料出厂价格、运到项目所在国港口的费用和清关费、税费、陆路运输到施工现场乃至特殊情况下装卸转运的费用。

c. 施工部分报价，包括直接费、间接费（包括临时设施，营地建设和人员机械的动迁复原等）、施工费用、培训费以及给业主代表提供的办公室和住宿等。

（2）投标报价策略

投标报价策略分为突然降价法、不平衡报价法、概率分析法，如图 2-9 所示。

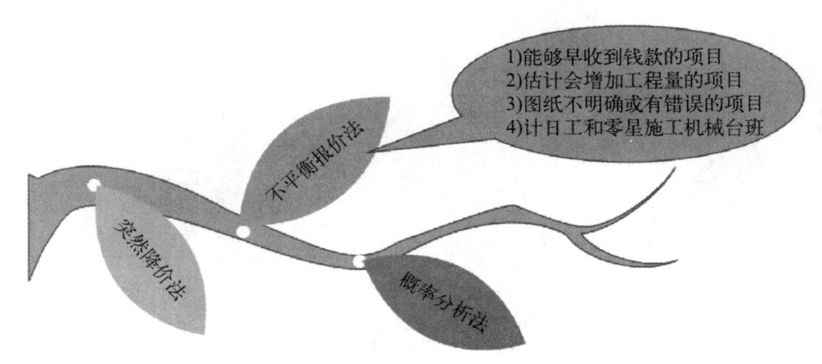

图 2-9 工程投标报价策略

a. 突然降价法

报价是一件保密的工作，但是投标人往往通过各种渠道、手段千方百计地收集、了解竞争对手的价格等情况。因此，在报价时可以采用迷惑对方的手法，即先按一般情况报价或表现出自己对该工程兴趣不大，在投标截止日期前再突然降低投标报价。采用这种方法时，要在准备投标报价的过程中考虑好降价的幅度，根据情报信息与分析判断，最后一刻出奇制胜。

b. 不平衡报价法

所谓不平衡报价，是指在同一项目中，保证总报价不变的前提下，将某些分项工程的单价定得高于常规价，将另一些分项工程的单价定得低于常规价，以保证总报价有竞争力并能获得较好的经济效益。通俗地说，就是对施工方案实施可能性大的报高价，对实施可能性小的方案报低价。不平衡报价是相对常规报价而言，在常规报价的基础上进行调整得到的，是对常规报价的优化。具体做法如下：

能够早收到钱款的项目，如开办费、土方、基础等，其单价可定得高一些，以有利于资金周转。后期的工程项目单价，如粉刷、油漆、电气等，可适当降低。

估计今后会增加工程量的项目，单价可提高些；反之，估计工程量将会减少的项目单价可降低些。

图纸不明确或有错误，估计今后会有修改的；或工程内容说明不清楚，价格可降低，待今后索赔时提高价格。

计日工和零星施工机械台班小时单价报价，可稍高于工程单价中的相应单价。因为这些单价不包括在投标价格中，发生时按实计算，可多得利。

举例：在某医院新建工程的投标中，基础工程主要包括地下室 4 层及挖孔桩，地下室的施工采用地下连续墙加设 4～6 层锚杆加固，土方分层开挖后进行挖孔桩施工及地下室施工。总承包企业考虑到该医院处于市繁华的商业区和密集的居民区，是交通十分繁忙的交通枢纽，采用爆破方法不太可行。因此，在投标时将该方案的单价报得很低，而将采用机械辅以人工破碎凿除基岩方案报价较高，该总承包企业按此报价方案中标。施工中，正如该公司预料的以上因素，公安部门不予批准爆破，业主只好同意采用机械辅以人工破碎开挖，该企业就此项取得了较好的经济效益。

c. 概率分析法

概率分析法适用于考虑竞争对手的存在，而且研究了某些重要对手的报价行为和中标概率情况下的报价。一般来说，投标人在投标竞争中会遇到以下几种情况：一是知道对手是谁，也知道对手有多少；二是知道对手有多少，但不清楚他们是谁；三是既不知道对手是谁又不知道对手有多少。上述情况，可按有一个竞争对手和多个竞争对手两种情况来分析。

概率分析法是否行之有效，取决于投标人在以往竞争中对竞争对手信息掌握的程度。通过分析研究，把竞争对手过去投标的实际资料公式化，根据竞争对手的多少及这些对手是否确定，可建立不同的投标策略模型。决定投标后，承包商要估算出自己的成本 A，设承包商投标报价为 B，则该工程的直接利润即为投标报价和估算成本之间的差额 I，即 $I=B-A$。投标胜出、承包商获得利润，投标失利、利润为零。因此，如果中标概率为 P，则不中标概率为 $1-P$，预期利润 $=P\times I+(1-P)\times 0=P\times I$。

举例 1：有多个具体竞争对手

如果总承包单位投标时知道具体的竞争对手，并掌握了竞争对手过去的投标规律，那么可以把这些竞争对手看作单独存在的对手，根据已经掌握的资料，分别求出自己低于每个对手报价的概率。由于每个对手的投标报价是互不相关的独立事件，根据概率论，他们同时发生的概率等于他们各自概率的乘积，即 $P=P_1\times P_2\times P_3\times\cdots\cdots P_n$，求出 P 之后，按一个对手分析即可。

举例 2：有多个不具体的竞争对手

如果投标人知道竞争对手的数量，但不知道对手是谁，就必须将投标策略做调整。这种情况下，投标人最好的办法是假设在这些竞争者中有一个平均值，先从这些对手那里收集他们的信息，并将这些信息汇集起来，得出想象的“平均对手”信息。有了这个平均对手的信息，投标人就可以计算出采用各种报价时低于“平均对手”的概率。由于 N 个具体的竞争对手变成了 N 个平均竞争对手，则报价低于 N 个对手的概率 P 等于 N 个平均对手的概率 P_0 的成绩，即 $P=(P_0)^N$，求出了 P，就可以按不同报价方案分析确定最佳的投标策略。

3. 工程投标其他策略

（1）响应招标文件的要求

投标人要对招标文件中若干实质性要求和条件[1]作出响应，否则将导致废标。工程总承包企业是要认真研究招标文件，对招标文件提出的要求和条件逐条进行分析和判断，找出所有实质性要求和条件，并在投标文件中一一作出响应。如果把握不准实质与非实质性的界限，企业以书面形式向招标人进行询问。在企业产品和实力能够满足招标文件要求的前提下，编制一本高水平投标文件，确保投标文件完全实质性地响应招标文件，是企业在竞争中能否获胜的关键。

（2）合理使用辅助中标手段

总承包单位进行投标时，应在先进合理的技术方案和较低的投标价格上下功夫，以

---

[1] “实质性要求和条件”解释详见——知识拓展 2-2

争取中标。同时可以使用辅助手段争取中标，如：许诺优惠条件、聘请当地代理人、与当地公司联合投标、与发达国家公司联合投标、选用业主认可的专业分包、开展外交活动等。

（3）标书的排版编制包装

投标的报价最终确定以后，投标的排版、包装、签名、盖章等要严格按照招标文件的要求编制，不能颠倒页码次序，不能缺项漏页，更不允许带有任何附加条件。任何一点差错，都可能成为不合格的标书导致废标。另外，投标人还要重视印刷装帧质量，使招标人或招标采购代理机构能从投标书的外观和内容上感觉到投标人工作认真、作风严谨。

知识拓展

拓展 2-2：实质性要求和条件

“实质性”的要求和条件，是指招标文件中有关招标项目的价格、项目技术规范、合同的主要条款等。这意味着投标人只要对招标文件中若干实质性要求和条件的某一条未作出响应，都将导致被废标。

能力训练

工程总承包投标策划是项目信息的获取和分析。指依据对工程项目信息的了解，估算项目实施的成本费用，并结合项目利润的预期和风险的研判对费用进行调整，形成最终投标报价。

训练 2-3：紧急工程，如何判断坚持投标还是放弃投标

AAA 医院项目投标策划会议中，策划部经理张策问：“项目建设工期短，疫情期间材料价格不稳定，且公司在建项目 25 个接近饱和，应该坚持投标还是放弃投标?”GQ 公司总裁王强思考片刻后指示：“AAA 医院是市重点工程、民生工程，我们要全力以赴争取中标。”

训练 2-4：投标策划，不同地区的投标风险一样吗

GQ 公司策划部经理张策经过数日的努力，做出一份自认为满意的投标策划交给总裁。第二天，总裁王强看完投标策划书后，严肃地批评了张策：“这是非洲的项目，国际工程的投标风险你考虑了吗?”

训练 2-5：要想中标，应该和业主吃吃喝喝还是认真完成投标策划

AAA 医院项目投标任务，GQ 公司策划部经理张策带领团队成员经过数日的奋战，做出一份全面的投标策划，交给投标小组负责人。而 PP 公司策划部经理陈方认为，投标策划做得再好不如与甲方喝酒好，连续吃吃喝喝数日未获得任何有用信息。最终，GQ 公司以综合评分最高中标 AAA 医院项目。

以分组讨论形式，完成以下任务：

（1）训练 2-3：总裁王强为什么要坚持投标？如何判断该坚持投标还是放弃投标？

（2）训练 2-4：国际工程总承包项目存在哪些投标风险？

（3）训练 2-5：GQ 公司想要中标，为什么要做全面的投标策划？

场景 2.1.3

GQ 公司中标 AAA 医院项目的第二天就召开项目推进会，会议其中一项重要议题就是解决前期项目资金问题。总裁王强指出：“作为大型综合性建筑民营企业，资金对于公司项目推进十分重要！应该深入研究国家对于民营企业的支持政策以及大型基建项目融资方案，为公司后续项目开展提供有力保障。”如图 2-10 所示。

图 2-10　场景 2.1.3

《关于进一步完善政策环境加大力度支持民间投资发展的意见》中指出：“根据‘十四五’规划 102 项重大工程、国家重大战略等明确的重点建设任务，选择具备一定收益水平、条件相对成熟的项目，多种方式吸引民间资本参与。已确定的交通、水利等项目要加快推进，在招投标中对民间投资一视同仁。”

你知道：

（1）融资方式有哪些？

（2）工程总承包项目融资模式策划有哪些？

知识导入

2.1.3　集智聚力的融资模式与组织体系策划

2.1.3.1　融资模式概述

1. 融资基本类型

融资是指企业根据经营、投资等活动需要，通过一定的金融市场和筹资渠道，进行筹措和集中资本的活动。我国融资基本类型分为股权融资、债权融资和信贷融资，如图 2-11 所示。

（1）股权融资

股权融资是指企业的股东愿意让出部分企业所有权，通过企业增资的方式引进新的股东的融资方式，总股本同时增加。股权融资所获得的资金，企业无需还本付息，但新股东与老股东同样分享企业的盈利与增长。

股权融资方式主要有：股权质押融资、股权转让增值融资、股权增资扩股融资和股权私募融资。

a. 股权质押融资

股权质押融资是指出质人以其所拥有的股权这一无形资产作为质押标的物，为自己或他人的债务提供担保的行为。股东出质股权后，质权人只能行使与财产权利相关的权利，如收益权，企业重大决策与选择管理者等与财产权利无关的权利仍由出资股东行使。

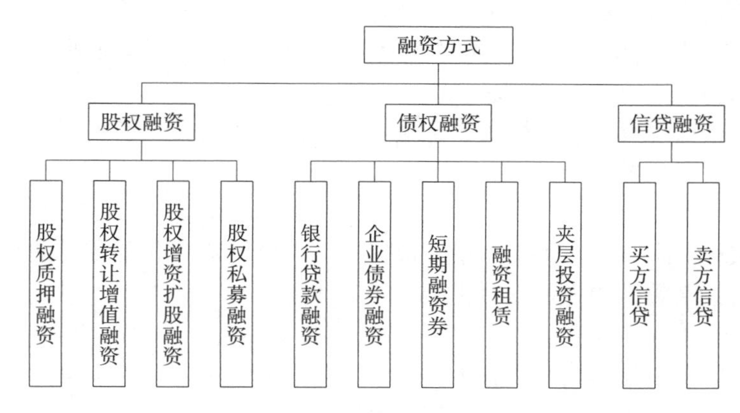

图 2-11　融资基本类型

b. 股权转让增值融资

股权转让增值融资是指企业经营者可以通过溢价出让部分股权来吸纳资本、吸引人才，推动企业进一步扩张发展。股权转让分为直接转让和间接转让。直接转让是指普通转让，即有偿转让，股权的买卖。间接转让是指股权因离婚、继承和执行、公司合并等而导致的股权转让。

c. 股权增资扩股融资

股权增资扩股融资是权益性融资的一种形式，是指企业向社会募集股份、发行股票、新股东投资者或原股东增加投资扩大股权，从而提高企业资本金。对于有限责任企业而言，其通常是指企业增加注册资金，新增部分由新股东认购或新老股东一起认购。按照资金来源划分，常见的增资扩股分为外源增资扩股和内源增资扩股。

d. 股权私募融资

股权私募融资，专指投资于非上市公司股权的一种投资方式。基金管理公司以股权形式把基金资本投资给标的企业。企业股东以股权换取大量资本注入，在按时完成约定的各项指标后，股东可以按约定比例、约定价格从基金管理公司优惠受让并大幅增持企业股权。

（2）债权融资

债权融资是指企业通过借钱的方式进行融资，构成负债，企业要按期偿还约定的本息，债权人一般不参与企业的经营决策，对资金的运用也没有决策权。债权融资的特点决定了其资金用途主要是解决企业项目建设长期融资和营运阶段流动资金短缺的问题，而不是用于资本项下的支持。

债权融资方式主要有：银行贷款融资、企业债券融资、短期融资券、融资租赁、夹层投资融资。

a. 银行贷款融资

银行贷款融资是指借款人为满足自身建设和生产经营的需要，同银行签订贷款协议，借入一定数额的资金，并在约定期限还本金并支付利息的融资方式。按贷款的用途不同，可将贷款分为流动资金贷款、固定资金贷款和专项贷款等。

b. 企业债券融资

企业债券融资是指企业依照法定程序公开发行并约定在一定期限内还本付息的有价证券。包括依照公司法设立的公司发行的公司债券和其他企业发行的企业债券。

c. 短期融资券

短期融资券是指具有法人资格的非金融企业在银行间债券市场发行的，约定在1年内还本付息的债务融资工具。

d. 融资租赁

融资租赁又称金融租赁，是指出租人根据承租人对供货人和租赁标的物的选择，由出租人向供货人购买租赁标的物，然后租给承租人使用。

e. 夹层投资融资

夹层投资融资是指在风险和回报方面介于优先债务和股本融资之间的一种融资形式。是一种无担保的长期债务，这种债务附带有投资者对融资者的权益认购权。夹层投资融资的利率水平一般在10%～15%之间，投资者的目标回报率在20%～30%之间。

（3）信贷融资

信贷融资是指企业为满足自身生产经营的需要，同金融机构（主要是银行）或者信誉比较好的融资公司签订协议，借入一定数额的资金，在约定的期限还本付息的融资方式。

信贷融资方式主要有：买方信贷和卖方信贷。

a. 买方信贷

买方信贷具体方式有两种：第一种方式是进口商直接向出口方银行贷款，同时会找到进口方银行或者是另外的第三方银行为此项贷款提供担保，并在合同中明确规定其付款方式为即期付款。第二种方式是出口方银行在贷款时直接贷款给进口方银行，进口方银行获得贷款后，为进口商提供信贷，从而来支付进口商在进口机械、设备等方面的相关贷款。

b. 卖方信贷

卖方信贷是指出口商向本国贷款银行进行的一种中长期优惠贷款，这种贷款方式能有效解决出口商在其资金周转上的困难，并让其能够接受进口商在延期付款方面的要求，能有效促进彼此的交易。对于这种方式，进口商需事先向出口商缴纳为订货而发生的一定数额的现汇定金，对于其具体的定金数额一般都是由进口商与出口商双方协商确定，定金以外的款项一般每半年偿还一次。

2. 大型基建项目融资

大型基建项目是一个从决策到生产到获得公共物品的资金运动过程。在这个资金运动过程需要项目融资。项目融资是以特定项目的资产、预期收益或权益作为抵押而取得的一种无追索权或有限追索权的融资或贷款，该融资方式一般应用于现金流量稳定的发电、道路、铁路、机场、桥梁等大型基建项目。项目融资是个连续的过程，融资活动贯穿于项目开发阶段、竣工验收和运营维护阶段。

（1）大型基建项目融资参与者

项目融资参与者包括项目发起人、项目公司、金融机构、专业融资顾问、项目产品的购买者。其中：

项目发起人拥有项目公司的全部或部分股权，除提供部分股本资金外，还需要以直接或间接担保的形式为项目公司提供一定的信用支持。

项目公司是直接参与项目建设和管理，并承担债务责任的法律实体，也是组织和协调整个项目开发建设的核心。

金融机构是项目融资资金来源的主要提供者，可以是一两家银行，也可以是由十几家银行组成的银团。

专业融资顾问在项目融资中发挥重要的作用，在一定程度上影响到项目融资的成败。融资顾问通常由投资银行、财务公司或商业银行融资部门来担任。

项目产品的购买者在项目融资中发挥着重要的作用。项目的产品销售一般是通过事先与购买者签订的长期销售协议来实现，这种长期销售协议形成的未来稳定现金流构成项目融资的信用基础。

（2）大型基建项目融资的程序

大型基建项目从项目投资决策开始，至选择项目融资方式为项目建设筹措资金，一直到最后完成该项目融资为止，项目融资大致可分为五个阶段：投资决策分析、融资决策分析、融资结构设计、融资谈判及融资执行。如图 2-12 所示。

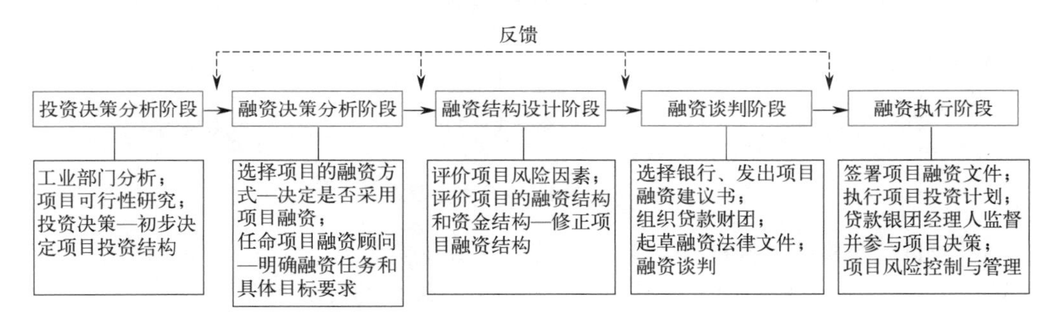

图 2-12 项目融资程序图

3. 大型基建项目融资模式分类

工程总承包项目的主要融资模式有两种：一是政府主导型融资模式；二是市场化融资模式。

（1）政府主导型融资模式

政府主导型融资模式是以实现经济调控为目标，以政府信用为基础，在政府主导下进行筹集资金的金融活动，并以政府为主体用筹集的资金参与项目的投资行为。这种融资模式是以政府为融资主体进行的融资活动，筹集资金的形式有两种：一是政府无偿的财政投入，比如：公益性较强的民生项目，收益不明确的土地前期开发项目；二是政府通过债权融资的形式，比如：政策性贷款、境内外债券、国外贷款等。

（2）市场化融资模式

市场化融资模式是以企业的信用为基础，以利益最大化为目的，以项目预期收益作为偿债基础，企业通过商业性贷款、股票发行等形式进行融资的筹集资金活动。这种融资模式筹集资金的形式有两种：一是企业信用融资，二是项目融资。其中：企业信用融资是指企业以其信用作为基础进行的融资活动，比如：银行贷款、股权融资等；项目融资是指通过股份制的形式，各投资主体成立项目公司，在政府的指导下，以项目预期收益为代价，项目公司进行相关的商业融资活动。

项目融资这种模式适于业主项目资金不足时使用，由总承包单位通过该模式进行项目融资建设，主要分为：BOT 项目融资、TOT 项目融资、PPP 项目融资等。

a. BOT 项目融资模式

BOT 模式（即建造-运营-移交模式）是一种广泛应用于城市基础设施建设的项目融资形式。这种融资模式是通过政府与投资方成立的项目公司签署特许协议，政府授予项目公司项目建设及在特许期内的运营权，作为项目公司的投资方承担项目建设的资金投入以及后期运营，在特许期内通过运营获取利益，特许期结束后，政府收回项目运营权。政府采用 BOT 模式可以有效地降低政府承担的风险及财政压力。如图 2-13 所示。

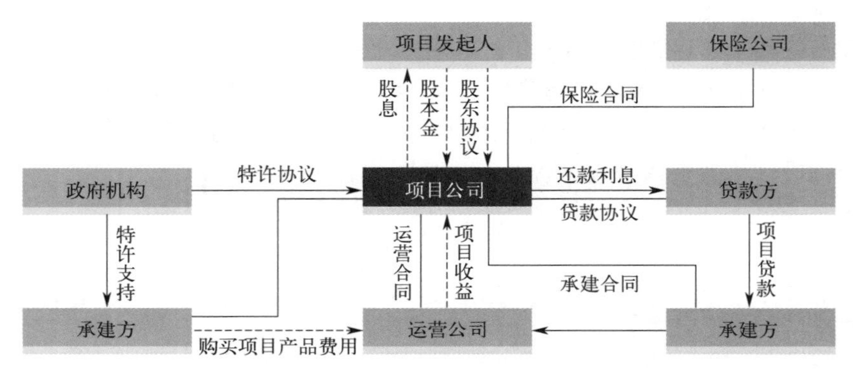

图 2-13　BOT 项目融资模式

BOT 项目融资模式适用于公共基础设施，比如电力、水厂、公路等建设项目，主要是因为基于投资方的收益角度，这类的公共项目具有较好的投资回报率。

BOT 项目融资模式的特点：

第一，BOT 模式能够保持市场机制发挥作用。BOT 项目的大部分经济行为都在市场上进行，政府以招标方式确定项目公司的做法本身也包含了竞争机制。作为可靠的市场主体的私人机构是 BOT 模式的行为主体，在特许期内对所建工程项目具有完备的产权。

第二，BOT 模式为政府干预提供了有效的途径，这就是 BOT 协议。尽管 BOT 协议的执行全部由项目公司负责，但政府自始至终都拥有对该项目的控制权。在立项、招标、谈判三个阶段，政府的意愿起着决定性的作用。在履约阶段，政府又具有监督检查的权力，项目经营中价格的制定也受到政府的约束，政府还可以通过通用的 BOT 法来约束 BOT 项目公司的行为。

第三，BOT 项目投资大，期限长，且条件差异较大，常常无先例可循，所以 BOT 的风险较大。风险的规避和分担也就成为 BOT 项目的重要内容。

b. TOT 项目融资模式

TOT 模式（即转让-经营-转让模式）是指政府为了更快地建设新的项目，拥有充足的资金进行开发，对现有投产项目特定期限内的经营权进行转让的行为，其实就是出售项目在限定期限内的产权或收益。这种项目融资模式本质就是充分利用私人资本，通过对私人资本和一定期限内的经营权进行交易，各取所需；通过这种模式可以有效地实现项目所有权和经营权的分离，更好地提高项目的运行效率。在完成特许经营期后，政府收回该项目的经营权。如图 2-14 所示。

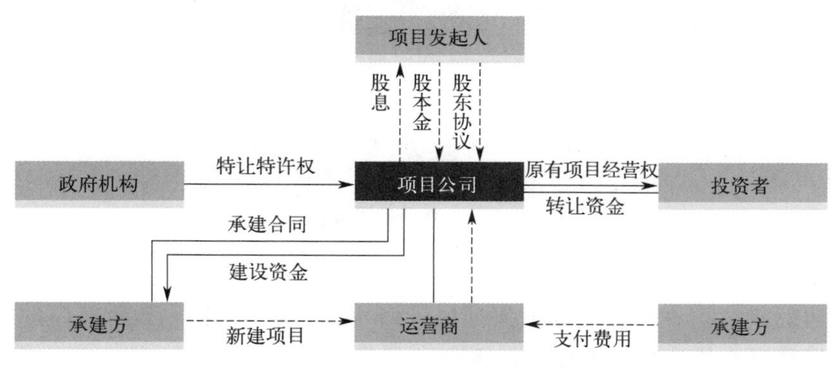

图 2-14 TOT 项目融资模式

TOT 项目融资模式的特点：

第一，TOT 模式只需要承担项目的运营风险，不需要承担项目的建设风险。基于现有投产的项目，私人资本提供资金购买项目的限定期限内的经营权，这样只需要承担项目的运营风险，不需要承担项目的建设风险，使私人资本能更好参与基础设施项目。

第二，TOT 模式可以更加有效地提高项目的运行效率，达到互利共赢。由于政府出售的是项目限定期限内的经营权，所有权还是属于政府，分离了基础设施项目的所有权与经营权问题，可以更加有效地提高项目的运行效率，达到互利共赢。

第三，TOT 模式既可以满足政府快速建设基础设施的愿望，又可以有效地防止国有资产的流失。在特许经营期结束后，政府无偿地收回项目的经营权，这样既可以满足政府快速建设基础设施的愿望，又可以有效地防止国有资产的流失。

c. PPP 项目融资模式

PPP 模式（即公共部门-私人企业-合作）是指公共部门基于某些公共项目和私人企业进行的合作形式。政府通过 PPP 模式与私人企业建立合作关系，双方“利益共享，风险共担”，从而有效地降低政府部门的风险和成本，而不是将风险完全转移给私人企业。如图 2-15 所示。

PPP 项目融资模式的特点：

第一，PPP 模式是以项目为主体的融资活动。PPP 融资主要根据项目的预期收益、资产以及政府扶持的力度，而不是依据项目投资人或发起人的资信来安排融资。项目经营的直接收益和通过政府扶持所转化的效益是偿还贷款的资金来源，项目公司的资产和政府给予的有限承诺是贷款的安全保障。

第二，PPP 模式可以使更多的民营资本参与到项目中。使民营企业能够参与到项目的可行性研究和设计的前期工作中，能将民营企业的管理方法与技术引入项目中，能有效地实现对项目建设与运行的控制，从而有利于降低项目建设投资的风险，较好地保障国家与民营企业各方的利益。这对缩短项目建设周期，降低项目运作成本甚至资产负债率都有值

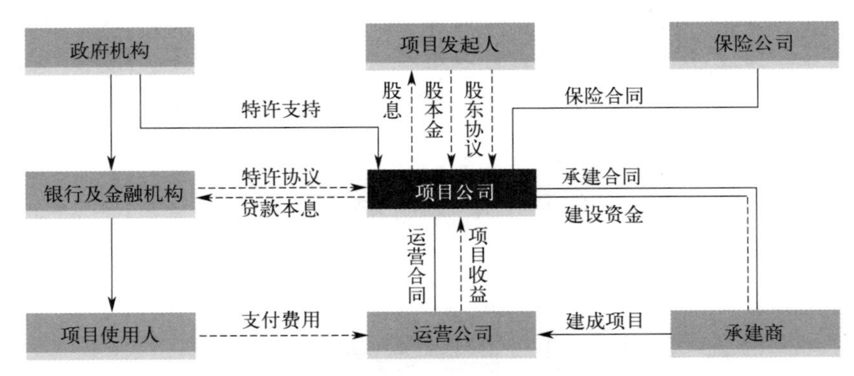

图 2-15　PPP 项目融资模式

得肯定的现实意义。

第三，PPP 模式可在一定程度上保证民营资本“有利可图”。私营部门的投资目标是寻求既能够还贷又有投资回报的项目，无利可图的基础设施项目是吸引不到民营资本的投入的。而采取 PPP 模式，政府可以给予私人投资者相应的政策扶持作为补偿，如税收优惠、贷款担保、给予民营企业沿线土地优先开发权等。通过实施这些政策可提高民营资本投资的积极性。

第四，PPP 模式减轻政府初期建设投资负担和风险。在 PPP 模式下，公共部门和民营企业共同参与工程总承包项目的建设和运营，由民营企业负责项目融资，增加资本金数量、降低资产负债率。这不但能节省政府的投资，还可以将项目的一部分风险转移给民营企业，从而减轻政府的风险。同时双方可以形成互利的长期目标，更好地为社会和公众提供服务。

2.1.3.2　工程总承包项目融资模式策划

工程总承包项目融资模式既不同于传统的项目融资和施工总承包，也不同于现在比较流行的 BOT、TOT、PPP 等模式，而是将融资、设计和建造三位一体、符合总承包单位运行需求的一种“工程总承包融资”的创新模式。它将总承包单位传统的生产经营与资本经营相结合，以金融工具、资本市场和工程项目为载体，基于工程项目市场化的运作方式，借助项目融资的特点解决工程项目建设资金的来源问题，借助工程总承包特点解决工程项目优化设计和精细化建造的问题，通过将工程总承包管理方式与项目投融资有机地整合和优化配置，使承包商、工程业主实现双赢。

1. 工程总承包融资模式竞争优势

（1）直接与业主议标的优势

采取工程总承包融资的经营模式，拥有直接与业主议标的优势。总承包单位通过议标与业主进行一对一的谈判，避免与竞争对手直接进行价格竞争，工程的中标价格往往较公开招标要高，更为重要的是项目盈利潜力也较大。采用议标的方式可以节省总承包单位在投标阶段发生的各项费用，减少项目前期支出，澄清招标书中含糊不清的条款，有效减少项目的实施风险。

（2）合约商务谈判的优势

采取工程总承包融资的经营模式，总承包单位可以在与合约商务谈判时占据主动，争取有利于总承包单位的合同条款。总承包单位以协助业主进行融资为条件去争取项目的独家议标权时，可以利用融资带来的话语权，向业主尽可能去争取一些便于项目实施的条件，以降低工程的经营风险。业主也因为融资的需要，愿意放弃自己的部分利益，尽量满足总承包单位所提的要求，创造双方共赢的局面。

（3）减少经营风险的优势

采取工程总承包融资的经营模式，将会大大降低总承包单位的经营风险。首先，融资带动的是集设计、采购、施工一体化的工程总承包，可以有效避免业主对总承包单位实施项目的过多干预；其次，融资的资金由融资方监管，能够确保资金专项专用，一般不会出现业主延期付款或不支付工程款的行为；最后，融资能够使总承包单位在合同谈判中争取一些有利的条件，例如工程验收标准、工期确定条件等。

2. 工程总承包融资模式策划

（1）总承包单位占全部股份的项目投资模式（BOT＋EPC 模式）

当总承包单位资金实力雄厚，对项目的投资收益率有较好的预期，通过“BOT＋EPC”模式，即政府和投资方签订特许经营权协议，允许投资方在协议规定期限内建设和运营项目，结合规划、投资、设计、施工、建设、运营、交接等项目全过程管理，使工程总承包项目实施获得优质、高效、低成本的效果。

例如：某国内 5A 景区观光旅游轨道交通项目，功能定位为雪山景区内部的旅游观光专线，联合体由设计单位、投资机构、施工单位、运营单位等多家单位机构构成，是国内首条采用“BOT＋EPC”模式实施的 5A 景区全景观光有轨电车旅游轨道交通项目。组织管理能力是“BOT＋EPC”模式下项目的核心管理能力，对项目管理起到了十分关键的作用。它涵盖前期对项目进行的整体建设规划，同时实现了对项目实施全过程的有效管理。

（2）总承包单位占股权份额较大的投资模式（PPP＋EPC 模式）

当总承包单位资金实力雄厚或者闲置资金较多时，在对拟实施的项目进行风险分析和投资收益后，如果工程项目的净现值和内部收益率能够满足投资要求，总承包单位可作为直接投资人，采用股权投资的方式参与工程总承包项目的建设。

例如：被誉为“20 世纪最伟大的基础设施建设工程”——英法海峡隧道（Channel Tunnel）项目就是一个典型的 PPP 项目，项目横穿多佛海峡，连接英国多佛尔和法国桑加特，全长约 50 公里，其中 37.2 公里在海底，12.8 公里在陆地下面。项目总承包单位的联营体 CTG-FM 公司（Channel Tunnel Group-France Manche S. A）与法国、英国两国政府签订特许权协议，负责部分融资以获取项目的建设和经营海峡隧道 55 年（包括计划为 7 年的建设期）的权利，并且政府承诺于 2020 年前不会修建具有竞争性的第二条固定英法海峡通道，CTG-FM 公司有权决定隧道的收费定价。

PPP 项目融资，即是通过东道国政府相关公共部门与投资企业的合作，由政府和投资企业共同出资建设公共基础设施项目并向公众提供公共服务，双方共享项目的投资收益，同时承担项目风险。这种直接进行股权投资的融资模式，投资企业一般股权份额较大，承担风险也较大，收益通常也较高。

（3）总承包单位占股权份额较少的融资模式

当资金实力不足或闲置资金较少时，总承包单位无法通过直接对项目进行大量股权投资的方式来获取项目。在这种情况下，为直接获取项目的总承包合同，同时降低经营风险，总承包单位可作为外部股权投资者协助业主进行融资。

例如：中建美国有限公司在巴哈马实施的大型海岛度假村项目，就是以少量融投资带动工程总承包的典型案例。该项目总投资约 36 亿美元，项目内容涉及五星级酒店、拉斯维加斯式休闲广场、顶级高尔夫球场等全球最奢华的购物中心、水疗中心和餐饮中心。项目因金融危机的爆发资金缺乏一度搁浅，经过审慎的分析，中建美国有限公司决定作为外部股权投资入股项目 16%的股权，并协助业主从中国进出口银行融资，以此条件换取项目的总承包权。中建美国有限公司以总承包单位、投资人和金融顾问的三重角色不仅协助巴哈马业主重新启动了该项目，而且据初步预算将可能获得超过 5 亿美元的综合收益，远高于市场总承包单位的平均收益。

该融资模式，投资企业通常股权所占份额不大，承担的风险也较低。在工程总承包市场中，总承包单位可通过少量的外部股权投资的方式参与项目投资，从而打败竞争对手获得项目的工程总承包权，这样既可以获得工程承包的收益，也可以获得股权的投资收益。显然，较传统单一的施工总承包模式而言，采用融投资总承包经营模式的项目综合收益会丰厚很多。

（4）总承包单位向项目业主贷款的融资模式

在对业主背景、资信水平以及发展前景进行多方考察后，如果业主相关条件符合总承包单位的投资要求，资金充裕的总承包单位还可以选择直接向业主贷款，以获取项目的总承包权；如果资金不足，总承包单位可以协助业主从其他金融机构贷款获取资金，以此为条件获取项目的总承包权。此外，总承包单位还可以利用购买或租赁业主开发项目的部分设施、允许工程业主延期付款等方式得到项目的工程承包合同，这实际上也是总承包单位对业主的一种变相贷款。

例如，我国某大型建筑企业在阿联酋迪拜实施的某个高层项目，由于业主缺乏部分资金导致项目无法启动。该企业当时正好需要购置办公楼，于是向业主提出购买项目的 10 层办公楼，并以此为条件要求业主将该高层项目的工程总承包权授予公司实施，最后双方实现了双赢的目的。上述案例实际就是总承包单位向业主进行贷款以带动工程总承包的经营模式。

2.1.3.3 组织体系概述

项目组织体系是指为了完成某个特定的项目任务由不同部门、不同专业的人员组成的临时性工作组织，通过计划、组织、协调、控制等过程，对项目的各种资源进行合理协调和配置以保证项目目标的成功实现。

1. 项目组织设置原则

（1）一次性和动态性原则

一次性主要体现为企业项目组织是为实施工程项目而建立的专门的组织机构，由于工程项目的实施是一次性的，因此，当项目完成以后，其项目管理组织机构也随之解体。

动态性主要体现在根据项目实施的不同阶段，适时调整部门设置、技术和管理人员配置，并对组织进行动态管理。

（2）系统性原则

在项目管理组织中，无论是业主项目组织，还是承包商项目组织，都应纳入统一的项目管理组织系统中，要符合项目建设系统化管理的需要。项目管理组织系统的基础是项目组织分解结构，每一组织都应在组织分解结构中找到自己合适的位置。

（3）管理跨度与层次匹配原则

现代项目组织理论十分强调管理跨度的科学性，在项目的组织管理过程中更应该体现这一点。适当的管理跨度与适当的层次划分和适当授权相结合，是建立高效率组织的基本条件。对企业项目组织来说，要适当控制管理跨度，以保证得到最有价值的信息；要适当划分层次，使每一级领导都保持适当领导幅度，以便集中精力在职责范围内实施有效的领导。

（4）分工原则

企业项目管理涉及的知识面广、技术多，因此需要各方面的管理、技术人员来组成总承包项目部。对于人员的适当分工能将工程建设项目的所有活动和工作的管理任务分配到各专业人员身上，并会起到激励作用，从而提高组织效率。

2. 项目组织体系模式

对于项目组织体系模式，必须从三个方面进行考虑：即项目组织与企业组织的关系、项目组织自身内部的组织机构、项目组织与其各分包商的关系。项目常用的组织机构模式包括以下几种。

（1）矩阵式项目组织机构

矩阵式项目组织机构是指管理人员的配置，根据项目的规模、特点和管理的需要，从总承包企业各部门中选派，从而形成各项目管理组织与总承包企业职能业务部门的矩阵关系。

其主要特点是可以实现组织人员配置的优化组合和动态管理，实现总承包企业内部人力资源的合理使用，提高效率、降低管理成本。此种项目组织机构模式也是总承包企业中用得比较多的项目组织机构模式。如图 2-16 所示。

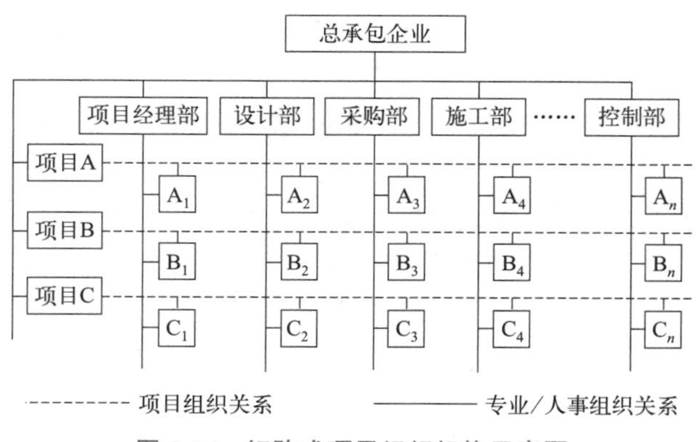

图 2-16　矩阵式项目组织机构示意图

（2）职能式项目组织机构

职能式项目组织机构是指在项目总负责人领导下，根据业务的划分设置若干业务职能部门，构成按基本业务分工的职能式组织模式。

其主要特点是职能业务界面比较清晰，专业化管理程度较高，有利于管理目标的分解和落实。如图 2-17 所示。

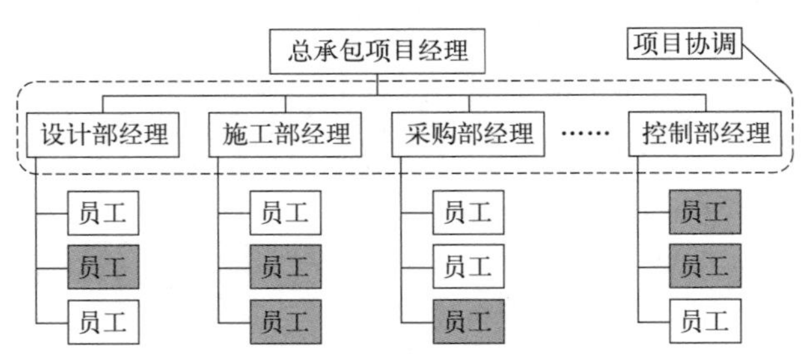

图 2-17　职能式项目组织机构示意图

（3）项目型组织机构

项目型组织机构需要单独配备项目团队成员，组织的绝大部分资源都用于项目工作，且项目经理具有很强自主权。这些部门经理向项目经理直接汇报各类情况，并提供支持性服务。如图 2-18 所示。

2.1.3.4　工程总承包项目组织体系策划

1. 法规要求及适用

《管理办法》第十条规定："工程总承包单位应当同时具有与工程规模相适应的工程设计资质和施工资质，或者由具有相应资质的设计单位和施工单位组成联合体"。按此管理办法的要求，在 2020 年 3 月 1 日之后，在房屋建筑和市政基础设施项目工程总承包发包时，必须采用"设计＋施工"双资质，即要不由一家企业负责设计、施工业务；要不由两家企业组成联合体，分别负责设计、施工业务。不再允许工程总承包＋设计分包/施工总承包＋专业分包＋劳务分包的总分包模式，只能是"工程总承包＋专业分包＋劳务分包"的模式。

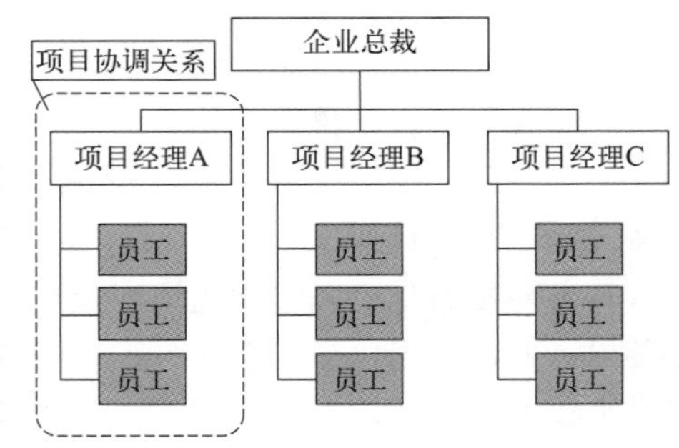

图 2-18　项目型组织机构示意图

其他行业行政主管部门关于工程总承包未提出双资质的规定，但极有可能会采用《管理办法》规定的"设计＋施工"双资质的要求，即"工程总承包＋专业分包＋劳务分包"的模式。海外工程总承包项目不受国内法律法规的约束，视项目业主的要求和经营活动的需求，以单一企业或者组成联合体承接工程总承包项目，按合同约定构建项目组织实施模式。

2. 发包模式的分类

工程总承包项目发包模式根据主合同而定，一般有总分包模式、联合体模式，其中联合体模式又分为紧密型联合体和松散型联合体。

（1）总分包模式

在总分包模式下，与项目业主签订工程总承包合同的只有一家企业，承担工程项目的设计、采购、施工、试运行等全过程服务，并对所承包工程的质量、安全、进度、造价全面向业主负责、向项目业主交付具备使用条件的工程。

目前已初步建立起总承包单位将其承包工程的部分专业工程的设计、施工任务分包给相应资质的专业设计、施工分包商，由总承包单位牵头负责，即：专业分包分担专项工程，劳务分包提供劳务等层次分明的分包管理体系。分包管理层次为：工程总承包管理层-分包管理层（专业分包管理层）-分包工长/班组长-分包作业人员。如图 2-19 所示。

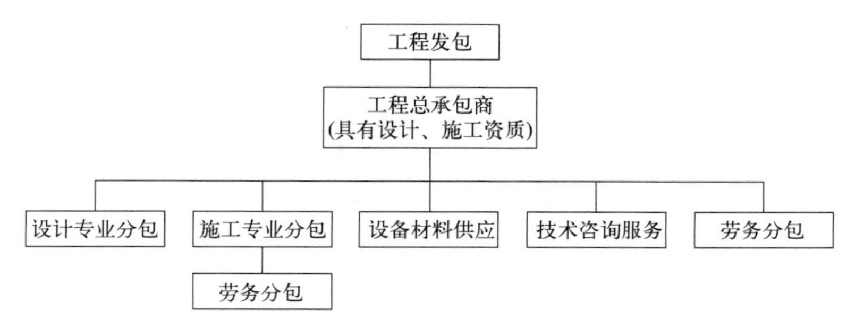

图 2-19　总分包模式

（2）紧密型联合体模式

在紧密型联合体模式下，两家或两家以上企业通过联合体协议，共同与项目业主签订工程总承包合同，承担工程项目的设计、采购、施工、试运行等全过程服务，并对所承包工程的质量、安全、进度、造价全面负责，向项目业主交付具备使用条件的工程。

联合体成员通过联合体实施细则，确定权益比例，组建项目执行机构，编制发布内部管理制度。分割各自负责的合同范围和工作内容，明确项目执行机构的管理深度、人员组成及管理费用额度，提取项目利润，确定分享比例，共同对各专业分包、劳务分包、设备材料供应、技术咨询服务等实施管理。如图 2-20 所示。

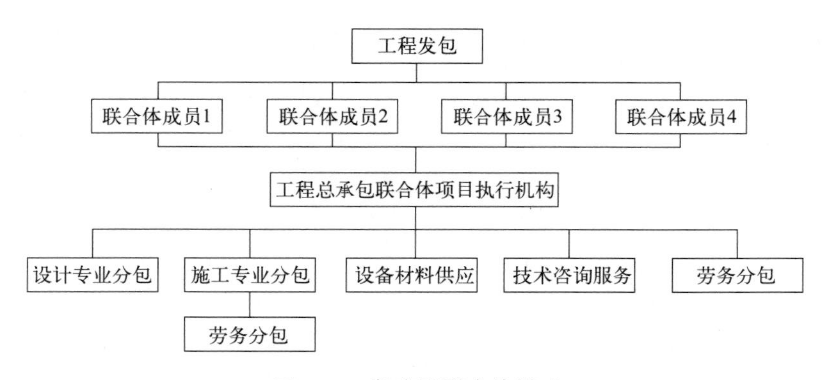

图 2-20　紧密型联合体模式

（3）松散型联合体模式

在松散型联合体模式下，两家或两家以上企业通过联合体协议，共同与项目业主签订工程总承包合同，承担工程项目的设计、采购、施工、试运行等全过程服务，在联合体协议中明确联合体成员方各自承担的合同范围和工作内容，并对各自承担的合同范围和工作内容的质量、安全、进度、造价对项目业主负责，其他成员方承担连带责任，最终向项目业主交付具备使用条件的工程。

联合体设置一个较为精简的管理机构，甚至没有常设机构，联合体各成员方按联合体协议的分工各自建立完整的管理体系，各自管理分工的合同范围和工作内容。如图 2-21 所示。

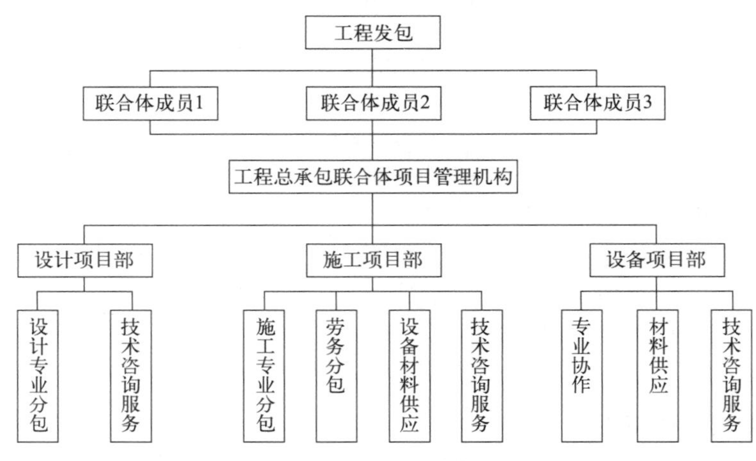

图 2-21　松散型联合体模式

3. 组织功能创新要求

施工总承包企业向工程总承包企业变革过程中，首先要解决的问题是企业组织模式具有实现设计和施工的集成化管理的功能。因此，工程总承包模式的实施要更加注重企业总部对项目的资源、管理和技术支持，需要企业在多方面进行转变。

工程总承包模式和施工总承包模式下组织功能要求的区别，见表 2-1。

工程总承包模式和施工总承包模式下组织功能要求的区别　　表 2-1

	施工总承包模式	工程总承包模式
管理思想	项目导向，设计与施工分离，单项目管理	项目和企业并重，设计、采购与施工一体化，多项目管理
组织范式	层级式机械管理	网络式有机组织
管理方法	串行式传统生产与管理 职能和任务导向 自上而下指令链条 集权式决策、被动执行 个人学习与施工经验传承	并行式精益生产与管理 过程和工作流导向 自下而上响应模式 分散式决策、自助管理 组织学习及项目知识管理
组织方式	总公司-分公司-项目经理部 事务导向的信息处理技术	团队式专家系统 知识导向的信息支持系统

4. 项目岗位设置原则

（1）项目岗位配置原则

项目管理岗位配置：工程总承包项目部管理层一般设项目经理、项目副经理、安全总监、总工程师，特殊情况经批准可适当增配。

项目职能岗位设置：工程总承包项目部下设置二级职能部门，一般设综合管理部、工程管理部、安全环保部，可根据项目规模增设合同采购部、设计管理部、工程财务部等部门。项目规模与管理部门设置的关系，见表2-2。

工程总承包项目管理部门设置参考表　　表2-2

项目规模	管理部门
小型项目	综合管理部、工程管理部、安全环保部
中型项目	综合管理部、工程管理部、合同采购部、安全环保部
大型及以上项目	综合管理部、工程管理部、合同采购部、安全环保部、设计管理部、工程财务部

注：以上部门作为项目基本设置的参考，具体可视合同规模和项目实际情况调整。

（2）项目岗位配置数量

各部门内的岗位可按工作内容进行设置，但岗位数不等于人员数，可以一岗多人，也可以一人多岗。既要看岗位的工作量，也要看人员的能力，做到人尽其才，合理配置管理人员，见表2-3。

工程总承包项目管理人员配置参考表　　表2-3

部门	管理人员数量		
	小型项目	中型项目	大型及以上项目
项目班子	2	2～4	4～8
综合管理部	1	1～2	1～3
工程管理部	1～2	1～3	3～7
合同采购部	/	1～2	2～4
安全环保部	2～3	3～5	4～7
设计管理部	/	0～1	1～2
工程财务部	/	0～1	1～2
小计	6～7	8～16	16～29

注：以上作为管理人员配置的参考，具体可视合同规模和项目实际情况调整，并符合国家行业规定或集团管理要求人员配置标准。

项目领导班子成员也应按部门职责分工的方式进行分配，项目经理、项目副经理、安全总监、总工等领导班子成员应该与部门挂钩，必要时可以兼职。各部门内的岗位设置可按工作内容进行设置，但岗位数不等于人员数，可以一岗多人，也可以一人多岗，既要看岗位的工作量，也可看人员的能力，做到人尽其才，合理配置管理人员。

5. 项目主要岗位职责

（1）项目经理工作职责

工程总承包企业应在工程总承包合同生效后，任命项目经理，并由工程总承包企业法定代表人签发书面授权委托书。

a. 执行工程总承包企业的管理制度，维护企业的合法权益；

b. 代表企业组织实施工程总承包项目管理，对实现合同约定的项目目标负责；

c. 完成项目管理目标责任书规定的任务；

d. 在授权范围内负责与项目干系人的协调，解决项目实施中出现的问题；

e. 对项目实施全过程进行策划、组织、协调和控制；

f. 负责组织项目的管理收尾和合同收尾工作。

（2）以大型项目的部门设置为例，划分各部门的工作职责，见表 2-4。对于中型或小型项目，可根据部门合并，将相应的职责合并描述。

管理部门工作职责参考表　　表 2-4

项目管理部门	工作职责(参考)
综合管理部	1. 负责项目部办公室及宿舍的日常管理(含安全)，负责办公用品的采购及领用工作。 2. 规范整理工程资料，建立完善工程档案，确保工程资料及工程档案符合当地主管部门及院图档中心的相关要求。 3. 负责项目部员工考勤、报销、工资津贴的发放管理工作。 4. 负责项目部日常接待及会务操办工作。 5. 完成项目经理交办的其他工作
工程管理部	1. 负责项目施工管理，对施工进度、质量等进行具体控制，具体落实对施工分包方的监督、管理和协调工作。 2. 熟悉施工图纸、施工组织设计和专项施工方案，督促现场施工技术可控。 3. 对工程质量、安全进行巡视，定期与不定期抽查，对质量、安全问题提出专业意见并及时汇报。 4. 负责项目现场进度的管理工作，现场落实实施性进度计划，及时纠偏。 5. 编制项目日报、周报、月报和年度工作总结。 6. 具体协调现场工作，及时向上级领导反馈各种信息，以促进工程的顺利推进。 7. 负责工程的单机试运行、联动试运行、试生产等管理工作，编制试运行相关各类台账及总结。 8. 完成项目经理交办的其他工作
合同采购部	1. 在项目经理领导下，负责本项目采购、合同及成本管理。 2. 协助项目经理编制项目采购/合同文件，开展采购及合同谈判工作。 3. 对项目部进行合同交底，建立合同实施的保证体系和合同文件的沟通机制。 4. 具体办理进度结算，建立合同管理台账，及时向项目经理汇报合同实施情况及存在问题。 5. 协助项目经理编制项目成本预算，落实成本费用控制工作。 6. 制订合同变更处理程序，落实变更措施并建立相关资料；落实索赔及反索赔工作。 7. 负责做好合同收尾工作，做好相关资料的整理归档。 8. 落实合同风险管理工作。 9. 完成项目经理交办的其他工作
安全环保部	1. 认真贯彻执行国家安全生产、环境保护和职业健康的方针政策、法律法规以及公司规章制度。 2. 负责建立项目部的 HSE 管理体系❶，推动和落实安全生产标准化建设，负责项目的职业健康、能源节约和环保管理。 3. 负责建立安全生产评价制度并落实，组织开展危险有害因素和环境因素的辨识和评价、重大风险因素控制、事故隐患排查与治理等。 4. 开展项目层面日常 HSE 管理工作，组织开展 HSE 教育培训与宣传。 5. 组织开展应急管理、突发事件应急管理工作。 6. 组织对 HSE 事故、事件(问题)的调查处理。 7. 完成项目经理交办的其他工作

❶ “HSE 管理体系”解释详见——知识拓展 2-3

续表

项目管理部门	工作职责(参考)
设计管理部	1. 负责项目设计管理工作,充分发挥设计在工程总承包管理中的龙头作用。 2. 组织提供设计输入条件,参评项目设计方案,协助项目经理优选出既能满足合同功能和工艺要求,又能降低项目成本、方便施工的技术方案。 3. 负责项目设计产品质量总体控制,组织或参与设计内部、外部评审工作,并跟踪评审意见的落实情况。 4. 负责设计进度总体管理,控制设计进度以满足工程建设进度的要求。 5. 制定设计考核管理办法,调动设计人员积极性。通过深化、细化、优化设计方案,解决项目进度、质量等施工问题,降低项目成本。负责对设计工作进行考核,提出奖惩意见。 6. 对重大设计变更按要求提交评审。 7. 积极思考通过深化、优化、细化设计方案,提高现场施工的安全性并易于现场施工质量控制。 8. 及时组织设计单位进行设计文件、重大设计变更的交底,做好相关记录
工程财务部	1. 贯彻执行国家财经政策、法规和院财务(资金)管理制度。 2. 负责项目会计核算管理工作,负责符合所在地会计核算管理工作。 3. 结合项目部实际,制定各项财务(资金)管理办法和相关实施细则并组织实施。 4. 负责项目部财务(资金)预算管理工作,对日常资金的风险进行管理。 5. 负责项目部资产的价值管理工作。 6. 负责项目部成本费用管理工作。 7. 负责项目部年度预算、决算和各项财务报表工作。 8. 提供财务决算、财务分析及财务风险管理信息。 9. 负责项目部资金的筹集、使用和管理,确保资金安全。 10. 负责项目及个人的各种纳税申报工作。 11. 完成项目经理交办的其他工作

注:以上部门职责供项目部参考,具体可视项目实际情况调整。

知识拓展

拓展 2-3——HSE 管理体系

HSE 是 Health(健康)、Safety(安全)、Environment(环境)的英文缩写,HSE 管理体系指的是健康、安全和环境三位一体的管理体系。

项目职业健康管理是对实施全过程的职业健康因素进行管理,包括制定职业健康方针和目标,对项目的职业健康进行策划和控制。

项目安全管理是对项目实施全过程的安全因素进行管理,包括制定安全方针和目标,对项目实施过程中与人物和环境安全有关的因素进行策划和控制。

项目环境管理是在项目实施过程中对可能造成环境影响的因素进行分析、预测和评价。提出预防或减轻不良环境影响的对策和措施,并进行跟踪和监测。

能力训练

工程总承包项目融资其实就是钱的问题,就是企业通过各种途径筹措企业生存和发展所必需的资金,怎样融资,如何融资,以何种方式融资对于工程总承包项目的资金运转至关重要。

训练 2-6：PPP 项目融资模式的不同阶段，如何调整项目收益划分

某市地铁 13 号线采用 PPP 模式，将工程的所有投资建设任务以 7∶3 的基础比例划分为 A、B 两部分，A 部分包括洞体、车站等土建工程的投资建设，由政府投资方负责；B 部分包括车辆、信号等设备资产的投资、运营和维护，由 GQ 公司投资组建的 PPP 项目公司来完成。政府部门与 PPP 公司签订特许经营协议，将项目分为成长期、成熟期和特许期，根据 PPP 项目公司所提供服务的质量、效益等指标，对企业进行考核。

答案
项目收益划分调整

训练 2-7：项目融资特点有哪些？融资程序分为哪几个阶段

通过本节学习，我们已经了解项目融资是近些年兴起的一种融资手段，是以项目的名义筹措一年期以上的资金，以项目营运收入承担债务偿还责任的融资形式。GQ 公司经过反复商讨及研判，决定 AAA 医院项目采用项目融资方式，并要求财务负责人钱明梳理融资程序。

答案
项目融资的特点和程序

分组模拟场景，解决下列问题：

（1）训练 2-6：特许经营协议中的成长期、成熟期和特许期，如何调整项目收益划分？

（2）训练 2-7：项目融资特点有哪些？融资程序分为哪几个阶段？

“组织问题就是人的问题。”项目组织结构不合理，导致项目成员的角色和职责定义不清晰，在项目实施过程中会出现责权不清、沟通不畅、团队无法凝聚等问题，从而造成项目的延期和资源的浪费。因此，建立科学合理的组织体系是工程总承包项目高效运转的关键。

训练 2-8：依据会议纪要精神，你能编制 AAA 医院项目组织架构吗

AAA 医院项目采用工程总承包模式，其工程造价管理和成本控制工作尤为重要。目前公司自有资金紧张，更需加快建设进度、做好成本控制。GQ 公司及时召开项目推进会中，会议议题是讨论项目组织架构及人员分工。经会议讨论，AAA 医院项目部需设置不少于 3 个班子管理岗位和不少于 5 个核心职能部门，其中综合管理部、工程管理部、设计管理部是明确职能部门，要求项目组织架构人员配置明晰、职能任务明确、组织结构高效、动态管理科学，以确保预期总目标的顺利实现。

以分组讨论形式，完成以下任务：

请根据会议纪要，编制 AAA 医院项目组织架构图，并确定各部门职责分工。

《孙子兵法》在论述将帅重要性时讲“夫将者，国之辅也，辅周则国必强，辅隙则国必弱”，在论述将帅应具备基本素养时讲“将者，智、信、仁、勇、严也”。在工程总承包项目管理中，项目经理具备的能力和素质对项目顺利开展起着非常重要的作用。

训练 2-9：如果你竞聘项目经理，你知道项目经理应具备哪些能力和素质

GQ 公司为了提升项目管理水平、创新选人用人机制，形成公平、公正、公开的竞争

机制，决定在全公司开展 AAA 医院项目经理的选拔工作。竞选公告如下：(1) 大专以上学历、中级以上职称，有类似工程项目 2 年以上管理经验；(2) 具有良好的沟通协调能力以及较强的执行能力，有良好的职业道德和团队协作精神；(3) 能够及时发现并有效解决各种问题和风险，持续计划和修正各项控制指标，确保项目顺利完工；(4) 采用资格审查、面试、综合考核等方式，其中面试成绩占 80%，综合考核成绩占 20%。

以分组讨论形式，完成以下任务：

如果你要参加竞聘，你觉得项目经理应具备哪些能力和素质？

请你写一份不少于 1000 字的竞聘演讲稿。

场景 2.1.4

高质量发展是全面建设社会主义现代化国家的首要任务，我们要坚持以推动高质量发展为主题，加快构建新发展格局，着力推动高质量发展，为全面建成社会主义现代化强国提供坚实的物质技术基础。

GQ 公司围绕高质量发展目标，坚守工匠精神、坚持策划先行、坚决标准引领，建设精品工程。要求每周工作例会，各部门负责人将质量管理和进度管理作为汇报重点，对于进度滞后或质量隐患进行预判，及时化解风险，进行进度纠偏和质量整改，如图 2-22 所示。

图 2-22　场景 2.1.4

你知道：

（1）质量管理策划的工作内容有哪些？

（2）进度管理策划的工作内容有哪些？

2.1.4　统筹兼顾的质量管理与进度管理策划

2.1.4.1　质量管理概述

根据 ISO9000：2015 标准的定义，质量管理（Quality Management）是关于质量的指挥和控制组织的协调的活动，包括制定质量方针和质量目标，为实现质量目标实施的质量策划、质量控制、质量保证和质量改进等活动。

工程质量管理是指为保证和提高工程实体质量，运用一整套质量管理体系、手段和方法所进行的系统管理活动。工程实体质量的好与坏，是一个根本性的问题。工程项目建设投资大，建成及使用时间长，只有合乎质量标准，才能投入生产和交付使用，发挥投资效益，满足社会需要。

1. 质量管理 PDCA

任何活动须遵循科学的工作程序，PDCA 循环是质量管理的基本工作程序。PDCA 循环最初由统计质量管理的先驱休哈特提出，戴明在 20 世纪 50 年代将其介绍到日本，故 PDCA 循环也被称为戴明环。PDCA 循环包括四个阶段，即策划（Plan）、实施（Do）、检查（Check）和处置（Act），如图 2-23 所示。

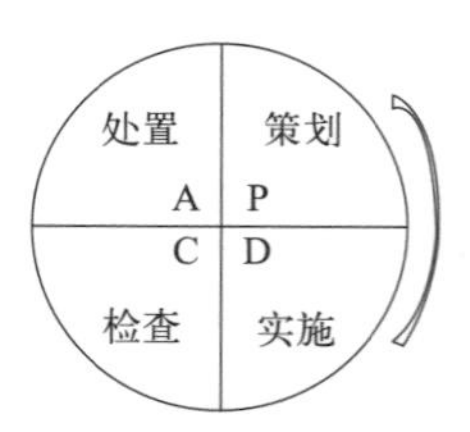

图 2-23　PDCA 循环示意图

PDCA 循环的具体内容如下：

（1）策划阶段（P）：根据要求和组织的方针，建立体系的目标及其过程，确定实现结果所需的资源，并识别和应对风险和机遇；

（2）实施阶段（D）：执行策划所做出的各项活动；

（3）检查阶段（C）：根据方针、目标、要求和所策划的活动，对过程以及形成的产品和服务进行监视和测量（适用时），并报告结果；

（4）处置阶段（A）：要把成功的经验变成标准，以后按标准实施；失败的教训加以总结，防止再次发生；没有解决的遗留问题则转入下一轮 PDCA 循环。

PDCA 循环作为质量管理的科学方法，适用于组织各个环节、各个方面的质量工作。PDCA 循环中四个阶段一个也不能少，大环套小环、环环相扣，如图 2-24 所示。PDCA 循环不是停留在一个水平上的循环，不断解决问题的过程就是水平逐步上升的过程。PDCA 每循环一次，品质水平和治理水平均更进一步，如图 2-25 所示。

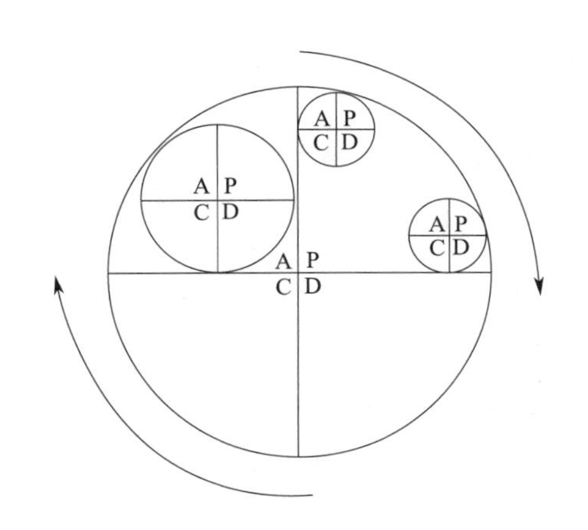

图 2-24　PDCA 环环相扣示意图

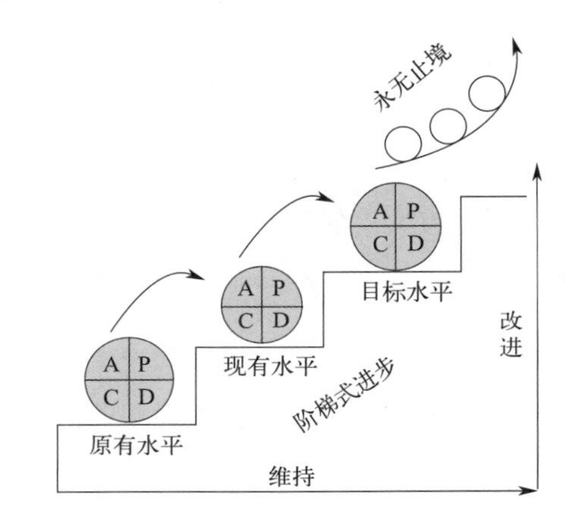

图 2-25　PDCA 阶梯式进步示意图

2. 全面质量管理的基本要求

（1）全员的质量管理

产品和服务质量是组织各方面、各部门、各环节工作质量的综合反映，产品质量人人有责，为激发全体员工参与的积极性，管理者要做好以下三个方面的工作：

首先，必须抓好全员的质量教育和培训。一方面加强员工的质量意识、职业道德、以顾客为中心的意识和敬业精神的教育，另一方面要提高员工的技术能力和管理能力，增强指令意识。在教育和培训过程中，要分析不同层次员工的需求，有针对性地开展教育培训活动。其次，把质量责任纳入到相应的过程、部门和岗位中，形成一个高效、严密的质量管理工作系统。对员工授权赋能，使员工自主作出决策和采取行动。最后，在全员参与的活动过程中，鼓励团队合作和多种形式的群众性质量管理活动，充分发挥广大员工的聪明才智和当家作主的进取精神。

（2）全过程的质量管理

产品质量形成的过程包括市场调研、设计、开发、计划、采购、生产、控制、检验、销售、服务等环节，每一个环节都对产品质量产生或大或小的影响。

要控制产品质量，需要控制影响质量的所有环节和因素。全过程的质量管理包括了从市场调研、产品设计开发、生产、销售、售后服务等全部有关过程。换句话说，要保证产品或服务的质量，不仅要搞好生产或作业过程的质量管理，还要搞好设计过程和使用过程的质量管理，要把质量形成全过程的各个环节或有关因素控制起来，形成一个综合性的质量管理体系。

（3）全组织（全方位）的质量管理

全组织的质量管理可以从纵横两个方面来加以理解。从纵向的组织管理角度来看，质量目标的实现有赖于企业的上层、中层、基层管理乃至一线员工的通力协作，其中尤以高层管理能否全力以赴起着决定性的作用。从组织职能间的横向配合来看，要保证和提高产品质量必须使企业研制、维持和改进质量的所有活动构成为一个有效的整体。

（4）多方法的质量管理

随着产品复杂程度的增加，影响产品质量的因素也越来越多。既有物的因素，也有人的因素；既有技术的因素，也有管理的因素；既有组织内部的因素，也有供应链的因素。要把一系列的因素系统地控制起来，就必须结合组织的实际情况，广泛、灵活地运用各种现代化的科学管理方法，加以综合治理。

多方法的质量管理强调程序科学、方法灵活、实事求是、讲求实效。在应用质量工具方法时，要以方法的科学性和适用性为原则，要坚持用数据和事实说话，从应用需求出发尽量简化。

2.1.4.2　工程总承包项目质量管理策划

工程总承包项目质量管理策划的内容包括质量管理依据、质量管理体系、质量计划编制、质量过程管理、质量考核管理、质量验收管理等，如图 2-26 所示。

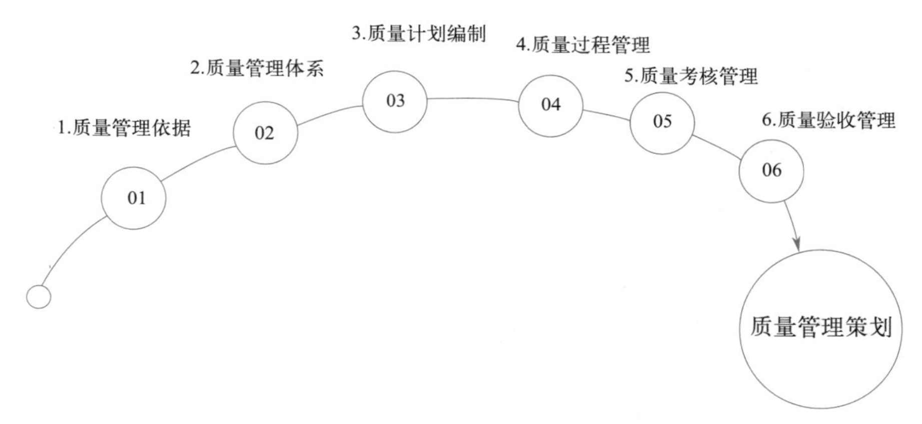

图 2-26　工程总承包项目质量管理策划

1. 质量管理依据

为使工程总承包项目质量管理有据可依，开工前总承包项目部应收集：上级部门有关质量方面文件和相关技术质量管理依据，相关地方性法律法规、地方规程规范，相关合同文件、设计成果等。

总承包项目部施工项目经理部收集检测验收标准清单，作为施工项目经理部质量管理的依据；项目总工根据合同解读、技术交底中质量相关要求，编制质量控制要点并下发施工项目经理部。

2. 质量管理体系

为保证质量管理有序进行，开工前工程总承包项目部将成立质量管理组织机构，明确质量管理岗位职责，编制质量管理制度，确保质量管理体系正常运作。

（1）管理机构

工程总承包项目部项目经理组织成立质量管理组织机构，明确质量管理人员，形成正式文件下发施工项目经理部，上报监理单位、建设单位。项目总工审核施工项目经理部上报的质量管理组织机构。

（2）岗位职责

总承包项目部、施工项目经理部等单位编制质量管理岗位职责。明确各职能部门和主要技术管理人员质量职责并内部发文，由项目副经理或总工组织进行宣贯。总承包项目部检查施工项目经理部职责制定情况。

（3）管理制度

总承包项目部项目总工编制质量管理制度，包含工程质量首件制、交底制度、检查制度、考核制度、会议制度、事故调查处理管理制度等。质量管理制度应以正式文件形式下发给总承包项目部各部门及施工项目经理部并由质量管理人员组织宣贯学习，形成记录。

3. 质量计划编制

工程总承包项目部根据合同文件及相关单位（住建、质监等）相关文件要求策划确定本单位内部质量目标。编制质量计划，包含编制依据、项目概况、质量目标及分解、质量管理组织结构与职责、质量验收标准、质量控制要点、质量检验计划、质量管理改进等，形成质量计划，质量计划应在总承包项目部内部由项目总工组织进行宣贯学习。

4. 质量过程管理

为保证项目实施过程中产品质量能得到有效控制，在开工前，总承包项目部应加强在设计质量、采购质量及施工质量等方面的过程管理，确保质量可控。

（1）设计质量管理

设计方案可实施性评估。总承包项目部设计部经理/总工组织设计、施工、监理、业主对设计方案的可实施性进行评估，可实施性主要就现场施工条件、方案是否可落地等进行评估，设计单位根据可实施性评估意见修改完善。

设计方案的投资控制及工期影响评估。总承包项目部设计部经理/总工组织设计单位、施工单位、造价咨询单位或人员对设计方案投资影响及工期影响进行评估，设计单位根据投资评估及工期评估意见依据修改完善。

设计产品质量进行复核。总承包项目部设计部经理/总工组织总承包管理人员、施工项目经理部等对图纸中高标、前后尺寸等进行复核，形成图纸审查意见发设计单位。

设计交底和评审。总承包项目部设计部经理/总工组织设计人员对总承包管理人员及施工项目经理部等进行内部交底，交底后总承包管理人员及施工项目经理部对设计图纸进行内部评审，提出意见，形成会议纪要，设计人员根据会议纪要意见修改完善图纸并上报监理单位、建设单位批准。

（2）采购质量管理

a. 自行采购

总承包项目部合同工程师根据总包合同结合设计文件要求编制自行采购材料、设备的质量要求并写入采购合同。合同工程师组织确认采购合同中产品质量是否满足要求。

总承包项目部合同工程师负责将采购合同中采购材料、设备的相关质量要求移交现场质量管理人员。质量工程师对进场材料的长度、重量、壁厚、规格等进行国标查验，对超过负偏差产品进行退回。

b. 分包单位采购

总承包项目部质量管理人员将设计技术要求下发施工项目经理部，并要求施工项目经理部在材料、物资采购文件中明确材料、物资的设计质量要求。

分包单位编制采购文件并报备总承包项目部，总承包项目部项目合同工程师审核施工项目经理部上报的采购文件，通过对采购文件中供应商的资质、人员、资金、业绩、合作关系等审查，判断供应商是否满足供货要求。

总承包项目部质量管理人员每月对主要材料、设备物资到场资料（合格证、出厂证明等）进行抽查。对重点采购材料、设备物资可要求施工项目经理部派管理人员驻场监造，总包单位对驻场人员履职情况进行抽查。

总承包项目部设计管理人员结合设计图纸及规范要求编制检验检测标准和检测方式，下发施工项目经理部。

（3）施工质量管理

a. 人员管理

施工项目经理部上报质量管理人员执业资格，职工花名册，入场前技术交底记录。总承包项目部质量管理人员审核施工项目经理部管理人员资格、资历并建立台账；在重要工序开工前抽查施工项目经理部职工花名册，检查上岗前技术交底记录情况。检查后形成台账、抽查记录。

b. 材料管理

施工项目经理部提供材料质量证明文件、检查记录并建立台账及不合格品登记表。总承包项目部质量管理人员检查大宗物资或小宗重要物资材料质量证明文件、抽检记录及台账，不合格品登记表。质量管理人员填写检查记录。

c. 机械、设备管理

施工项目经理部提供机械设备、仪器仪表的合格证、年检证书等文件，建立设备台账，编制维保记录。总承包项目部质量管理人员抽检施工项目经理部质量相关的机械设备、仪器仪表相关文件、台账、维保记录。质量管理人员填写检查记录。

d. 施工工艺管理

施工项目经理部提供重点部位、关键工序的主要施工工艺、专项方案及质量保证措施，并进行技术交底。总承包项目部组织审查重点部位、关键工序的主要施工工艺、专项方案及质量保证措施是否满足要求。

e. 环境因素管理

总承包项目部质量管理人员应关注天气等环境突变可能对工程质量造成影响的环境因素，并通报施工项目经理部，施工项目经理部对影响质量的环境因素做出应对措施。

（4）检查管理

a. 日常检查

总承包项目部质量管理人员按照施工图纸和技术要求的规定进行不定期日常质量巡

检，发现问题采用口头、APP 或微信群通知等形式告知施工项目经理部并要求及时整改。发现较大或重复出现的问题应下发质量整改通知单，施工项目经理部按总承包项目部下发的质量整改通知单要求落实整改及回复。

b. 月度检查

总承包项目部质量管理人员对施工项目经理部质量管理人员履职情况及重点部位和关键工序进行检查，对主要材料、设备物资到场资料（合格证、出厂证明等）和质量验收评定资料、实验检测等内业资料进行抽查，填写专项检查记录表。对存在问题下发施工项目经理部并要求限期整改及回复。总承包项目部质量管理人员对施工项目经理部主要工程开工前的质量教育培训情况进行检查，并形成检查记录。

5. 质量考核管理

为提高施工人员质量意识，及时改进规律性质量缺陷，总承包项目部在施工过程中要求质量管理人员日常巡检或每周检查时收集质量缺陷信息并留下记录，同时由项目副经理组织按月对施工项目经理部进行质量考核，质量考核可纳入月综合考核中，考核结果下发施工项目经理部。

6. 质量验收管理

为保证项目验收工作顺利进行，总承包项目部在开工前需组织编报项目划分，积极参与隐蔽工程验收及重要工程验收，审核工程验收资料及鉴定书。

2.1.4.3　进度管理概述

项目进度管理（Project Schedule Management）是指在项目实施过程中，对各阶段的进展程度和项目最终完成的期限所进行的管理。

1. 进度管理目的

项目进度管理目的是制定出一个科学、合理的项目进度计划，为项目进度的科学管理提供了可靠的前提和依据，但并不等于项目进度的管理就不再存在问题。在项目实施过程中，外部环境和条件的变化，往往会造成实际进度与计划进度发生偏差，如不能及时发现这些偏差并加以纠正，项目进度管理目标的实现就一定会受到影响。所以，必须实行项目进度计划过程控制。

项目进度计划控制的方法是以项目进度计划为依据，在实施过程中对实施情况不断进行跟踪检查，收集有关实际进度的信息，比较和分析实际进度与计划进度的偏差，找出偏差产生的原因和解决办法，确定调整措施，对原进度计划进行修改后再予以实施。随后继续检查、分析、修正；再检查、分析、修正……直至项目最终完成。

2. 进度管理作用

项目进度管理作用是明确项目参建各方在进度管理上的职责，明确参建各方的管理活动，构建工程总承包项目进度管理工作机制，共同保证工程进度目标的顺利实现；确定工程总承包项目部内部的进度管理体系，明确工程总承包管理方、设计方、施工方等参与各方在进度管理上的职责；确定不同层级的进度计划（一级进度计划、二级进度计划、三级进度计划、四级进度计划）[1] 的编制、控制责任方，以下一级进度计划的顺利实施来保证

[1] “进度计划分级”解释详见——知识拓展 2-4

上一级进度计划的实现，最终实现工程整体的进度目标。

2.1.4.4 工程总承包项目进度管理策划

工程总承包项目进度管理策划的内容包括进度管理体系、进度计划策划、进度计划核查、工期变更和索赔、信息管理等，如图 2-27 所示。

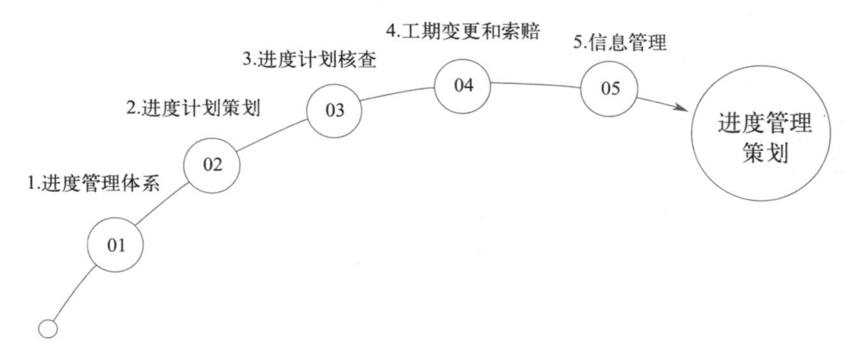

图 2-27 工程总承包项目进度管理策划

1. 进度管理体系

在项目开工前由项目经理组织建立工程总承包项目部进度管理体系，组织编制部门工作职责及人员岗位职责，并在项目部内部进行宣贯学习，留下记录。由生产经理牵头组织编写进度管理办法并下发分包商/供货商执行。

（1）部门工作职责及岗位职责

项目部成立后 1 个月内，由项目经理组织编制人员岗位职责及部门工作职责，明确负责进度的分管领导、部门及个人，在项目部进行宣贯。

施工项目经理部编制施工项目部部门工作职责和人员岗位职责及具体人员名单，上报总承包项目部进行审批。

（2）进度管理办法

项目部成立后 1 个月内，生产经理组织编制进度管理办法，形成正式文件下发分包商/供货商执行并上报监理单位备案。分包商/供货商按下发的进度管理办法执行。总承包项目部按进度管理办法进行检查、考核等。

进度管理办法中要明确进度计划编制要求、进度计划审批流程、进度检查和考核、进度变更等方面内容。

2. 进度计划策划

项目开工前与项目执行的重点阶段，由项目经理组织对实现项目进度的重点工作、重点边界条件进行梳理，提出针对性控制措施并落实实施完成时间、责任人，作为项目进度策划阶段的重点工作。

项目进度计划策划分为：重点进度计划、总体进度计划、专项进度计划、阶段进度计划。

（1）重点进度计划

工作项目开工前、项目执行的重点阶段由项目经理组织分包商/供货商召开会议，对项目商务推进、政策处理、征拆影响、报批报建、勘察设计进度、施工资源投入、重要设备材料采购等因素进行分析，明确阶段性重点工作、重点边界条件、针对性控制措施、落实完成时间、责任人。

（2）总体进度计划

总体进度计划由项目经理组织进行编制，总体进度计划应结合合同文件和现场实际边界条件进行编制，包括商务推进计划、前期报批报建计划、外围政策处理计划、勘察设计计划、设备材料采购计划、施工计划等项目执行关键节点。

总体进度计划中，应在明显位置集中体现里程碑节点，并由合同经理对分包商/供货商的里程碑节点要求在分包合同中进行明确，原则上分包合同里程碑节点应比总承包里程碑节点提前若干时间。

总体进度计划应包含项目关键线路分析，确定总承包项目部进度管理的重点环节，在后续的阶段重点进度管理工作策划中体现。

总体进度的确定是后续合同执行过程中评价进度管理的准则，没有总体进度计划作为基线计划，就无所谓进度滞后或是进度提前。具备条件的项目应针对关键工序、关键线路进行基于赢得值法的动态图表分析。

（3）专项进度计划

项目开工准备阶段，总承包项目生产经理根据基线进度计划组织编制商务推进计划、前期报批报建计划、外围政策处理计划等专项进度计划，这些计划基本属于政府主管部门、项目业主需要牵头完成的，是总包项目部根据项目施工计划倒排的，必要时上报监理、建设单位审批，防止后续进度考核过程中扯皮。

项目采购计划开始编制时，总承包项目采购部经理组织编制设备材料采购计划，明确采购工作进度要求、设备材料设计和排产进度要求、设备材料发货到货进度要求，下发分包商/供货商执行。设备材料由承包商自行采购时，采购计划可由施工项目部编制后提交总包项目部，但施工单位提交的采购计划必须满足总体进度计划。

（4）阶段进度计划

总承包项目部根据总体进度计划和分包商/供货商上报的年度进度计划，由项目生产经理组织编制项目年度进度计划，上报监理单位审批、建设单位备案。年度进度计划的里程碑节点、关键线路等要求同总体进度计划。总承包项目部编制的年度进度计划原则上应满足总体进度计划同时间段的进度安排；各分包商/供货商编制的年度进度计划应满足各专项进度计划同时间段的进度安排。

分包商/供货商在各自编制的月报中总结月生产情况，编制下月进度计划并上报总承包项目部。项目生产经理在总承包项目管理月报中编制项目月进度计划，作为项目月例会材料，并随项目管理月报后上报监理单位进行审批。各级月进度计划原则上以表格、图表表达为主。

3. 进度计划核查

结合总承包项目对分包商/供货商的综合考核，总承包项目生产经理组织每周、每月检查分包商/供货商各项计划完成情况，并与总体进度计划、专项进度计划、阶段性进度计划和阶段重点进度管理工作策划成果进行对比，同时还需结合关键线路项目的进展状况，判断总体进度计划执行情况。

（1）周检查及考核

总承包项目生产经理每周结合周例会、周报收集分包商/供货商的周进度计划完成情况，自行更新阶段重点进度管理工作策划，并在周例会上进行通报，将检查情况写入周例会会议纪要，如出现进度偏差，将纠偏措施以整改通知单形式下发分包商/供货商。

（2）月检查、分析及考核

由分包商/供货商通过月报上报月计划完成情况，总承包项目部生产经理组织对月度进度进行分项检查，进度检查指标结合进度考核指标设立。月度进度检查中，生产经理需重点对关键线路、关键外围边界的进度进行把控。总承包项目部将检查结果在月进度例会上进行通报，如出现进度偏差，将纠偏措施以整改通知单形式下发分包商/供货商执行。

总承包项目生产经理牵头每月根据进度管理办法、综合考核办法中考核制度要求对涉及的分包商/供货商进行考核。考核结果及奖罚措施以项目部文件形式下发相关分包商/供货商，合并入对分包商/供货商的月度综合考核中，并另行下发进度奖罚通知单，奖罚通知单需同时提交一份给合同部。

4. 工期变更和索赔

（1）项目业主提出工期变更

如果项目业主提出更改原工期计划或新增工作内容等要求，应取得项目业主下发的工期调整任务书或其他工期调整确认书面文件，如工期调整任务表。

（2）非总包原因工期变更申报审批

如出现总承包方以外因素导致工期需调整的，总承包生产经理牵头，根据合同变更程序进行计划工期的变更管理，并预测工期变更调整对费用、质量、安全、职业健康、环境保护等的影响。

总承包项目部对工期变更及索赔事件应进行跟踪，记录事件开始、进展、演变等过程，及时收集、签认支撑性材料，并编制索赔报告上报监理、建设单位审批。

（3）分包商/供货商提出的工期变更

总承包项目部审批分包商/供货商提出的工期变更申请，并汇总工期变更申请报告或函件上报监理单位审核、建设单位审批。如确实无法从上层合同中得到相应的工期顺延，则需采用赶工的方式追回工期，工程总承包项目部需结合赶工投入程度，争取赶工措施所需要的费用。

5. 信息管理

总承包项目部根据公司、业主单位、监理单位要求，按时上报各类工作报表，组织召开、参加工作会议，信息录入项目管理信息系统。

知识拓展

拓展 2-4：进度计划分级

项目一般采用四级计划体系，并辅以周计划、专项计划等：

（1）一级进度计划，即项目总进度计划和项目总体统筹网络计划，是指导项目工作的总体时间框架型进度计划，它以项目专业为对象，反映项目设计、采购、施工、试车的工期以及项目的总工期，是满足项目进度目标的最直观、最基本的体现。项目总体统筹网络计划应采用网络图。

（2）二级进度计划，是以装置为对象的总进度计划，是一个承上启下的中间计划，一方面它是对项目一级计划的补充，另一方面它又对项目三级计划的编制具有指导作用。主要细化设计、采购、施工专业管理及具体接口协调管理，保证符合一级进度计划控制点的要求，并建立更详细的控制点。

（3）三级进度计划，是以装置为对象的详细执行计划，用于建立进度检测基准并进行跟踪检测。三级进度计划分解至分部工程，细化到设备位号、管线系统、电气仪表类别。三级进度计划应反映出各活动间的逻辑关系、制约关系，并标明关键路线及编制说明。

（4）四级进度计划，是由施工承包商分解至分项工程，细化到工序一级，每周更新。进度计划中应标明各分项工程、各工序开工时间、施工周期、完工时间、各主要工序交接时间。

拓展 2-5：设计图纸错漏碰缺

设计图纸错漏碰缺就是对设计图纸中的问题的简单概括，错就是设计错误，漏是设计遗漏、未交代的内容，碰就是不同专业纸以及本专业细节设计上的冲突，缺是设计图纸不完整、缺少的部分。

能力训练

工程总承包项目的质量控制主要分为设计质量和施工质量，其中设计质量的高低对于工程总承包项目整体的质量具有决定意义。因此，必须提高设计阶段的质量控制意识，把施工图纸当中可能存在的错漏碰缺[1]消灭在设计阶段，达到可施工性设计的要求。

训练 2-10：国家质量管理和项目质量计划一样吗

通过这段学习，李明了解国家出台了《质量管理体系 要求》GB/T 19001—2016、《质量管理 质量计划指南》GB/T 19015—2021、《质量管理 项目质量管理指南》GB/T 19016—2021 等标准和规范，不禁思考：ISO9000 质量体系文件已经那么全面了，为什么还要编写质量计划呢？

训练 2-11：质量计划文件是由各岗位汇总而成吗

李明在查阅项目档案时，看到已完工工程总承包项目都有非常详细的质量计划。他再次思考：质量是由每个岗位的每个环节积累而成的，是否可以由他们各自编写汇总，就形成了质量计划？

训练 2-12：施工现场边界与设计图纸边界不符该如何处理

AAA 医院项目在建设过程中发现施工现场边界与设计图纸边界不符，项目经理要求暂时停工，等待处理方案。

分组模拟场景，解决下列问题：

[1] “设计图纸错漏碰缺”解释详见——知识拓展 2-5

（1）训练 2-10：有 ISO9000 质量体系文件，为什么还要编写质量计划？

（2）训练 2-11：质量计划由谁编写？质量计划包含哪些内容？

（3）训练 2-12：该如何处理施工现场边界与设计图纸边界条件不符的情况？

和施工总承包相比，工程总承包项目可以有效地将设计、施工、采购等参建部门有机地整合起来，变前者外部的沟通为后者内部的沟通，使得协调沟通工作在机制上得到创新，降低了业主方的监管难度，加快了项目的建设进度。

训练 2-13：基线进度计划、总体进度计划、重点进度计划有何不同

策划部经理张策把李明叫到办公室："项目要开工了，三天内把 AAA 医院的基线进度计划交上来。"李明满口答应经理布置的任务，但心里却直犯嘀咕："上学时学过重点进度计划、总体进度计划、专项进度计划、阶段进度计划，基线进度计划是什么啊？"

训练 2-14：项目总体进度计划的主要控制点有哪些

李明自以为："项目总体进度计划不就是进度网络图吗？给我三天时间，我一天就能做好。"他梳理一遍项目才真正理解"知易行难"的含义："该项目的主要控制点有三十多个，项目进度计划要综合考虑各个因素啊！加油学、加油干吧！"

分组模拟场景，解决下列问题：

（1）训练 2-13：基线进度计划、总体进度计划、重点进度计划有何区别？

（2）训练 2-14：项目总体进度计划的主要控制点有哪些？

场景 2.1.5

近年来，工程总承包相关的政策文件更新很快，为了更好地理解文件精神，更便于管理项目团队，策划部经理张策对《示范文本》和《管理办法》中的策划管理部分进行了系统的学习和整理，如图 2-28 所示。

你了解：《示范文本》和《管理办法》中涉及策划管理的条款有哪些？

图 2-28　场景 2.1.5

知识导入

2.1.5　持之以恒地学习工程总承包相关政策之策划管理

2.1.5.1　《示范文本》策划相关重点条款解析

第 2 条　发包人

2.2.2　提供工作条件

【范本原文】

发包人应按专用合同条件约定向承包人提供工作条件。专用合同条件对此没有约定的，发包人应负责提供开展本合同相关工作所需要的条件，包括：

（1）将施工用水、电力、通信线路等施工所必需的条件接至施工现场内；

（2）保证向承包人提供正常施工所需要的进入施工现场的交通条件；

（3）协调处理施工现场周围地下管线和邻近建筑物、构筑物、古树名木、文物、化石及坟墓等的保护工作，并承担相关费用；

（4）对工程现场临近发包人正在使用、运行或由发包人用于生产的建筑物、构筑物、生产装置、设施、设备等，设置隔离设施，竖立禁止入内、禁止动火的明显标志，并以书面形式通知承包人须遵守的安全规定和位置范围；

（5）按照专用合同条件约定应提供的其他设施和条件。

【条文解析】

移交施工场地，一直是建筑工程领域的重要关注事项。除条文 2.2.3 所提及发包人在不能按约提供施工现场、施工条件时承担的责任外，《民法典》第八百零三条也规定：“发包人未按照约定的时间和要求提供原材料、设备、场地、资金、技术资料的，承包人可以顺延工程日期，并有权请求赔偿停工、窝工等损失。”

2.3　提供基础资料

【范本原文】

发包人应按专用合同条件和《发包人要求》中的约定向承包人提供施工现场及工程实施所必需的毗邻区域内的供水、排水、供电、供气、供热、通信、广播电视等地上、地下管线和设施资料，气象和水文观测资料，地质勘察资料、相邻建筑物、构筑物和地下工程等有关基础资料，并根据第 1.12 款［《发包人要求》和基础资料中的错误］承担基础资料错误造成的责任。按照法律规定确需在开工后方能提供的基础资料，发包人应尽其努力及时地在相应工程实施前的合理期限内提供，合理期限应以不影响承包人的正常履约为限。因发包人原因未能在合理期限内提供相应基础资料的，由发包人承担由此增加的费用和延误的工期。

【条文解析】

所谓施工现场及毗邻区域，是指施工单位从事工程建设活动时经批准占用的施工现场。除施工现场的有关资料外，还应当提供毗邻区域内的资料，这主要是考虑到施工活动有可能涉及周边一些地区，而且地下管线是相互连接，不可分割的，实践中经常由于施工造成地下管线的破坏，造成人员伤亡和经济损失。同时，建设单位还应当提供气象和水文观测资料，这也是考虑到施工周期比较长，大部分时间又是露天作业，受气候条件的影响相当大，在不同的季节和天气下，对施工安全需要采取不同的措施，涉及的安全生产费用也是不同的。

2.5　支付合同价款

【范本原文】

2.5.1　发包人应按合同约定向承包人及时支付合同价款。

2.5.2　发包人应当制定资金安排计划，除专用合同条件另有约定外，如发包人拟对资金安排做任何重要变更，应将变更的详细情况通知承包人。如发生承包人收到价格大于签约合同价 10%的变更指示或累计变更的总价超过签约合同价 30%；或承包人未能根据第 14 条［合同价格与支付］收到付款，或承包人得知发包人的资金安排发生重要变更但并未收到发包人上述重要变更通知的情况，则承包人可随时要求发包人在 28 天内补充提供能够按照合同约定支付合同价款的相应资金来源证明。

2.5.3　发包人应当向承包人提供支付担保。支付担保可以采用银行保函或担保公司担保等形式，具体由合同当事人在专用合同条件中约定。

【条文解析】

2020 年版《示范文本》特别增加了发包人资金安排计划、资金担保以及特殊情况下资金来源证明条款。承包人需要注意的是，对于发包人提供的银行或者担保公司保函，要注意保函的期限、担保限额、保函承担的责任范围以及保函的生效、失效条件。接受公司担保时要求出示董事会或者股东会、股东大会决议。因为对外担保属于公司重大事项，公司章程可能对对外担保行为、担保数额进行规定。为防止保证人的对外担保行为、程序违反公司章程规定而出现相关担保合同的效力瑕疵，建议在接受保证担保时，查阅保证人的章程，并要求其出示决议内容为同意公司对外担保的董事会或者股东会、股东大会决议。

第 4 条　承包人

4.5　分包

【范本原文】

4.5.1　一般约定

承包人不得将其承包的全部工程转包给第三人，或将其承包的全部工程支解后以分包的名义转包给第三人。承包人不得将法律或专用合同条件中禁止分包的工作事项分包给第三人，不得以劳务分包的名义转包或违法分包工程。

4.5.2　分包的确定

承包人应按照专用合同条件约定对工作事项进行分包，确定分包人。

专用合同条件未列出的分包事项，承包人可在工程实施阶段分批分期就分包事项向发包人提交申请，发包人在接到分包事项申请后的 14 天内，予以批准或提出意见。未经发包人同意，承包人不得将提出的拟分包事项对外分包。发包人未能在 14 天内批准亦未提出意见的，承包人有权将提出的拟分包事项对外分包，但应在分包人确定后通知发包人。

4.5.3　分包人资质

分包人应符合国家法律规定的资质等级，否则不能作为分包人。承包人有义务对分包人的资质进行审查。

【条文解析】

工程总承包人虽然可以对承包工程进行分包，但对于分包的事项还是有一定限制的。

首先，根据《建筑法》规定总承包单位分包的前提是经过发包单位认可；

其次，根据《关于进一步推进工程总承包发展的若干意见》规定，总承包单位不得将承包范围内的设计施工全部或主体部分工程分包；

再次，根据《房屋建筑和市政基础设施项目工程总承包管理办法》以暂估价形式包括在总承包范围内的工程货物服务分包时，须经过招标投标程序，不得直接进行分包；

最后，分包人须具备与分包工程相适应的资质等级，否则不能作为分包人。

《示范文本》中承包人想要进行分包，须发包、承包双方在专用合同条件中对分包事项进行约定，承包人才可就约定事项进行分包。但若在专用合同条件没有约定的情况下，承包人也并非绝对不可以分包。承包人可在工程实施阶段分批分期就分包事项向发包人提交申请，根据发包人反馈情况，可分为：

发包人在收到申请后 14 天内，发包人作出同意分包意见的，承包人可以进行分包；

发包人在收到申请后 14 天内，发包人作出不同意分包意见的，承包人不可以进行分包；

发包人在收到申请后 14 天内，发包人未批准也未作出意见的，承包人可以进行分包。

原则上发包人禁止向分包人支付合同价款，但是对于生效的法律文书要求发包人向分包人支付分包合同价款的除外。发包人将款项交付给分包人后，还需书面通知承包人。

鉴于工程总承包项目的特征及承包人的地位性质及合同相对性的法律规制，当分包人出现工作逾期或质量、人员出现问题时，承包人需要对分包人造成的违约责任以及损失负责。同时，承包人和分包人就分包工作向发包人承担连带责任。

2.1.5.2　《管理办法》策划相关重点条款解析

第七条【工程总承包发包前应当完成的程序和条件】

【办法原文】

建设单位应当在发包前完成项目审批、核准或者备案程序。采用工程总承包方式的企业投资项目，应当在核准或者备案后进行工程总承包项目发包。采用工程总承包方式的政府投资项目，原则上应当在初步设计审批完成后进行工程总承包项目发包；其中，按照国家有关规定简化报批文件和审批程序的政府投资项目，应当在完成相应的投资决策审批后进行工程总承包项目发包。

【条文解析】

本条文根据投资项目类型的不同，规定了不同投资项目的发包阶段，主要包括两层含义：

1. 建设单位完成项目审批、核准或备案程序是项目进行工程总承包发包的前提，应严格区分企业投资项目和政府投资项目。企业投资项目发包的时间节点应当在核准或备案后，具体应当是核准或是备案，应严格按照《企业投资条例》及相关规定执行；而政府投资项目应进行区分，原则上应当在初步设计审批完成后进行工程总承包项目发包，例外情形是按照国家有关规定简化报批文件和审批程序的政府投资项目，应当在完成投资决策审批后进行工程总承包项目发包。

2. 应深刻理解企业投资项目和政府投资项目发包阶段不同的内在逻辑。对于政府投资项目，要求在完成初步设计后发包，除了为和上位法《政府投资条例》的相关规定保持一致外，更是从投资控制角度的考量。而对于企业投资项目，为响应企业“放管服”的大政方针，对企业投资项目从事前监管向事中事后监管延伸，通过核准或备案进行项目形式审查。但企业自身宜从提高投资效益、把控投资风险角度出发，在项目具备实质发包条件后再进行发包。

【理解与适用】

理解本条规定的前提是理解我国建设工程体制中政府投资与企业投资两大类型的区别，并厘清投资审批制度中“审批”“核准”“备案”三者适用的差异。

（1）“审批制”“核准制”“备案制”的适用项目范围

2004 年 7 月 16 日发布的《国务院关于投资体制改革的决定》明确了要建立健全投资项目三级审核制度：①政府投资项目采用审批制，需要取得主管部门的相关审批方能立项实施；②列入《政府核准的投资项目目录》的企业投资项目需经有关政府部门核准后方能立项实施；③对于该目录以外的企业投资项目，企业自主决定实施，仅需向有关部门备案即可。

（2）政府投资项目和企业投资项目的界定

政府投资项目与企业投资项目的区分在于资金来源和建设单位的主体性质，对于政府投资项目，不论建设单位是否为政府部门本身，只要是政府采取直接投资方式、资本金注入方式投资的项目，即为政府投资项目，当然包括使用了上述投资方式的 PPP 项目。对于企业投资项目，企业在中国境内投资建设的固定资产投资项目，无论企业是国有企业还是民营企业，资金来自国有资金还是私人资金，均属于企业投资项目。

第十九条【项目管理机构的设置及管理措施】

【办法原文】

工程总承包单位应当设立项目管理机构，设置项目经理，配备相应管理人员，加强设计、采购与施工的协调，完善和优化设计，改进施工方案，实现对工程总承包项目的有效管理控制。

【条文解析】

第十八条从宏观角度出发对工程总承包企业本身提出要求，通过强调完善企业组织机构和管理制度，明确工程总承包项目的管理任务，以期提升工程总承包企业承接和管理工程总承包项目能力。第十九条从微观角度出发对为项目设立的管理机构以及项目机构应当采取的管理措施进行规定。只有设置结构合理的项目管理机构并配置符合条件的项目经理及管理人员，项目管理机构才能够充分发挥作用，采取有效的管理措施，实现对承接的工程总承包项目的有效管理和控制。

结合《住房城乡建设部关于进一步推进工程总承包发展的若干意见》的规定，本条实际上包含了 4 个层面的内涵：①工程总承包企业应当根据不同项目的特征分别设置相应的项目管理机构；②每个项目都应当设置项目经理，负责统筹管理项目的实施情况；③项目管理机构应当配备相应的管理人员，能够确保对设计、采购和施工进行管理；④项目管理机构的职责是加强设计、采购与施工的协调，完善和优化设计，改进施工方案等。

【理解与适用】

1. 项目管理机构在项目实施过程中的管理措施

工程总承包企业作为对设计、采购和施工全面负责的总责任主体，在项目实施过程中掌握极高的主动权。项目管理机构应当采取协调各项工作、优化设计和改进施工方案等措施，落实设计、采购和施工过程中对工程质量、安全、工期、造价、节能和环保等的管理工作。

（1）协调设计、采购与施工相关工作

在传统工程建设项目中，设计与采购、施工阶段相分离。通常由建设单位先行委托设计企业完成项目设计工作后，建设单位再选用合适的施工单位完成施工工作。建设单位通常选择采用施工总承包的模式，选择施工总承包商统一负责工程建设工作。在工程总承包商项目中，设计、采购和施工等各个环节集中整合到工程总承包商的责任范围内，项目管理机构通过行之有效的管理措施能够使项目实现资源、设施的优化组合，极大提高项目效率。

为了协调好设计、采购和施工之间的关系，工程总承包企业不仅需要有较强的综合管理能力，同时需要保证其为项目设置的项目管理机构和配备的管理人员也具有相应的管理和执行能力。一旦项目管理机构无法充分履行工程总承包商的管理职能，则可能直接影响建设项目的实施，损害工程总承包企业的利益。

（2）完善和优化设计，保障工程总承包企业的经济效益

通过完善和优化设计，不仅能够实现对施工阶段的造价控制，同时能够促进工程总承包企业进行技术创新。工程总承包模式将工程设计责任从建设单位转移至工程总承包单位，设计工作质量的优劣将直接影响工程总承包单位最终的经济利益。工程总承包模式极大地提高了工程总承包企业优化设计的积极性。因此，项目管理机构在开展管理工作时应当注重对设计方案的优化，在保障建筑工程满足建设单位的要求和技术指标的基础上，选择经济效益最高的设计方案。

（3）改进施工方案

施工方案是项目管理机构开展管理控制的基准，是降低不确定性的手段，是调高效率和效益的工具。但是应当注意的是施工方案并非一成不变的，项目管理机构应当根据施工的具体情况在管理过程中适时改进施工方案，以获得更好的施工效果。若工程总承包企业本身存在不足之处，预先制订的施工方案存在缺陷或错误、技术措施不力或不当、组织机构设置不合理等，都会直接影响施工的正常进行。此时，项目管理机构应当对施工方案及

时作出调整。

2. 项目管理机构的设置及人员配置

（1）项目管理机构的人员配置

项目管理机构应当设置项目经理，负责对项目进行统筹管理。项目经理下应当分别设置设计、施工、采购、安全、质量、技术等管理人员，负责对具体施工中所涉及事项进行统筹管理。相应的管理人员应当具备国家规定或者合同约定的资质条件。

（2）项目管理机构的设置要求

项目管理机构的设置既要能够贯穿工程总承包的全过程，同时应当具备对建设各项内容的管理能力。项目管理机构在设置时应当注意如下几点：①项目管理机构的设置应当能够确保工程建设符合国家强制性标准及合同约定的质量标准，对整体工程的施工和质量进行监督管理并承担责任。②项目管理机构应当设置专管安全的岗位，对施工过程进行全面管理，制定项目安全生产规章制度。③项目管理机构不一定要单独设置造价管理和进度管理的机构，但应当要明确已设置的机构和人员对于造价管理和进度管理的责任分配。在有必要的情况下，工程总承包企业可以考虑配置专门负责造价管理和进度管理的机构或人员。④项目管理机构应当考虑通过设置专门的部门或者专管人员对各个分包商、签订的合同和项目相关信息进行控制，确保从各个角度实现工程总承包商对项目的整体把控。

专家答疑

困惑 2-1：什么是“政府投资项目”，什么是“企业投资项目”？

答疑：对于企业投资项目，《企业投资项目核准和备案管理条例》第二条对其定义为“企业在中国境内投资建设的固定资产投资项目”。

对于政府投资项目，《政府投资条例》第九条对其定义为“政府采取直接投资方式、资本金注入方式投资的项目”。《政府投资条例》第六条规定：“政府投资资金按项目安排，以直接投资方式为主；对确需支持的经营性项目，主要采取资本金注入方式，也可以适当采取投资补助、贷款贴息等方式。”这会产生一个误区：政府投资项目的资金来源既包括政府直接投资、资本金注入的方式，也包括投资补助、贷款贴息等方式。其实，按照《政府投资条例》第九条之规定，政府投资项目的资金来源仅包括政府直接投资和资本金注入，采用投资补助、贷款贴息方式的项目属于使用政府投资资金的项目，但不是政府投资项目，这是总承包单位需要注意厘清的。

困惑 2-2：工程总承包的范围可以包含勘探吗？

答疑：从理论上说，工程总承包项目发包时，不应包含发包阶段及其前期应当完成的勘察，但可以包括该阶段之后的勘察。例如，工程总承包项目在可行性研究阶段完成后发包的，工程总承包的范围中不应当包含可行性研究勘察，但可以包括初步勘察、详细勘察、施工勘察、补充勘察等后期勘察的内容。关键是承包人具有完成这些勘察工作的实际能力，承包人千万不能在自身并无相应能力的情况下就盲目把这些勘察业务包含在合同的工程范围中。

另外，政府投资项目原则上均要进行项目立项、可行性研究报告、初步设计三次审查，取得初步设计批复后，政府才可以对该项目进行投资。如果政府投资的工程总承包限制为必须完成初步设计才可发包，那么工程总承包范围中就不该包含可行性研究勘察和初步勘察。

困惑 2-3：什么是补勘，补勘的费用应该由哪一方来承担？

答疑：“补勘”即补充勘察，是针对建设工程项目的某些地段、某个专门问题或者某种特殊情况等所做的专门的勘察工作。

对于承包人来说，要进行后续的施工图设计以及施工工作，不论是详细勘察，还是专门针对某些地段、某个专门问题、某种特殊情况进行的补充勘察，都是相应工作的前置条件。因此，发包人在合同中约定由总承包方负责勘探不到位或探点不够时的补勘，是合法的也是合理的。

同时，如果发承包双方约定了由总包人承担项目的补充勘察等工作，根据合同的等价有偿原则，相关的费用自然是应当由发包人来承担。如果补充勘察工作并不包含在总包合同所约定的工作内容当中，总包人应当向发包人要求就此达成相应的补充协议；如果补充勘察工作包含在总包合同中，却没有对应的价款，总包人应当及时要求发包人对此进行澄清，也有权要求发包人承担相应的费用。

能力考核——知行合一、学以致用

“空谈误国，实干兴邦”这句话源于明末清初著名思想家顾炎武，意思是，只泛泛而谈地讨论国家大事、不联系实际解决问题，会耽误国家的发展，只有脚踏实地、真抓实干，才能使国家兴旺发达。

请同学们结合所学知识，分组讨论形式，完成以下作业：

1. 拟定 AAA 医院项目的策划依据

要求：依据所学内容，拟定 AAA 医院项目的策划依据。

2. 拟定 AAA 医院项目的策划内容

要求：依据所学内容，拟定 AAA 医院项目的策划内容。

3. 拟定 AAA 医院项目的融资方案

要求：依据所学内容，拟定 AAA 医院项目的融资方案。

4. 请写出 AAA 医院策划阶段风险防范方法

要求：依据所学内容，拟定 AAA 医院项目的策划风险防范方法。

5. 请画出 AAA 医院策划阶段风险管理流程

要求：依据所学内容，拟定 AAA 医院项目的策划风险管理流程。

考核形式

（1）分组讨论：以 4～6 人组成小组，成果以小组为单位提交；

（2）成果要求：分为6个模块，手写同时上交汇报PPT；

（3）汇报形式：每小组派1～2个代表上台演讲，时间要求15～20分钟；

（4）评委组成：老师参与、小组互评，背靠背打分；

（5）综合评分：以6个模块赋不同权重，加权平均计算最终得分；

（6）心得体会：老师指派或小组派代表，谈谈本次作业的心得体会。

小 结

本部分主要从投标商务策划、融资模式策划、组织体系策划、质量管理策划和进度管理策划五个方面讲解工程总承包策划管理。通俗来说，工程总承包策划管理重点就是解决项目获取、钱的问题、人的问题、质量进度问题。

（1）项目获取的问题就是项目投标策划，指根据对工程项目及其相关信息的了解，估算项目实施所需的成本费用，并结合对项目利润的预期和项目风险的研判对费用进行调整，形成最终报价。

（2）钱的问题就是企业通过各种途径筹措企业生存和发展所必需的资金，项目前期决策阶段，以融资为主，主要进行融资模式决策的选择；招标投标阶段以投资管控为主，主要涉及合同价管理，伴随部分融资；施工阶段，也是以投资管控为主，主要对项目的合同执行、工程变更、结算进行管理，该阶段同时伴随着融资，尤其是对融资结构的进一步优化。运营阶段主要以融资管理为主。

（3）人的问题就是要有适用于项目，适用于企业的组织结构体系，让项目能够高效运转，可见建立合理科学的组织结构体系对于项目至关重要。同时对于项目管理团队来说，一个优秀的项目经理就如同一个优秀的将帅，带领团队顺利完成既定的项目目标。

（4）质量进度问题就是要项目干得快，同时也要干得好，建设高品质建筑产品，同时又能高效处理建设中遇到的各种难题，保证项目平稳有序推进。

工程总承包项目的高质量建设，应该进行高质量的策划和高质量的布局，将人员、费用、质量、进度、风险进行合理合规的统筹策划，推动企业的高质量发展。

岗位 2.2　工程总承包合同管理

合同 岗位导入

AAA 医院的总承包方 GQ 公司，考虑到医院项目的紧急性，涉及设备、材料、劳务、专业分包等各方的合同签订问题。召开紧急协调会，邀请各部门负责人共同研究合同签署相关事宜，如：分析合同要素市场信息、商谈合同管理措施、选择合同构成形式等。

因现场办公场地有限，特安排专人在现场进行消息整理，根据现场施工内容及进场时间，拟定出项目全周期合同规划，按照合同规划进行逐一落实签订，及时与公司相关人员沟通，临时开通快速流程通道，加快了资源筹备、合同评审等工作，以保障合同管理的顺利实施，如图 2-29 所示。

图 2-29　合同 岗位导入

要想在工程建设中深化依法治国的实践，就应立足大局牢牢把握合同管理这条主线，充分利用好各项国家、地方法规等法律武器，深刻认识合同管理在法治体系中的重要作用，将其作为依法治国的另一个支撑点，为工程总承包项目管理的健康快速发展提供必要的保障。《民法典》中指出，民事主体从事民事活动，应当遵循公平原则，合理确定各方的权利和义务；应当遵循诚信原则，秉持诚实，恪守承诺。工程总承包项目的各参与方也应建立诚实守信的风尚，依据项目特点和各方具体情况，合理分配权利、责任和义务，确保总承包工程顺利推进，实现合同目标。

合同 能力培养

（1）通过了解合同管理概念、类型和组织机构，能够拟定合同管理组织架构图。

（2）通过掌握准备阶段合同管理的主要内容，能够依据相关的政策文件等，初拟合同的主要条款。

（3）通过掌握履约阶段合同管理的主要内容，能够画出合同管理思维导图，并标识合同主要风险点。

（4）通过熟悉收尾阶段合同管理的主要内容，能够列出合同收尾资料目录，写出合同管理总结大纲。

（5）通过理解政策文件中合同管理的相关条款，能够表达清楚该条款在实践应用中的意义。

场景 2.2.1

图 2-30　场景 2.2.1

GQ 公司针对 AAA 项目的特点，抽调工程总承包项目合同管理经验丰富的任达担任合约部经理，实习生小丁分配到合约商务部。部门组建后的第一次会议，任达根据现场项目内容及甲方要求，分析实际情况，组织部门讨论项目全周期合同目标，明确各方职责和任务分工，如图 2-30 所示。

《刘子·崇学》有语："凿井者，起于三寸之坎，以就万仞之深。"告诫我们要从现在做起、从自己做起，在起点上就扎实推进，只有点滴积累并持之以恒，才能达至目标愿望、实现人生理想。

小丁作为实习生，如何快速熟悉部门业务，发挥自己的价值呢？请先了解以下两个问题：

（1）合同管理的主要内容是什么？

（2）合同管理的组织机构应该怎样设置？

知识导入

2.2.1　认识合同管理

2.2.1.1　合同管理概述

1. 合同概述

《民法典》第七百八十八条中对建设工程合同作出定义："建设工程合同是承包人进行工程建设，发包人支付价款的合同"。

建设工程合同的特点：

（1）合同主体的严格性

建设工程合同主体一般只能是法人。发包人及承包人均需具备相应的条件及法人资格才能参与建设工程活动。

（2）合同标的的特殊性

建设工程合同的标的是各类建筑产品。建筑产品本身具有特异性和固定性，因此建工程合同标的也具有特殊性。

（3）合同期限的长期性

由于建设工程具有结构复杂、工程量大、生产周期较长等特点，建设工程合同的履行期限也很长。

（4）合同程序的严格性

国家对工程建设的投资和程序有着严格的管理制度，合同的订立和履行必须遵守国家基本建设程序的规定。

2. 合同管理概述

合同管理是指对合同的有效执行、监督和维护过程的管理。其目的是通过工程项目合同的签订合同、实施控制等一系列的工作，全面完成项目合同所承诺的法律责任，保证项目建设合同目标的实现。

建设工程合同管理的特点：

（1）合同实施风险大。工程总承包项目包含设计、采购、施工工作内容，国际项目涉及经济环境、政治环境和法律环境，总承包商承担的不可控制和不可预测的风险多。

（2）合同变更索赔多。工程总承包项目大多是规模大、结构复杂的项目，在施工过程中，由于受到水文气象、地质条件的变化和人为干扰、业主要求的改变等影响，合同管理中变更索赔工作很多。

（3）合同管理全员性。工程总承包项目的所有工作已被明确定义在合同文件中，合同文件是整个工程项目的集合体，同时也是所有管理人员工作中必不可少的指导性文件。因此，合同管理具有全员参与性。

（4）合同协调单位多。工程总承包项目通常涉及业主、总承包单位、材料供应商、设备供应商等几十家单位。总承包商的合同管理必须协调和处理各方面的关系，使相关的各个合同协调一致。

2.2.1.2 合同管理组织机构

1. 合同管理组织机构

项目合同管理应由合约部经理负责，并适时组建项目合约部。在项目实施过程中，项目合约部经理接受项目经理和工程总承包企业合同管理部门的双重领导，向项目经理和工程总承包企业合同管理部门报告工作。如图 2-31 所示。

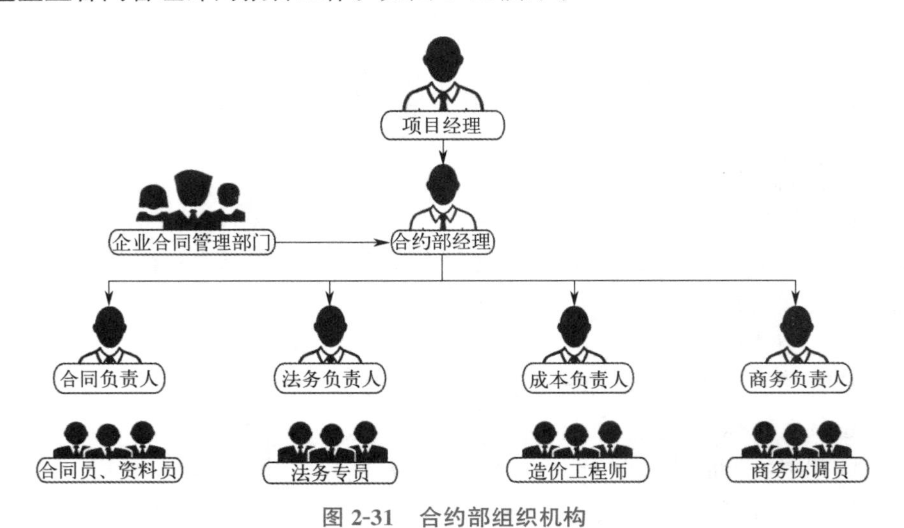

图 2-31 合约部组织机构

2. 合约部的主要职责

（1）参与项目投标报价，对项目招标文件、合同条款进行审查和分析；

(2) 收集市场和工程项目信息;

(3) 策划项目合同总体,如:范围、内容、条款、价格等;

(4) 参与项目合同谈判与签订,为项目报价、合同谈判和签订提出建议;

(5) 汇总、分析项目的合同履约情况,对项目的进度、费用、成本、质量和HSE进行总体计划和控制;

(6) 协调项目各个合同的实施,对合同实施进行指导、分析和诊断。

3. 合约部各岗位的职责

(1) 合约部经理

负责制订各项工作的程序手册,建立项目的组织机构,明确部门分工和职责。与分包商签订设计、采购、施工等分包合同,在项目实施过程中协调各方关系。参与解决合同争议。

(2) 合同负责人

负责项目整体合同体系策划与设计;负责组织工程总承包合同的谈判策划与实施;负责工程总承包合同管理,包括补充协议的签订、合同变更、分包合同管理;负责组织所有合同的评审、签订、分析、交底;负责签证、索赔资料的完整性、合理性审核。

(3) 法务负责人

负责合同风险的监督与防范,制定风险应对策略,并组织实施;负责法律纠纷处理及履约争议的处理;负责索赔证据的收集与资料办理;负责商务函件的合法合规性审核。

(4) 成本负责人

负责与建设单位的产值结算;负责对建设单位签证、索赔的办理;负责对分包单位的过程结算及最终结算审核;负责对整个项目的成本统计、成本核算、成本分析、措施制定、成本考核管理;编制分包单位资金支付计划;建立相应台账。

(5) 商务负责人

拓展和维护公司合作伙伴关系,包括与供应商、物流商、技术提供商等的联络和协调;对市场趋势和竞争对手进行分析,为公司的战略决策提供数据支持;负责商务合同的签订、执行和跟踪,以及合同风险的预警和应对;负责与供应商进行商务谈判,包括价格、交货期、付款方式等。

2.2.1.3 建设工程合同管理类型

1. 按计价方式划分

《建设工程工程量清单计价规范》GB 50500—2013第7.1条给出了合同价款约定的三种形式:总价合同、单价合同、成本加酬金合同。如图2-32所示。

其中总价合同分为未设定最高投标限价的总价类合同、设定最高投标限价的总价类合同;单价合同分为未设定最高投标限价的固定单价类合同、设定最高投标限价的固定单价类合同、概(预)算下浮点数结算类合同。

(1) 总价合同

a. 未设定最高投标限价的总价类合同

该类合同作为最基本的固定总价类合同,在约定合同固定总价范围的基础上,明确合同实施过程中可调整费用的计取方法,合同最终结算的价格即由固定总价部分与价格调

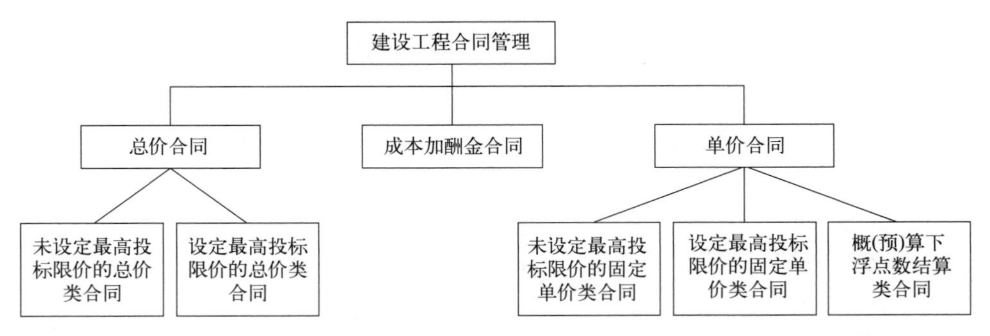

图 2-32　合同价款约定的形式

整、变更、签证、索赔等合同约定的可调整费用组成。

b. 设定最高投标限价的总价类合同

该类合同的特点是建设单位在采用固定总价方式招标的基础上，依据项目投资估算、设计概算设置招标控制价，工程总承包单位以固定总价进行投标的工程总承包合同形式。合同中相应约定施工过程中价格调整、签证、变更及索赔等可调费用的计取方法，并约定最终结算金额不能超过投标限价。

（2）单价合同

a. 未设定最高投标限价的固定单价类合同

该类合同的特点是建设单位方不设定招标控制价，按照固定单价模式并依据清单计价体系或当地定额体系进行招标，竣工结算时单价保持不变，工程量按照实际完成进行结算。对于投标期未明确的单价，往往约定相关的综合单价组价方式，对于施工过程中发生的变更、签证、索赔等费用也均有明确的约定。

b. 设定最高投标限价的固定单价类合同

该类合同本身为固定单价模式，在招标投标期间仅明确合同暂定价，工程总承包方需按建设单位方要求的格式报各项单价及费率，并在合同中明确变更、签证、索赔的处理方式。同时往往依据项目前期确定的投资估算、设计概算等，设置招标控制价，并在合同中规定，最终的结算额不能突破招标控制价。

c. 概（预）算下浮点数结算类合同

目前工程总承包项目在招标投标期间，由于设计深度无法达到工程招标投标的要求，建设单位方在招标投标时无法明确具体的技术、使用要求及投资限额，从而在招标投标时衍生出了新的合同计价模式，即通过在审计审定的设计概算或施工图预算的基础上下浮点数的方式确定最终的合同价，该类项目在招标投标阶段仅明确下浮率，实际结算时以最终审计审定的设计概算或施工图预算的投资额为基础按合同约定的下浮率进行结算。

（3）成本加酬金合同

该类合同也称为成本补偿合同，工程施工的最终合同价格将按照工程的实际成本再加上一定的酬金进行计算。在合同签订时，工程实际成本往往不能确定，只能确定酬金的取值比例或者计算原则。

2. 按工作范围划分

工程总承包的合同管理分为主合同管理、分包合同管理、其他合同管理。其中：主合同管理可分为独立合同管理、联合体合同管理；分包合同管理可分为勘察合同管理、设计合同管理、施工合同管理、专业分包合同管理、设备供应合同管理等；其他合同管理可分为监理合同管理、咨询合同管理等。如图 2-33 所示。

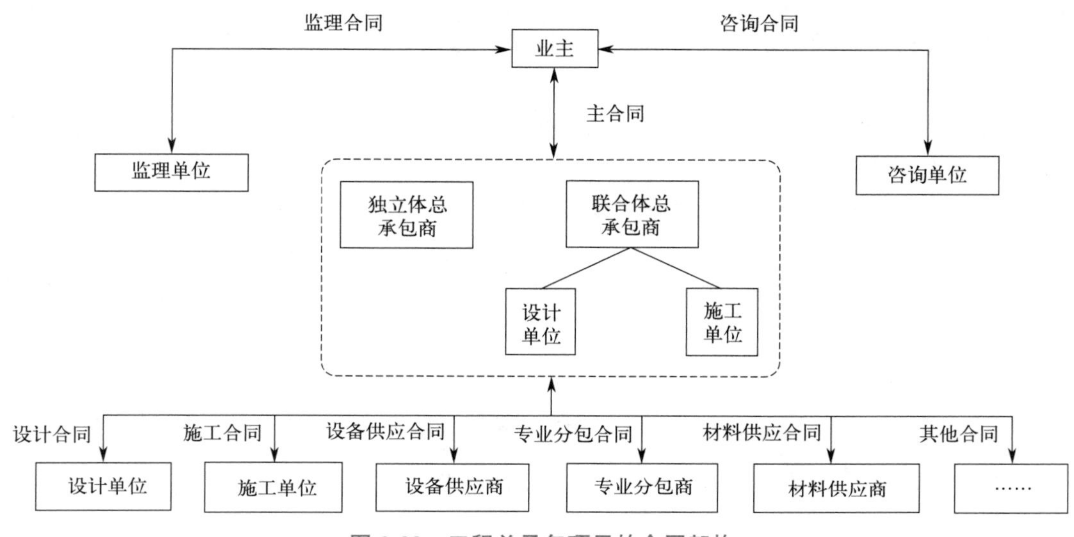

图 2-33　工程总承包项目的合同架构

（1）主合同管理

主合同是指工程总承包单位与业主签订的合同，主要职责包括：

a. 编制施工组织总设计，全面负责工程进度、工程质量、施工技术、安全生产等管理工作。

b. 按照分包合同规定的时间，向分包单位提供建筑材料、配件、施工机具及运输条件。

c. 统一向发包单位领取工程技术文件和施工图纸，按时供给分包单位。

d. 统筹安排分包单位的生产、生活临时设施，参加分包工程质量检查和竣工验收。

e. 统一组织分包单位编制工程预算、拨款和结算。

f. 由于总包单位的责任，影响了分包合同的履行，并给分包单位造成损失时，由总包单位向分包单位负责赔偿；属于发包单位的原因，致使分包合同不能履行时，先由总包单位赔偿损失，再依据总包合同向发包单位要求赔偿。

（2）分包合同管理

分包合同是指分包单位与工程总承包单位签订的合同，主要职责是：

a. 按施工组织总设计的要求，编制分包工程的施工组织设计或施工方案，参加总包单位的综合平衡。

b. 编制分包工程的预决算，施工进度计划。

c. 及时向总包单位提供分包工程的计划、统计、技术、质量等有关资料。

d. 保证分包工程质量，确保分包工程按分包合同规定的工期完成。

e. 分包工程经竣工验收（包括中间交工验收），达到合格标准后，由总包单位在验收证上签字，作为分包单位向总包单位交工的证件；验收不合格时，由分包单位返工或修理，并负担全部返修费用。

3. 按时间阶段划分

工程总承包的合同管理可以分为准备阶段合同管理、履约阶段合同管理、收尾阶段合同管理。其中：

准备阶段合同管理是指从项目策划到合同签订成功，包括市场风险评估、工程量清单复核、主合同的谈判、主合同的签订等。

履约阶段合同管理是指从开工进场到工程竣工验收，包括合同交底、合同控制、工程变更、工程索赔等。

收尾阶段合同管理是指竣工验收合格到合同终止，包括合同归档和评价、工程仲裁与诉讼、竣工结算与审计等。

本部分主要从这三个阶段分别阐述主合同管理和分包合同管理的内容。如图 2-34 所示。

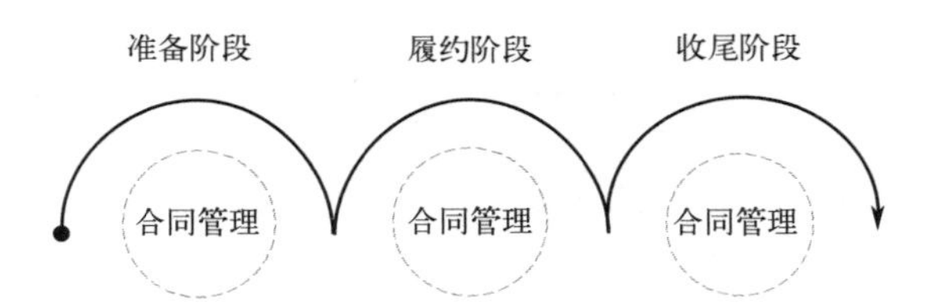

图 2-34　工程总承包项目合同管理的阶段划分

2.2.1.4　工程总承包合同管理理念之转变

1. 从按图施工向注重满足发包人要求的思维转变

相较于传统的施工总承包，施工图由发包人提供，承包人需要对图纸进行深化设计，承担的主要义务是“按图施工”，只要符合图纸要求和规范要求，即可认定承包人已履约。但是，工程总承包项目在发包时通常没有施工图纸，发包人提出的仅是工程的目的、范围、设计及其他技术标准和要求。

《管理办法》第六条第二款规定：“建设内容明确、技术方案成熟的项目，适宜采用工程总承包方式。”意思是，并非所有工程都适合采用工程总承包。因功能特异而少有同类型项目可供技术经济指标参照的项目，或者发包人在合同订立前难以通过《发包人要求》文件定量描述项目性能保证指标的项目，或者发包人希望通过深度介入项目设计过程，根据项目设计情况不时调整、变更设计要求的项目，均不宜采用工程总承包方式订立合同。

《示范文本》中引入“发包人要求”这一术语，以专用合同条件附件的形式详尽列明了工程的范围、功能、工期、工艺要求、竣工验收以及其他质量标准。发包人要求如果存在不明确、含糊的情况，承、发包双方容易在施工范围、验收标准等方面产生分歧，进而增加价款、工期风险。承包人应当在签约前要求发包人明确《发包人要求》的编制深度、确定“发包人已完成的设计文件”的内容。

2. 由注重施工风险向重视设计施工风险的观念转变

施工总承包方主要承担施工风险，工程总承包方不仅需要承担施工风险，还要承担设计风险。设计阶段是工程总承包项目的前期工作，是对发包人要求的具体落实，同时又会对后续采购、施工产生直接且极其重要的影响，设计风险直接影响工程总承包项目的成败。

工程总承包合同管理必须注重设计施工风险，设计不能仅考虑满足质量以及性能要求，在制定工程进度计划时还应当注意设计、采购、施工之间的有效衔接。工程总承包项目中设计阶段存在着设计质量不满足要求、业主变更、设计延迟、设计与其他相关的接口衔接不良、设计团队内部问题（配合不好、管理混乱等）等风险。

3. 从固定单价到固定总价的思维转变

施工总承包项目一般采用单价合同，承包方往往通过低价中标、勤补签证、高价索赔的方式来提高利润率，但是这一策略无法照搬用于工程总承包模式。工程总承包通常采用固定总价形式，工程量变化的风险由承包人承担。根据《示范文本》通用条款 1.1.6.3 项下“变更”的概念，仅当发包人提出的影响工程规模、功能、标准的变化才构成影响合同价格的变更。

《管理办法》等文件明确规定，承、发包人应当合理分担风险，建设单位主要承担人、材、机价格波动和法律法规政策变动等风险，但是在实践中，由于发包人的优势地位，客观上存在着大量在工程总承包模式下合同价格形式通常为固定总价，明确价格不随市场、政策变动的不调差约定，由于类似约定并不违反法律、行政法规的强制性规定，故很难突破固定总价的价格形式。

因此，工程总承包项目的设计、采购或施工任何一个环节一旦出现管理缺失，将产生严重的造价风险。工程总承包对如何统筹设计、采购、施工各个阶段的项目管理（全生命周期工程项目管理）提出了更高的要求。

综上所述，对于工程总承包合同管理和风险管控而言，应当整体性、全局性地重视和把握签约及履约过程中的合同范围风险、设计风险以及合同价格风险。

专家答疑

困惑 2-4：工程总承包合同类型和责任主体的关系有哪些？

答疑：工程总承包合同类型分为服务合同、采购合同、其他合同，见表 2-5。

合同类型和责任主体的关系　　表 2-5

名称	合同类型		责任主体关系
工程总承包合同	服务合同	地质勘察合同	发包人直接发包
		文物勘探合同	发包人直接发包
		咨询服务合同	承包人委托
		设计合同	总承包人自行设计或设计分包
		勘察文件审查合同	发包人负责或承包人负责
		设计消防审查合同	对应合同承包范围
		监测合同	对应总承包合同承包范围
		观测合同	
		检验实验合同	承包人负责

续表

名称	合同类型		责任主体关系
工程总承包合同	采购合同	材料采购合同	发包人采购
			承包人采购
		设备采购合同	发包人采购
			承包人采购
		机械、设备租赁合同	承包人采购
		加工合同	承包人负责
		运输合同	承包人负责
		其他合同	承包人采购
	其他合同	保险合同	根据总承包合同约定
		施工合同	总承包人自行施工或施工分包

困惑 2-5：项目实践中，该怎样选择合同的类型呢？

答疑：合同类型选择影响因素分为：建设项目设计深度、项目准备及工期紧迫度、项目规模及复杂度，见表 2-6。

合同类型选择的影响因素分析　　表 2-6

序号	影响因素	说明
1	建设项目设计深度	(1)项目达到施工图设计阶段，通常可选择总价合同形式寻求早期造价的确定； (2)项目达到初步设计阶段，则通常选择单价合同形式； (3)项目达到概念设计阶段，则可考虑成本加酬金合同形式
2	项目准备及工期紧迫度	(1)准备时间过短、工期紧迫，则通常以成本加本金合同为宜； (2)准备时间充裕、招标时间充分，可采用单价或总价合同形式
3	项目规模及复杂度	(1)项目大且复杂程度高，意味着对承包商技术水平要求高、项目风险大，从而业主选择合同的自由度降低，总价合同采用较少； (2)造价确定性高的部分采用总价合同形式，不准确部分则可采用其他形式； (3)项目复杂度低，规模较小则总价合同、单价合同或成本加本金合同均可考虑

场景 2.2.2

图 2-35　场景 2.2.2

AAA 医院项目的招标公告一经发布，GQ 公司即明确各部门须通力合作，做好各项标前准备工作，力求中标这个项目。随后合约部经理任达组织部门开会传达公司精神，做了合同的总体部署并进行了任务分工。

《朱子家训》有语："宜未雨而绸缪，毋临渴而掘井。"就是告诫我们做事情要提早做准备。

为了尽快让小丁熟悉业务工作，经理任达让他围绕以下两个问题进行深入研究，如图 2-35 所示：

（1）招标投标阶段合同管理的主要工作内容有哪些？

（2）招标投标阶段合同管控的要点有哪些？

知识导入

2.2.2　筹谋准备阶段的合同管理

准备阶段合同管理可划分为主合同管理和分包合同管理两部分，如图 2-36 所示。

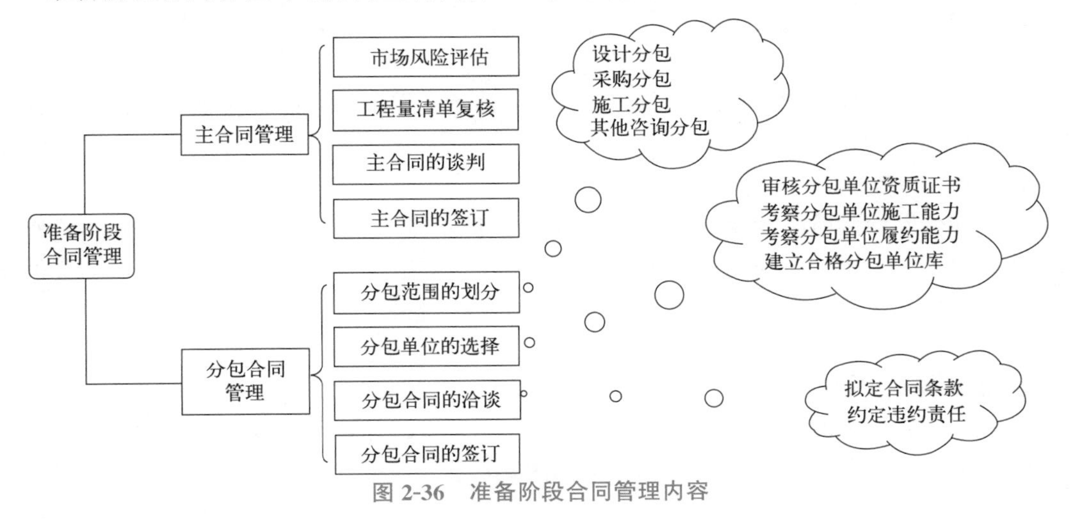

图 2-36　准备阶段合同管理内容

2.2.2.1　主合同管理内容

本阶段主合同即总承包合同管理的主要工作内容包括：市场风险评估、工程量清单复核、主合同的谈判和主合同的签订。

1. 市场风险评估

准备投标工程总承包项目，首先，总承包商应对项目进行信息追踪、筛选，对业主资质、项目资金来源等进行认真调查、分析，弄清项目立项、业主需求、资金给付等基本情况。其次，组织技术人员到项目所在地进行考察，对当地主要材料及劳动力供应数量和价格、社会化协作条件、物价水平等做到准确掌握，对项目所在地的经济、文化、法规等作更全面的了解。在市场调研和项目背景调查阶段，以上基本信息的收集、整理和分析是决定承接项目的前提，更是防范风险的第一关。

2. 工程量清单复核

采用工程量清单招标时，业主会连项目施工图及工程量清单一同发布招标文件。总承包商应组织专业的预算人员，仔细核对图纸，复核业主提供的工程量清单，确保无重大漏项缺项，以免中标后给企业带来重大损失。特别要注意对业主所在地当地规范和政策的收集和学习，防止出现在招标文件中明示投标人应该在投标报价时考虑的因素出现遗漏。

3. 主合同的谈判

承包商谈判团队应由下列人员组成：具有综合知识和技能的主谈人员、复谈人员（包括技术人员、商务人员）、合同工程师和律师。谈判团队的时间应有具体的职责划分，并应具备使用合同规定的语言直接进行沟通的能力。

（1）收集信息

承包商在准备谈判时，应针对具体的总承包项目收集相关信息，包括：

a. 业主与业主谈判人员的信息；

b. 总承包合同本身的性质、规模、技术复杂程度、水文地质条件、工期要求等，与该项目其他合同的相互影响程度等信息；

c. 谈判议题信息，即与设计、采购、施工安装和试运行等谈判议题相关的信息，特别要关注因设计、采购、施工与试运行进行整体优化带给己方的谈判优势信息；

d. 承包商自己的公司和谈判人员信息。

承包商应对收集到的信息进行筛选，分类和评价，保证信息的真实性、可靠性和谈判议题的相关性，做到知己知彼。

（2）谈判议题

招商在合同谈判阶段涉及的主要议题应包括但不限于：预付款；总承包合同工作范围；业主要求；组织接口问题；项目风险分配；项目组织与各类管理程序；承包商文件价格与支付问题；对业主人员的培训；工程设计，生产材料和承包商文件的保险；争议解决程序。

4. 主合同的签订

正式合同签订之前，合同评审专家应进行合同评审，合同评审包括下列内容：

a. 适用法律。律师对拟签总承包合同的内容从适用法律角度进行审查。

b. 组成合同的全部文件是否完备，谈判所达成的相关事项是否正确地写入了工程总承包合同之中。

c. 业主要求和工程总承包合同工作范围的审查。

d. 合同价格的合理性和完备性。

e. 合同风险分析及其对策。

对于合同谈判过程中的附加协议、会议纪要、备忘录等文件，在工程总承包合同中应以书面形式确认。承包商应注意审查这些文件与工程总承包合同的一致性，并确定其效力的优先次序。签订时如果不是公司授权法定代表人直接签约，应出示授权委托书，由委托代表在合同协议书上签字，分别加盖双方公司印章，明确合同签署日期和生效日期。

2.2.2.2　分包合同管理内容

分包合同管理属于总承包合同履行过程中一系列的后续工作，本阶段具体的工作内容是：分包范围的划分、分包单位的选择、分包合同的洽谈、分包合同的签订。

1. 分包范围的划分

工程总承包项目确定合同范围，便可对分包工程进行合同内容确定。但是，分包的范围必须经建设单位认可，禁止将建筑工程主体结构的施工进行分包，禁止将工程分包给不具备相应资质条件的单位。分包商应根据主合同约定的具体要求来划分施工范围，在后续参与项目时必须在划分范围内组织施工任务，避免因划分不清引发纠纷。项目分包范围一般分为：设计分包、采购分包、施工分包、其他咨询分包。

a. 设计分包：设计分包是指总承包商将部分设计工作分包给一个或多个设计单位进行，明确设计分包的职责范围，订立设计分包合同，确保设计目标和任务的实现。

b. 采购分包：采购分包是指总承包商将设备、材料、劳务分包给有经验的专业服务商，明确采购和服务的范围，订立采购分包合同，完成项目采购的目标和任务。

c. 施工分包：施工分包是指总承包商将土建、安装工程通过招标投标等方式分包给一个或几个施工单位来进行，明确施工和服务职责范围，订立施工分包合同，完成施工的目标和任务。

d. 其他咨询分包：其他咨询分包是指总承包商将有关咨询服务分包给有经验的咨询单位，明确咨询和服务的范围，订立咨询分包合同，完成项目其他咨询分包的目标和任务。

2. 分包单位的选择

建筑市场上分包单位鱼龙混杂，数量众多，素质参差不齐，因此选择分包单位要谨慎，主要从几个方面入手。

（1）审核分包单位资质证书

分包单位要按照自身已完成的建筑工程业绩、技术装备、专业技术人员和注册资本等资质条件申请资质，拥有资质证书后，才能在其资质等级许可的范围内进行现场施工。资质证书是指企业有能力完成一项工程的证明书，是分包方准入手续。施工总承包企业审核分包资质时，要审核营业执照、资质证书、安全生产许可证等是否与承接的分包工程等级相符。

（2）考察分包单位施工能力

分包单位庞多复杂，无序流动，施工总承包企业要对分包单位承建的分包项目进行现场实地考察，所参与的项目施工质量是否符合规范要求，是否获得过质量安全等相关奖项，通过考察的分包单位在后期施工过程中能更好地合作，使工期进度质量安全处于可控范围之内。

（3）考察分包单位履约能力

总承包单位对分包单位的信誉及履约能力应进行充分的市场调研，并进行考察及评价。考察分包单位是否具有良好的信誉和全面履行合同的能力，包括：是否具有施工必需的设备、专业的分包施工队伍，是否严格按照合同要求进行资源投入、材料管理、配置施工人员等。

（4）建立合格分包单位库

为更好地保证总承包单位所承建工程的成本、安全、质量和进度，建立与分包单位的长期战略合作关系，总承包单位可以建立合格分包单位库，实现分包单位资源有效整合和信息共享，实现分包单位采购的标准化、透明化、集中化，便于帮助项目部在分包管理过程中节约成本、节约工期。

3. 分包合同的洽谈

建筑工程项目分包合同管理中，洽谈分包合同条款是关键步骤。负责洽谈的人员必须具有极高的专业素质、综合能力以及心理素质，同时熟悉行业动向和市场行情，保证在洽谈过程中能够熟练应用谈判技巧，为企业谋得最大利益。

（1）拟定合同条款

合同内容主要包括工程名称、分包单位名称、施工地点、分包项目及范围、施工工期、工程造价、总分包单位的主要职责、工程价款的结算方式等内容。合同内容必须全面。不全面的合同容易发生误解让对方产生歧义，最终导致合同无法履行或者引起争议。

例如：工期延误的规定。对于发包人只是完成的关键工期，承包人必须按时完成。由于发包人原因，造成关键线路的关键工期拖延，影响了工程总计划的按每拖延一天赔付。额度为合同价款的0.01%。

（2）约定违约责任

违约责任是指合同当事人不履行和不适当履行合同应承担的法律责任，违约责任的承担方式主要有继续履行、采取补救措施、赔偿损失、支付违约金、返还定金。当发生分包纠纷时应依照法律法规和合同约定解决。若分包单位将分包工程进行转包或再行分包，不能按期完成分包工程或质量不符合要求等，则施工总承包企业有权单方面解除合同，并由分包单位承担合同约定的违约金等。

例如：设计缺陷的规定。由于施工图设计错漏及返工，或由于承包人施工错漏或延误工期等原因引起的工程变更，属于承包人应承担的风险，以上费用已包含在合同报价中，同时还应对发包人承担相应的赔偿责任。

4. 分包合同的签订

签订合同必须遵守国家的法律、政策及有关规定。除法定代表人外，必须是持有法人授权委托书的委托人，委托人必须对企业负责。

签订合同之前必须认真了解当事人的情况以及对方近年的信誉及工程业绩，签订合同必须贯彻“公平、合理、自愿”的原则和“物美价廉、择优签约”的原则，合同除签字外一律采用书面格式，并在合同管理部门进行备案。合同签订时注意以下两点：首先要注明双方的单位全称、签约时间和签约地点；其次双方都必须使用合同专用账户公章，严谨使用财务章，注明合同有效期限，并加盖骑缝章。

2.2.2.3 工程总承包合同条款的编制要点

《示范文本》由合同协议书、通用条款和专用条款三部分组成。其中通用条款是对合同双方权利和义务的原则性约定，一般不做改动，而合同协议书和专用条款中的内容都需要根据项目情况由承发包双方进行明确和细化。

在合同签订和执行的过程中，项目的工作范围、项目目标、合同价款、支付方式、变更约定和工程结算等内容往往是承发包双方合同谈判和产生争议的重点，相关条款的拟定对于项目的顺利实施和交付影响较大，结合实际工程总承包项目的合同签订和项目实施情况，对以下合同要点进行梳理：

1. 工作范围约定

合同协议书和专用条款中应对工程范围进行详细约定，范围条款应清晰准确，避免内容混乱、前后描述不一致的现象。发包人计划另行发包的专业工程与工程总承包方的工作范围描述要清晰，尽量避免“包括但不限于”等字眼；对于发包人与工程总承包方在前期报建手续办理方面的工作界面和费用承担情况应明确约定，对于行政主管部门来说，前期手续的责任主体一定是建设单位。若将这部分工作划入工程总承包的工作范围，工程总承包方实际是以发包人名义去办理报建手续，发包人必须提供工作便利和支持，同时承担前期相关的费用。

2. 项目目标约定

(1) 工期的约定

工程总承包项目一般以方案设计或初步设计为基础进行招标，合同工期一般涵盖施工图设计、前期报建、施工、竣工验收、试运行、项目交付的整个过程。工期的设置既要考虑单个阶段的周期，如设计周期、前期报建周期、施工周期，又要考虑基于总承包项目的各个阶段的交叉，体现工程总承包模式的工期优势。

(2) 质量的约定

应从设计和施工两方面约定，要求符合现行国家、地方和行业标准、规范要求。如果发包人对工程质量有更高的要求，可设置质量评优的奖励条款。

(3) 投资的约定

对于非固定总价模式的工程总承包合同以及总价合同中的暂定价部分，一般会有限额设计的要求。对于采用固定单价或费率模式结算时，一般应约定总投资的限额以及节余或超出投资的奖惩措施。

(4) 安全、环境、职业健康（HSE）的约定

一般项目都要求“零伤害、零污染、零事故”。部分项目因质量评优的要求，需要在合同中约定对于安全文明施工的更高要求，例如评选省级或市、区级“标化工地”。

3. 合同价款约定

合同价款的约定与合同所采用的计价模式相关。《示范文本》强调了工程总承包模式下合同价格形式应为固定总价合同，合同价款包括了承包人根据工程总承包合同应承担的全部义务，以及为正确地设计、实施和完成工程并修补任何缺陷所需的全部有关事项的费用。固定总价合同应将总价的范围表述清楚，最好能有项目清单。同时，需明确暂估价工程及暂列金额工程的具体内容和金额。

合同中应约定关于市场价格波动是否调整工程价款。一种是约定承包人承担所有市场价格波动的风险，合同价格不因市场价格波动而调整，但只适用于工期较短的小型项目；另一种最常见的是约定市场价格波动（根据工程造价管理部门公布的价格指数）超过一定比例，则调整合同价款。合同中应明确具体的调整计算方法和调整程序。部分项目如果在合同中采用固定单价或费率的计价模式，其合同价款都为暂定价，最终的合同价款需要根

据合同中约定的结算依据、结算方式和中标下浮率得出。

4. 支付方式设定

支付方式条款要保证支付方式清晰明了，具有可操作性，应明确支付的时间、支付的节点、支付的认定以及支付的比例。工程总承包合同价款一般由工程设计费、建安工程费、设备购置费、工程总承包其他费四部分组成。因为四类费用分别对应不同的工作内容也对应于不同的税率，建议分别设置支付条款。工程设计费一般按里程碑节点付款，设计费一般在方案设计深化完成、初设评审通过、施工图审合格、竣工验收备案等里程碑节点付款；建安工程费和设备购置费的支付方式可以分两种，一种是按月工程进度申请付款，另一种是按形象进度或者里程碑节点支付，比如将支付节点设置在基础完成、主体结顶、机电安装完成、装修完成、竣工验收等。一般投资规模大、工期长的项目适用按月工程进度申请付款。而投资不大、周期相对较短的项目，适用形象进度支付。属于工程总承包其他费的工程总承包管理费一般按里程碑节点付款，可在施工图审合格、施工许可证办理完成、主体结顶、竣工验收合格、项目交付等设置支付节点。

5. 工程变更约定

在《示范文本》的通用合同条款中已约定得较为明确。专用条款中应约定当合同中没有可参考的人工、机具、工程量等单价信息时，变更价款的确定方式，可以约定采用预算定额、信息价，并约定税费方式。对于变更价款的支付，可以约定当工程变更按规定办理完毕的，计入当期工程价款，在进度款支付时一并支付；也可以约定变更价款统一在竣工结算时支付。但当工程变更存在争议的时候，建议在结算时统一支付。

6. 工程结算约定

固定总价合同的结算价格由固定合同价格及按合同约定进行的调整、变更合同价款、索赔，以及违约责任相关的扣款组成。固定单价和费率合同的结算，应在合同的专用条款中约定详细的结算方式。比如费率合同可约定工程费根据经审定后的施工图纸，工程量按实结算，价格按照定额等当地的计价依据、约定的费率水平，有价材料按信息价（按照一定工期区间的信息价算术平均值计入）、无价材料按市场签证价计算。合同对于设计费和工程总承包管理费的结算方式也应约定清晰。为提高结算效率，减少争议，可以在合同中约定若发承包双方不能就竣工结算整体达成一致时应当就竣工结算中双方无异议的部分达成一致，结清该部分款项。

7. 工程担保约定

工程总承包合同中一般有工程履约担保、质量保证金、工程款支付担保和预付款担保。合同中应约定各类担保的形式、金额、期限及返还。合同履约担保一般在中标后合同签订之前提供，担保期限至工程竣工验收合格之日。合同履约担保和工程质量担保的时间不能重叠。履约保证金不得超过合同金额的10%。《示范文本》明确了发包人提供支付担保的义务，强调了发包人应当向承包人提供支付担保。

支付担保可以采用银行保函或担保公司担保等形式。其金额可以和履约保证金相同。质量保证金是用来保证承包人在缺陷责任期内对建设工程出现的缺陷进行维修的资金。缺陷责任期一般为1年，最长不超过2年，从工程通过竣工验收之日起计，质量保证金不应与质量保修期挂钩。质量保证金的预留比例不得高于工程价款结算总额的3%。担保的形式有现金、银行保函等。

能力训练

工程总承包合同类型繁杂，作为总承包商需要整合各方资源、系统集成管理，梳理分包商信息，聚焦核心、探寻本源，形成“上面千条线，下面一根针”的工作机制，做好签订合同的各项准备。

训练 2-15：面对繁多的分包合同，应如何部署完成分包合同

总承包方 GQ 公司接到 AAA 医院工程，该项目为应急工程，分两个区段，装配式隔离病房楼和负压隔离病房楼。装配式隔离病房楼主要采用集装箱板房，合约部协作多部门迅速约见多家板房单位，经过设计单位、甲方、项目指挥部共同研究确定厂家、谈定板房供应合同，而该项目分包合同类型繁杂，涉及多方参与主体。

答案

AAA 医院项目分包合同体系

训练 2-16：面对众多交织的合同该如何进行合同管理

AAA 医院项目，共签订劳务、专业分包、物资合同、机械合同等合计 25 份分包合同，面对众多交织的分包合同，总承包商该怎么办？

请小组讨论、整理意见，分组汇报以下问题：

（1）训练 2-15：如果你是合约部经理任达，分包合同架构如何构建？

（2）训练 2-16：如何协作好各部门协同进行分包合同管理？

总承包项目工作内容繁多，加之现场情况复杂多变，合同纠纷往往不可避免。作为合约部员工，不仅要熟悉常见的纠纷处理流程和方法，更应针对具体问题，研究灵活的解决方案，提高项目管理效益。

训练 2-17：紧急工程，先进场后签合同，导致的合同签订纠纷应如何应对

由于业主对本项目的工期要求紧，开工早，GQ 公司在短时间内根本完成不了内部的施工分包采购，在投标时经过多方物色对比洽谈，最终选择了 A 公司为分包单位；但在开工后，A 公司反悔进场前谈妥的条件，多次扯皮，导致合同签订滞后。

训练 2-18：紧急工程，合同评审时间长，导致的合同工程延误应如何应对

AAA 医院项目工期非常紧张，合同数量多（有 25 份），每个合同都需要走院里的合同评审、签署审批流程，为了加快进展，项目部安排专人密切跟踪督促，安排项目人员常驻业主所在地亲自办理相关事项，但在合同评审过程中，提出的不同意见，业主基本未采纳。

请小组讨论、整理意见，分组汇报以下问题：

（1）训练 2-17：若你是合约部经理任达，如何预防合同签订时的扯皮现象？

（2）训练 2-18：若你是合约部经理任达，对于合同评审占用时间过长的问题，如何建议实施？

场景 2.2.3

AAA 医院项目开工前，合约部经理任达组织合约组、法务组、商务组、成本组召开合同交底及工作部署会议，要求各组深刻学习合同条款，认真梳理合同履行过程的各项工作，有效处理各类合同文件及纠纷问题，及时做出风险预案。各小组既要明确各自职责，又要相互配合，保障履约阶段合同管理的完美收官，如图 2-37 所示。

图 2-37　场景 2.2.3

《谏逐客书》中写道，“太山不让土壤，故能成其大；河海不择细流，故能就其深”，就是告诫我们要坚持包容开放、互利共赢、诚实信用的原则，形成命运共同体，确保总承包项目顺利推进，实现合同目标。

合约部经理任达要求实习生小丁，围绕本次会议精神重点学习以下两方面内容：

（1）履约阶段各部门合同管理的主要工作内容有哪些？

（2）履约阶段合同管理的要点有哪些？

知识导入

2.2.3　恪守履约阶段的合同管理

履约阶段合同管理可划分为主合同管理和分包合同管理两部分，其中：主合同管理分为合同交底、合同控制、变更管理、索赔管理等工作；分包合同管理分为分包单位资料管理、分包单位施工管理、分包单位考核管理等工作。如图 2-38 所示。

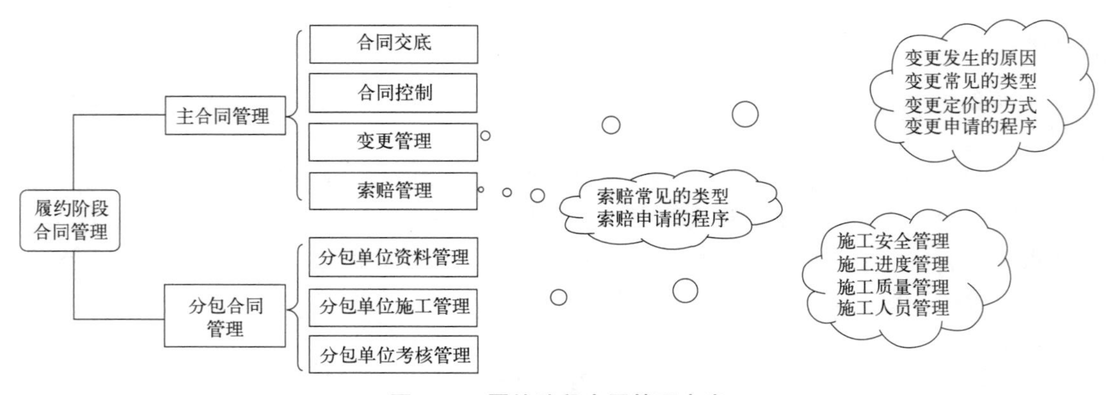

图 2-38　履约阶段合同管理内容

2.2.3.1　主合同管理内容

主合同管理主要内容：按照工作流程主要是在熟悉和了解合同文本、业主要求的基础上，进行责任分解、确定合同控制目标；进行合同交底、检查跟踪合同履行情况；对合同进行签证变更管理；对合同中发生的违约进行索赔、争议处理。

1. 合同交底

总包商应积极组织相关人员进行工程总承包合同的交底，对影响合同执行的重点问题及风险向管理人员进行交底，并将项目管理目标分解下达，提醒管理人员必须严格履行合同职责和义务。合同交底后需形成书面交底文案，使得项目管理团队能全面、准确地理解合同要求，明晰合同责任义务及合同风险点，使工程严格按月实施。

根据合同内容进行责任分解，明确工程总承包合同履约责任（详见附件 2-1：工程总承包合同履约责任分解表）。

结合投标报价交底，合同交底对合同主要条款及重点条款进行交底与解读，提出相应的要求及措施（详见附件 2-2：工程总承包合同交底记录表）。

合同管理部门建立工作台账，负责合同分类及登记（详见附件 2-3：合同分类登记台账）。

2. 合同控制

合同控制是指双方通过对整个合同实施过程的监督、检查、对比引导和纠正来实现合同管理目标的一系列管理活动。在合同的履行中，通过对合同的分析、对自身和对方的监督、事前控制，提前发现问题并及时解决等方法进行履约控制。

（1）分析合同、找出漏洞

对合同条款的分析和研究不仅仅是签订合同之前的事，它应贯穿于整个合同履行的始终。不管合同签订得多么完善，都难免存在一些漏洞，不可避免会发生一些变更，分析合同中的某些条款可能会有不同的认识。这样可以提前了解产生争议的可能性，提前采取行动，通过双方协商、变更等方式弥补漏洞。

（2）制定计划、随时跟踪

对合同进行定期跟踪，能够帮助项目管理层清晰地把握合同实施进展、合同执行情况、重点事项及风险的执行程度等，能够对合同的发展走向和预期结果有清晰的认识。具体工作包含以下三个方面：

a. 设立文件归档管理系统。合同跟踪管理过程会产生大量的文件资料，设立合同文件归档管理系统能够对合同文件进行科学、系统的收集，并且进行文件的整理与保存，使有用信息得到妥善保存及有效利用。

b. 执行报告文件行文制度。总包方、业主、监理和分包方之间涉及的各种状况与问题，都要在书面上体现出来，并以书面文件作为最终依据。在合同实施过程中，任何设计合同的改动，都需要由专职合同管理人员提出并传达，并需要进行书面归档，做到管理行为留痕。报告按时间可分为日报、周报、旬报、月报。

c. 建立重要事项跟踪体系。对重要合同事项及合同风险的跟踪是对具体时间的跟踪活动，主要包括跟踪具体工作完成情况、执行力度和偏差情况。当遇到异常状况时，要对其进行深度分析，找出与既定目标相偏离的原因。

（3）组织协调、通力合作

合同的执行需要各个部门的通力协作，合约部门应该针对不同部门的工作特点，有针对性地进行合同内容的讲解，用简单易懂的语言和形式表达各部门的责任和权利，对承包商的监督内容等较为关键的内容进行辅导性讲解，以提高全体人员履行合同的能力。

3. 变更管理

变更指工程实施中，由于市场的变化、国家相关法律法规变化、设计采购施工条件的变化使实施的工程与签约的工程发生了变化。没有业主发出的变更令，承包商不得改变总承包合同的任何内容。

（1）变更发生的原因

a. 技术规范、标准变更

b. 工程设计变更

c. 施工中出现不可预见的外界条件

d. 出现了合同范围以外的额外工程

e. 现场施工条件变化

f. 施工进度或顺序变更

g. 法律法规变更

（2）变更常见的类型

依据变更提出的原因，变更类型可分为：业主直接发出变更令，承包商提出变更建议书，承包商提出的合理化建议。若业主口头指令承包商进行变更，承包商应在合同规定的期限内以确认函的形式向业主提出书面确认（详见附件 2-4：合同变更申请表）。

依据变更引起的结果，变更类型可分为：费用变更、工期变更和合同条款变更。最容易引起双方争议和纠纷的是费用变更，因为无论工期变更还是条款变更，最终都可能归结为费用问题。合同中通常会规定变更的费用处理方式，双方可以据此计算变更的费用。

（3）变更定价的方式

总承包合同中有适用变更工作的价格，应按照合同已有价格计算变更工作价款。

总承包合同中有类似变更工作的价格，可参照合同中此价格计算变更工作价款。

总承包合同中没有适用或类似变更工作的价格，承包商应与业主协商重新确定变更工作的价格。

（4）变更申请的程序

工程总承包单位应制定合同变更的相关管理办法，明确责任人及相关人，特别注意明确权限设置；要对总承包合同及分包合同进行约定，特别注意合同中的时效约定；所有的变更、签证都必须有书面文件和记录，并有合同约定权限的相应人员签字。由业主或设计提出的工程变更管理流程，如图 2-39 所示。

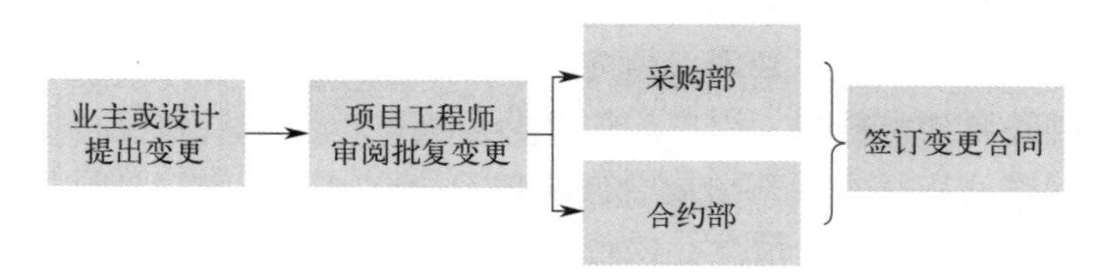

图 2-39　总承包项目合同变更流程

4. 索赔管理

索赔指由于合同一方违约而导致另一方遭受损失时，无违约方向违约方提出的费用或工期补偿要求。总承包商向业主索赔以及业主对总承包商的反索赔是合同赋予双方的合法权利。

（1）索赔常见的类型

a. 按索赔依据可分为合同内索赔、合同外索赔、道义索赔。

合同内索赔是指可以直接在合同条款中找到依据，这种索赔较容易达成一致。如履行业主变更指令形成的成本补偿。

合同外索赔是指索赔的依据难以在合同条款中找到，但可从合同条款推测出引申含义或从适用的法律法规中找到依据。如某项目在实施中所在城市新颁规定——所有外来务工人员都必须购买“综合保险”所产生的费用索赔。

道义索赔是指在合同内外都找不到依据或法律根据，但从道义上能够获得支持而提出的索赔。这种索赔成功的前提一般是业主对承包商的工作非常满意，承包商因物价上涨等因素导致建造成本增大，业主预期双方将来会有更长远的合作。如向业主申请“赶工奖励”就属于此类补偿。

b. 按索赔目的可分为工期索赔、费用索赔。

工期索赔是指因非承包商自身原因造成的工程拖期，承包商有权要求业主延长工期，避免后续的违约和误期罚款。

费用索赔是指由于业主的变更或违约给承包商造成了经济上的损失，承包商可要求业主给予经济补偿。

（2）索赔申请的程序

总承包项目主合同和分包合同的索赔管理流程，如图 2-40 所示。

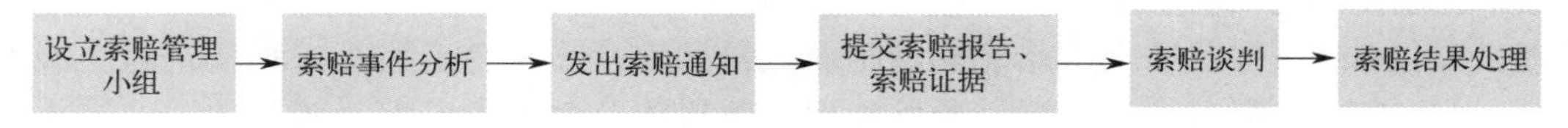

图 2-40　总承包项目主合同和分包合同的索赔管理流程

a. 索赔管理小组应由具备专业知识的人员组成，且人员组成不宜经常调动。如果索赔数额较大，而双方对问题的认识进入僵持状态时，应考虑聘请高水平的索赔专家，协助进行索赔。

b. 索赔小组应在规定时限内向对方发出索赔通知，并提出书面索赔报告和索赔证据。

c. 索赔谈判时需注意索赔谈判的策略和技巧，准备充分、客观冷静、以理服人、适当让步。

d. 按最终商定或裁定的索赔结果进行处理，索赔金额可作为合同总价的增补款或扣减款。

（3）索赔管理的要点

a. 业主无过错事件。比如恶劣气候条件和不可抗力等给承包商造成的损失，承包商有责任及时予以处理，尽早恢复施工，然后再提交影响报告和证据提出补偿请求。

b. 工期索赔的原则。对于承包商自身原因造成的延误，业主不予补偿工期；对于业主自身原因造成的延误，则给予工期补偿；对于外部原因引起的延误，则根据总承包合同的相关规定执行。

c. 重视反索赔工作。业主要加强过程监督和管理，收集必要的工程资料，减少承包商对业主的索赔，也可作为反索赔的依据。承包商要多研究反索赔的理论与实践，尽量不给业主以反索赔的机会，或尽量在索赔前做好应对业主反索赔的工作准备。

d. 减少分包索赔概率。总承包商还应尽量保证分包文件的严密性，保证设计质量，尽量减少设计变更，减少分包单位的索赔概率。

2.2.3.2 分包合同管理内容

分包单位确立后，做好分包单位的履约管理工作变得尤为重要，分包管理的各个环节中，最重要的就是对施工现场的管理。

1. 分包单位资料管理

分包单位资料管理是资料管理中的难点，首先，应要求分包单位的工程资料随工程进度同步成形，确保施工资料的真实性、完整性和有效性；其次，应要求分包单位配置持证上岗的专职资料员，定期对分包单位资料实行过程监督、定期检查，对检查出现的问题分包单位应限期整改；最后，分包资料应使用正版资料软件按照《建筑工程资料管理规程》的要求进行编制，编制完成后进行分类整理存档。

2. 分包单位施工管理

施工总承包企业项目部根据工程施工组织设计、施工方案以及合同，制定分包单位现场管理制度并做好协调工作，向分包单位明确施工安全管理、施工进度管理、施工质量管理和施工人员管理要求。

（1）施工安全管理

安全管理要坚持安全第一、预防为主、综合治理的方针，分包单位要制定安全生产技术措施计划，制定安全生产应急预案，完善救援措施。接受施工总承包单位项目部的安全管理。分包单位应按照安全生产法配备相应数量的安全员，施工人员进场要进行三级教育，岗前培训合格方可进场施工。项目经理部要检查分包单位的安全管理体系及安全措施，提出意见并督促落实到现场管理，确保安全生产。

（2）施工进度管理

分包单位要按照施工总进度要求编制进度计划，在施工过程中安排专人实时跟踪、检查督促分包单位按照进度施工，若出现进度偏差，及时进行纠偏，及时沟通协调，动态控制，避免对总工期造成影响。分包单位的人员、材料、机械设备进场均应按照施工进度有序进场，并做好书面记录，要做好物资管理工作，避免因物资供应不足影响工期进度。

（3）施工质量管理

项目经理部要建立质量保证体系，制定明确的质量目标，具有可操作性，分包单位要遵守项目经理部的质量管理要求。分包单位在施工前要严格按照施工方案进行技术交底，加强施工人员的质量教育，牢固树立创优争先的意识，并做好技术交底资料存档。要强化工序管理，严格实行自检、互检、交接检，还要通过监理验收，注重过程控制，以保证施工质量。

（4）施工人员管理

施工总承包企业应委派经验丰富、管理能力强的人员进驻现场，掌握现场施工生产的各个环节，以利于对施工进度、物资材料、安全质量等多方面的全面管理，分包单位进场施工前，应向施工总承包单位项目部提交劳务工使用计划，计划明确各专业工种需要的人数及进出场时间，特别是特殊工种的类别和具体人员清单、证书复印件、身份证复印件须进场前提供。派驻到施工现场的主要施工管理人员应相对稳定，所有人员均应当符合劳动法律法规的规定。

3. 分包单位考核管理

要建立科学、健全的分包管理制度保障，建立分包信用评价管理体系，制定履约考核激励机制，严格落实分包考核淘汰机制。在施工前对分包单位、分包施工队伍进行考察，在施工过程中严格考核进行动态管理，项目部每月对分包单位工期、质量、安全等方面的考核，以考核机制去激励分包单位，制定整改措施避免隐患扩大或重复犯错，推动分包单位在项目履约有序开展。同时施工总承包单位对分包单位提供必要的培训和技术支持，以培训服务提升分包履约能力。

2.2.3.3 工程总承包合同条款的风险及对策

1. 工程范围条款的风险及对策

(1) 工程范围条款的风险

工程总承包合同中，工程范围条款内容较多，对整个工程的约定也较为细致，这关系到工程开展及工程结算的关键条款。工程范围条款对项目工程的施工范围、施工内容、工程量以及具体的施工方法等信息都有着详细的约定，这是最终工程结算的重要依据。

(2) 工程范围条款风险的应对

基于工程范围的重要性以及工程范围条款在整个工程施工总承包合同中的重要地位，在实际的风险防范中，我们应做好项目工程范围的认定以及具体细节的确认，保证工程范围条款能够对项目工程施工过程中的所有细节信息进行详细的规定，并且在实际施工时具有可操作性，得到发包人与承包人的认可，做到工程范围条款清晰准确，避免内容混乱、前后描述不一致的现象的出现。通过细节的明确以及对工程范围的详细划分，尽可能最大限度地避免纠纷的出现，使整个合同能够保质保量地高效履行。

2. 支付方式条款的风险及对策

(1) 支付方式条款的风险

对于工程总承包合同而言，支付方式是发包方和承包方容易产生纠纷的重要节点，在支付方式条款上既要保证支付方式清晰明了，同时也要保证支付方式能够得到发包方的接受，并满足发包方和承包方双方的利益诉求。从目前合同的履行来看，在支付方式的条款上产生的纠纷主要在于支付的时间、支付的节点、支付的认定以及支付的比例。这几项内容在支付条款中应当明确，对于结算的方式以及支付的细节，在支付方式条款中也要做出详细的规定。如果内容规定得不细致，或者对支付方式含糊其词，将会给承包方带来较大的风险，会给发包方带来合同纠纷。

(2) 支付方式条款风险的应对

为了应对支付方式条款的风险，在工程总承包合同制定过程中，发包方应当充分考虑自身的利益和法律风险，要与承包方进行深入沟通，了解具体的施工情况以及承包方能够接受的结算方式，了解双方单位的具体合同履约能力和能够接受的支付方式，在支付过程当中满足双方的利益和诉求，提高支付的整体效果，在保证能够按时支付合同金额的同时又保证发包方和承包方双方之间不发生法律纠纷，进而避免双方因支付方式产生争议对簿公堂。

3. 变更索赔条款的风险及对策

（1）索赔变更条款的风险

工程总承包合同中通常会对实际工程量变更内容的索赔方式进行明确约定，一方面出于发包人自身利益的考虑，另一方面也是为了降低实际工程量变更索赔的风险。这种方式客观上保护了发包方利益，但是对工程承包方却十分不利。工程承包方在具体施工过程中容易因为实际工程量变更问题与发包人发生纠纷。所以，在具体的工程实际变更的相关条款中应当对合同双方的权利义务均进行详细的约定，方能有效保护工程发包方和承包方的利益。所以在前期的合同签订过程中，双方应充分洽商，使两者均能在具体的实际变更条款中就相关规则达成一致，减少双方的纠纷，使双方能够在相互尊重的前提下解决好变更索赔问题。

（2）实际工程量变更所涉索赔条款风险的应对

基于实际工程量变更所涉索赔条款的风险的重要性以及该风险对工程发包方、承包方的重要影响，在实际的合同制定过程中，应当充分地了解合同的具体情况和合同可能产生的法律风险，以基本的实际工程量变更索赔规则为依据，与工程发包方及承包方进行深入的沟通，就实际工程量变更索赔规则以及其中的细节条款充分洽商，就关键问题达成一致，提高双方认可度，使整个实际工程量变更索赔风险能够降到最低。另外，承包方在合同签订时应当了解关于实际工程量变更所涉索赔条款的细节规定，在尽可能保证自身利益不受损失的情况下签订合同，避免工程实际完工后无法维权。

4. 逾期罚款条款的风险及对策

（1）逾期罚款条款的风险

在工程总承包合同中，工程发包方为了保护自身利益，往往会增加逾期罚款条款。逾期罚款主要是指承包方如没有按照规定的日期完成工作内容，对承包方处以一定比例罚款。在这一环节上，罚款的规则以及罚款的内容和罚款的具体细节信息往往对工程承包方会存在不利的情形。为了保证合同签订双方能够减少纠纷，应当在合同签订前就对逾期罚款的具体条款内容进行正确的认定，友好地协商一个双方均能认可的尺度，避免后续纠纷的发生。

（2）逾期罚款条款风险的应对

基于逾期罚款的特点以及逾期罚款支付能力所产生的风险，在风险应对过程中，承包方应当加强对逾期罚款条款的研究并制定有效的应对策略，充分地与工程发包方进行沟通，对存在争议的条款进行有针对性的了解，按照实际的情况提出疑问并申请工程发包方予以调整，通过这种形式能够使整个的工程合同签订更加有效，同时避免了双方争议的出现。

5. 违约责任条款的风险及对策

（1）违约责任条款的风险

工程总承包合同中，违约责任条款的风险对于合同双方而言都十分重要，违约条款既是对工程发包方的规定，同时也是对工程承包方的限制，双方在合同履约过程当中必须保证契约满足实际要求，还要提高履约能力。在这种情况下存在的主要风险在于，工程发包方的履约能力和工程承包方的履约能力是否能够满足要求，如果双方的履约能力不能够满足要求，那么在具体的违约条款规定当中，就要充分地考虑甲乙双方的实际情况，并按照甲乙双方的实际情况来修订违约条款。

（2）违约责任条款风险的应对

基于违约责任条款的风险以及对甲乙双方的重要影响，工程发包方和工程承包方应当对违约责任风险予以有效的重视，在违约风险确认中应当对违约风险的内容以及违约风险的特点进行认真分析，同时结合企业的实际履约能力与实际的履约情况合理地制定风险防范措施，保证履约能力符合合同要求，同时要避免违约责任条款中过于苛刻的内容出现。因此，在具体应对中应当保证违约责任条款与企业的实际履约责任相对应，以此才能够有效避免合同双方纠纷的发生。

专家答疑

困惑2-6：合同的优先解释顺序是什么？

答疑：工程总承包项目除专用合同条款另有约定外，解释合同文件的优先顺序如下：

（1）合同协议书；（2）中标通知书（如果有）；（3）投标函及投标函附录（如果有）；（4）专用合同条件及《发包人要求》等附件；（5）通用合同条件；（6）承包人建议书；（7）价格清单；（8）双方约定的其他合同文件。上述各项合同文件包括合同当事人就该项合同文件所作出的补充和修改，属于同一类内容的文件，应以最新签署的为准。在合同订立及履行过程中形成的与合同有关的文件均构成合同文件组成部分，并根据其性质确定优先解释顺序。

困惑2-7：合同准备阶段风险识别审核有哪些？

答疑：合同准备阶段风险识别审核包括：

（1）关于工程服务范围：首先审核合同文件是否规定了明确的工程范围，注意总承包商的责任范围与业主的责任范围之间的明确界限划分。

（2）关于合同价款：重点审核合同价款的构成和计价货币，注意汇率风险和利率风险的分担，合同价款的调整办法。

（3）关于支付方式：对于现汇付款项目，重点审核业主资金的来源可靠性、自筹和贷款比例等；对于延期付款项目，重点审核业主对延期付款提供什么样的保证，如银行担保、银行备用信用证或银行远期信用证等。

（4）关于法律适用条款和争议解决条款：通常规定适用项目所在国的法律，否则是不能同意的。

困惑2-8：合同谈判阶段风险识别审核有哪些？

答疑：合同谈判阶段风险识别审核包括：

（1）一丝不苟地复核合同文件：总承包合同中都规定承包商有复核合同的义务，如果合同中存在某些错误、疏忽及不一致，承包商还有修正错误、遗漏和不一致的义务。

（2）认真仔细审核合同价款：审核合同价款的构成和计价方式，汇率和利率风险的分担方法，分段支付是否合理，特别注意合同生效或开工令生效，必须以承包商收到业主的全部预付款为前提，否则承包商承担的风险极大。

（3）切实注意合同文件的缺陷：总承包合同要求承包商对合同文件中业主提供的资料准确性和充分性负责。因此，承包商应在竞标前就组织商务和专业人员查找招标文件中的缺陷，要求业主给予书面澄清，拔掉钉子或在报价中予以考虑。承包商的建议书将构成合同文件的一部分，因此建议书中要避免向业主做出数量、质量等方面太笼统的承诺。

能力训练

相较于传统模式，工程总承包单位需协调完成设计、采购、施工等多个阶段任务，要求总承包商与分包商建立充分的信任关系，并形成良好的互动模式。“选择了一个好的分包方，项目就成功了一半。”这是对分包方地位和作用的充分肯定，但避免不了总承包商与分包商会产生冲突，如何处理矛盾关系是双方履约过程中经常面对的问题。

训练 2-19：签约后，总承包商如何处理好与分包商的关系

AAA 医院项目，集装箱板房分包采购合同以通用合同为载体，完成合同签订后发现该合同某条款与价格清单相矛盾，分包商与总包商之间各执一词、互不退让。

训练 2-20：因变更引起的业主、承包商、分包商三方争议如何处理

AAA 医院在施工过程中，因设计构件的尺寸等问题业主方频繁变更设计内容，总承包方与预制构配件分包商的工作均受到了一定程度的影响，致使业主、总承包商、分包商三方就变更损失引起争议，总承包商拒绝实施变更，并向业主提出索赔申请。

请小组讨论、整理意见，分组汇报以下问题：

（1）训练 2-19：你若是合约部经理任达，该如何处理总承包商与分包商之间的关系？

（2）训练 2-20：该项目在履约过程中应做哪些合同管理工作？

工程总承包在国际工程中逐渐成为主流的项目管理模式。这为业主提供管理上便利的同时，也增加了总承包商的风险。工程总承包项目的建设规模、合同的复杂程度、涉及专业面的广度皆对项目的执行提出了重大挑战，项目管理人员更应如履薄冰，做好风险管理，以保项目顺利完成。请阅读以下场景，谈谈你的看法。

训练 2-21：研究招标文件意义大吗

合约部员工小张提出，项目这么紧急，把时间浪费在研究招标文件上意义不大，因为总承包项目招标文件中甲方提出的合同条款进行洽谈修改的机会很少，还不如把精力放在调研合作企业上。

训练 2-22：涉外项目合同中适用哪国法律

A 国投资商在中国投资一电力项目，实施过程中因工程款支付汇率问题，投资商主张以他国汇率计算。

请小组讨论、整理意见，分组汇报以下问题：

（1）训练 2-21：你对合约部小张的提议有何看法？

（2）训练 2-22：若你是合约部经理应如何处理？

场景 2.2.4

庄子的《人间世》有语：“其作始也简，其将毕也必巨”，指事情开头总是相对简单和容易，发展到后来，就会越来越复杂和困难。

AAA 医院项目经过多方努力，不忘初心，善始善终，项目各方均履行完各自的义务，相关人员也陆续撤场，合约部员工还在加班完成项目的最后收尾工作。此时实习生小丁也已转正，负责合同收尾相关工作，并对工程总承包合同收尾的管理内容进行了总结归纳，如图 2-41 所示。

图 2-41　场景 2.2.4

知识导入

2.2.4　复盘收尾阶段的合同管理

项目收尾是在合同双方当事人按照总承包合同的规定，履行完各自的义务后，进行的合同收尾工作。合同收尾后，未解决的争议可能需进入诉讼程序。工程总承包项目合同收尾主要包括合同归档和评价、工程仲裁与诉讼、竣工结算与审计。如图 2-42 所示。

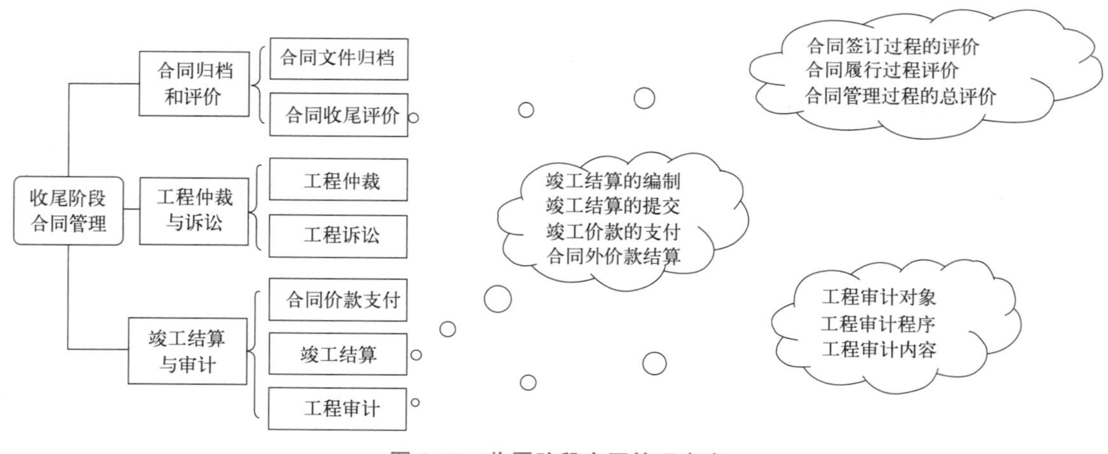

图 2-42　收尾阶段合同管理内容

2.2.4.1　合同归档和评价

1. 合同文件归档

工程总承包项目涉及专业多、周期长、合同繁杂，很多问题都需要依靠相应的资料予以佐证解决，因此需设置专门人员负责做好资料整理归档工作。在总合同签订后，合同管理人员就应该将合同文件妥善保存，合同收尾阶段，要对合同文件进行逐一整理。主要整理合同文本和各方来往文件，发现与合同不一致的及时进行沟通，需要合同变更的及时进行合同变更，运用信息化手段提高合同管理水平。

2. 合同收尾评价

工程总承包合同执行完后要进行合同后评价，及时总结经验教训，提高总承包单位的整体合同管理水平。合同后评价主要对以下三方面进行总结：

（1）合同签订过程的评价

评价重点：合同目标与完成情况对比，投标报价与实际工程价款对比，测定成本与实际成本对比。通过这三项对比总结出合同文本选择的优劣、合同条款制定、谈判策略等，对以后签订类似合同重点关注方面进行总结。

（2）合同履行过程的评价

评价重点：合同执行中目标履约能力的评价；合同履行中风险应对能力的评价；合同履行中索赔成功能力的评价。针对以上问题进行分析评价，并提出改进办法。

（3）合同管理过程的总评价

工程总承包合同风险虽然具有客观性、偶然性和可变性，但是项目合同的实施又具有一定的规律性，所以合同风险的出现也具有一定的规律性。通过以上情况的评价，找出合同管理中的问题和缺陷，对整个项目过程中合同管理的难题和解决难题的办法进行归纳总结，用以指导今后的合同管理工作。

2.2.4.2　工程仲裁与诉讼

1. 工程仲裁

仲裁属于法律程序，有法律效力。仲裁一般只在当事人之间进行，不具有公开性，仲裁环节相对简单、费用较低、时间较短，对各方当事人的影响较小。因此建议尽量通过仲裁的形式解决争议。

《中华人民共和国仲裁法》规定了两项基本制度：或裁或审制和一裁终局制，以保证仲裁机构决议的权威性。一些国内企业对此在认识上存在误区，认为协商不成可以调解，调解不成可以仲裁、仲裁不服可以起诉，片面地认为只有诉讼才是最具权威性和最有法律效力的措施，其实这种认识是错误的。

坚持能协商就协商，能调解就调解，能不仲裁诉讼就不仲裁或诉讼的原则。不管怎样，走上仲裁庭或法院对合同双方都不是一件好事，除非一方违反了合同的基本原则进行恶意欺诈。不论采用仲裁或诉讼都会劳神费力，尤其是旷日持久的取证、辩论，对公司商誉的影响、对双方的合作关系都是一种伤害。

2. 工程诉讼

对有些不接受仲裁的国家或双方当事人不愿意采用仲裁的情况，除了协商、调解之外的唯一解决办法就是诉讼。诉讼一般应注意以下几点：

a. 合同中尽量写明法律的适用规则以及争议提交某一指定国指定地点的指定法院。如果合同中未指定法院，那么可能会有两个或两个以上国家的法院有资格作出判决，而不同国家法院的判决结果可能是不同的，甚至某些国家不同州的法院的判决结果也是不同的。

b. 合同在选择适用法律时，要考虑合同双方对该法律的了解程度。该法律的哪些强制性规定会妨碍合同争端的合理解决，该法律的规则变化时如何处理，该法律适用于整个合同还是合同中的某一部分等。

2.2.4.3　竣工结算与审计

1. 合同价款支付

发承包双方应按照合同约定的时间、程序和方法，根据工程计量结果，办理期中价款结算，支付预付款、进度款。

预付款应按合同约定拨付，建安费原则上预付比例不低于签约合同价（扣除暂列金额）的10%，不高于签约合同价（扣除暂列金额）的30%，对重大工程项目，按年度工程计划逐年预付。进度款支付周期，应与合同约定的工程计量周期一致，发包人应按照不低于已完工程价款的80%，不高于已完成工程价款的90%向承包人支付工程进度款，剩余部分累计应不高于工程总价款的3%。

对于以设备为主的工程总承包项目，设备价款的支付按预付款、设备到场、设备安装调试合格并通过甲方验收、联合试运转、缺陷责任期满等节点进行。

建安费进度款应按不低于已完工程价款的70%，不高于已完工程的90%向总承包单位支付。发包单位不按合同约定支付进度款，双方又未达成延期付款协议的，由发包单位承担违约责任。以固定总价承包的项目建议按工程形象进度或者划分不同支付节点进行支付。

设计费进度款建议按设计阶段及设计提交成果的时间点设置进度支付节点；工程总承包管理费进度款建议同建安费进度款同比例支付。

2. 竣工结算

工程竣工后，双方应按照约定的合同价款、合同价款调整内容和索赔事项，以及发承包双方认可的已完工程量和施工过程的价款结算情况，进行工程竣工结算。

（1）竣工结算的编制

a. 建设项目竣工总结算由工程总承包人编制，发包人可直接进行审查，也可以委托具有相应资质的工程造价咨询机构进行审查。政府投资项目，由同级财政部门审查或者由委托相应资质的工程造价咨询机构进行。

b. 工程总承包人应在合同约定期限内完成项目竣工结算编制工作，未在规定期限内完成的并且提不出正当理由延期的，责任自负。

c. 政府投资项目，同级财政部门应当按规定明确先审查后支付清算资金机制，中央政府投资项目由项目竣工财务决算批复部门进行审查或者委托具有资质的工程造价咨询机构进行审查。

（2）竣工结算的提交

a. 最终竣工结算资料。发包人应在收到工程总承包方提交的竣工结算报告和完整的竣工结算资料后30日内，进行审查并提出修改意见，双方就竣工结算报告和完整的竣工结算资料的修改达成一致意见后，由承包人自费进行修正，并提交最终的竣工结算报告和最终的结算资料。

b. 未能答复竣工结算报告。发包人在接到工程总承包方提交的竣工结算报告和完整的竣工结算资料 30 日内，未能提出修改意见，也未予答复的，视为发包人认可了该竣工结算资料作为最终竣工结算资料。

c. 竣工结算审查期限。竣工结算审查期限应按发承包双方合同约定执行，合同未约定的，审查期限可参照《建设工程价款结算办法》中的时限，见表 2-7。

工程竣工结算审查期限　　表 2-7

序号	工程竣工结算报告金额	审查时间
1	3000 万元以下	从接到竣工结算报告和完整的竣工结算资料之日起 60 天
2	3000 万元～1 亿元	从接到竣工结算报告和完整的竣工结算资料之日起 75 天
3	1 亿元以上	从接到竣工结算报告和完整的竣工结算资料之日起 90 天

注:建设项目竣工总结算在一个单项工程竣工结算审查确认后 15 天内汇总,送发包人后 30 天内审查完成。

（3）竣工价款的支付

a. 根据确认的最终竣工结算报告，工程总承包人应向发包人提交工程竣工结算款支付申请。

b. 发包人应在收到工程总承包人提交的工程竣工结算款支付申请后 15 天内，根据确认的最终竣工结算报告，向承包人支付工程竣工结算款。

c. 工程竣工后，发包单位在支付工程价款中可按照合同约定保留不超过工程价款总额 3%左右的质量保证金，工程总承包单位可按照合同约定以银行保函的形式替代预留工程价款作为质量保证金，但不得用担保的银行保函替代。质量保证金保留期限或银行保函时限为承包单位工程质量缺陷责任期（一般不超过 2 年），在合同约定的质量保证金预留时限或保函时限内，承包单位未按合同约定履行工程缺陷修复义务的，发包单位有权直接从预留的工程质量保证金或保函中扣除用于缺陷修复的各项支出。在合同约定的缺陷责任期终止后，发包单位应将剩余的工程质量保证金返还给承包单位。

d. 发包人如未在规定的时间内向工程总承包人支付工程竣工结算款，应承担违约责任。工程总承包人可以催告发包人支付工程竣工结算款，如达成延期支付协议，发包人应按同期银行贷款利率支付拖欠工程价款的利息。如未达成延期支付协议，工程总承包人可以与发包人协商将该工程折价，或申请人民法院将该工程依法拍卖，工程总承包方就该工程折价或者拍卖的价款优先受偿。

（4）合同外零星项目工程价款结算

a. 工程总承包人未能按合同约定履行自己的各项义务或发生错误，给另一方造成经济损失的，由受损方按合同约定提出索赔，索赔金额按合同约定支付。

b. 发包人要求工程总承包人完成合同以外零星项目，工程总承包人应在接受发包人要求的 7 天内就用工数量和单价、机械台班数量和单价、使用材料和金额等向发包人提出施工签证，发包人签证后施工，如发包人未签证，工程总承包人施工后发生争议的责任由工程总承包人自负。

c. 发包人和工程总承包人要加强施工现场的造价控制，及时对工程合同外的事项如实记录并履行书面手续。凡由发包、承包双方授权的现场代表签字的现场签证以及发包、承包双方协商确定的索赔等费用，应在工程竣工结算中如实办理，不得因发、工程总承包双方现场代表的中途变更改变其有效性。

工程竣工结算以合同工期为准，实际施工工期比合同工期提前或延后，工程总承包人双方应按合同约定的奖惩办法执行。

3. 工程审计

（1）工程审计对象

工程总承包项目的结算审核根据项目特点，可采取竣工结算审核或项目实施阶段过程跟踪审核和竣工结算审核相结合的方式进行。跟踪审核单位目前一般由业主（建设单位）单位委托，也可以由同级财审部门进行委托，跟踪审计单位作为工程总承包项目结算审核的主体，依照法律法规规定的职责、权限和程序进行项目结算审核工作。

（2）工程审计程序

列入审价机关审核计划的工程总承包项目，其工程结算审核工作按照以下程序进行：

a. 由工程总承包单位编制工程结算书（包括建设单位方提出的设计变更及增加项目）。

b. 将工程总承包单位已编制完整的工程结算书交由该项目的监理工程师审核，并出具审核意见，工程总承包单位无异议后按照监理工程师的审核意见调整工程结算书，双方签章确认。

c. 项目法人（建设单位）对工程总承包单位调整的工程结算书进行复核，并与工程总承包单位达成一致意见后予以签章确认，以此作为工程结算、付款的依据。

d. 将经工程总承包单位、监理单位、项目法人（建设单位）签章确认的工程结算书上报业主或业主委托的社会审核机构进行审核，并出具审核报告。有过程跟踪审核的，竣工结算审核单位宜与过程跟踪审核单位为同一家单位。

e. 政府投资项目，同级财政部门应当对审核单位出具的审核结果进行审查，中央政府投资项目由项目竣工财务决算批复部门进行审查或者委托具有资质的工程造价咨询机构进行审查。其审计结果不应该作为竣工结算的依据。

（3）工程审计内容

工程审计主要包括下列内容：

a. 工程总承包合同、协议是否正确履行。

b. 工程结算编制的依据。

c. 工程量及主要材料用量、价格、人工费、材料费、机械使用费、定额套用等情况。

d. 各项综合取费基数、取费率等情况。

e. 设计变更、技术洽商、变更签证是否真实。

f. 对工程总承包单位的工程拨款和材料、设备价格控制等情况。

g. 与工程结算有关的其他情况。

h. 采用固定总价合同的工程总承包项目在计价结算和审核时，仅对符合工程总承包合同约定的变更调整部分进行审核，对工程总承包合同中的固定总价包干部分不再另行审核，审核部门可以对工程总承包合同中的固定总价的依据进行调查。

i. 在审核过程中要注意设计优化与变更之间的关系，对于固定总价类型的工程总承包项目，在不改变工程的规模、标准、质量的情况下，工程量增减的风险应由工程总承包方承担，不予审核。

专家答疑

困惑 2-9：什么是“背靠背”模式？

答疑：“背靠背”模式常见于单纯收取管理费模式的分包合同，即总承包将建设单位对其要求的大部分甚至所有权利和义务对分包方进行相应转移，承包方仅从中收取固定比例的管理成本。

“背靠背”模式的优点在于总承包方不再承担大部分甚至全部索赔风险，成本测算简单、固定，但是也存在不能通过索赔和反索赔扩大收益，对分包方缺乏有效的管控和激励手段的弊端。在项目索赔过程中遇到总包索赔无法成立而确需实施的工作，推进难度较大。此模式适用于陌生市场情况下，总承包方对分包方的诚信和履约能力进行充分考证后实施。

“背靠背”模式的弊端主要体现在由于在分包选择、商务谈判时，设计工程极可能尚未全部完成，对于分包成本、分包合同价款测算存在较大的不确定性，分包方很难接受设计超量等风险，即便前期签署了“背靠背”的合同，由于过于粗放的定价模式，在实施过程中一旦局部甚至个别发生超量情况，分包方可能会向总承包方提出索赔，也可能会造成现场消极怠工的情况，对超量设计内容拖延甚至拒不实施，同时设计优化产生的收益又难以起到激励作用，会使项目陷入两难境界。

困惑 2-10：什么是“量高价低”模式？

答疑：区别于“背靠背”分包合同模式，总承包方可采用“清单计价、按实计量”模式签订分包合同。即要求分包方对分包合同工作内容及工程量清单进行报价，最终按照实际发生的工程量、综合单价为依据进行分包结算。

总承包方在进行工程量清单编制过程中应秉承总价控制、工程量预抛的方式进行洽谈和招标，目的在于降低分包合同的综合单价，从而在分包索赔内容发生和认可后，对于分包索赔金额进行有效的控制。工程量预抛应基于可能存在的风险、设计深化优化水平控制相应的比例，不应盲目大幅度抛高后造成分包无法进行有效报价，这项工作应由合约部经理与设计部经理进行较充分的沟通后确定预抛系数。

能力训练

工程项目结束后的复盘推演是提升管理人员认知水平，丰富管理经验的关键一环。因此，应建立完善的合同后评价机制，对工程总承包项目进行全盘分析和研究，为之后的项目总结经验、规避风险，并为后续分包商的遴选提供依据。

训练 2-23：该项目合同收尾阶段应如何做合同后评价

AAA 医院总承包合同采用的是商务部固定格式，施工分包合同采用与总承包合同背靠背模式，致使一些常用条款缺失、规定不详，导致实施过程中产生分歧和纠纷。工程量清单缺项、漏项，合同量存在较多问题，造成施工分包商索赔以及总承包商的利益损失。

训练 2-24：施工分包合同类型的选择在风险管理方面的意义

AAA 医院项目合同价格偏紧，施工合同采用单价模式对总承包来说风险难以控制，因此 GQ 公司施工合同采用总价承包模式。明确了大部分的非总包方原因造成的条件变化（如外部条件供应不到位、地质条件变化、异常气候影响、当地人工低效等）不触发合同变更。通过招标选定 A 公司为施工分包单位，合同价款 5857.43 万元人民币，除经总承包批准的设计变更外，合同价款不作调整。

请小组讨论、整理意见，分组汇报以下问题：

（1）训练 2-23：总承包商和分包商在合同收尾阶段应如何做合同后评价？

（2）训练 2-24：试分析 GQ 公司选定此合同价格模式在风险管理方面的意义。

场景 2.2.5

图 2-43　场景 2.2.5

近年来，工程总承包相关的政策文件更新很快，为了更好地理解文件精神，合约部经理任达对《示范文本》和《管理办法》中涉及合同管理的内容进行了系统的学习和整理，如图 2-43 所示。

孔子在《论语》中说："学而时习之，不亦说乎？"这段古文强调了刻苦钻研的态度和与朋友共同学习的愉悦。告诉我们一个人一旦通过学习而掌握了要领，就可以将其转化为自己的思想和见解。

你了解：《示范文本》和《管理办法》中涉及合同管理的条款有哪些？

知识导入

2.2.5　解读工程总承包相关政策之合同管理

2.2.5.1　《示范文本》合同相关重点条款解析

第 1 条　一般约定

1.1.1　合同

【范本原文】

1.1.1.1　合同：是指根据法律规定和合同当事人约定具有约束力的文件，构成合同的文件包括合同协议书、中标通知书（如果有）、投标函及其附录（如果有）、专用合同条件及其附件、通用合同条件、《发包人要求》、承包人建议书、价格清单以及双方约定的其他合同文件。

【条文解析】

合同是民事主体之间设立、变更、终止民事法律关系的协议。其中包含发包、承包双方对本次合作目的及双方权利义务等重要协商议定事项。《民法典》规定："依法成立的合同，对当事人具有法律约束力。"即当发包、承包双方的合同依法成立时，发包、承包双方就要根据成立的合同行使各自的权利、履行各自的义务，并为之接受相应的限制，承担相应的责任。

【范本原文】

1.1.1.6　《发包人要求》：指构成合同文件组成部分的名为《发包人要求》的文件，其中列明工程的目的、范围、设计与其他技术标准和要求，以及合同双方当事人约定对其所作的修改或补充。

【条文解析】

《发包人要求》是合同组成的重要法律文件，不可忽视，是发包人在订立合同之初的需求，承包人也是根据这个需求进行报价，并通过磋商后形成了签约合同价。而在合同履行过程中，发包人通过“指令”“联系单”等形式提出的“要求”有可能构成工程的变更，会影响合同价格，因此要把《发包人要求》和发包人“要求”区分对待。承包人要有能力区分哪些新“要求”属于超出合同订立时的《发包人要求》，也要求承包人要在收到《发包人要求》时对其内容进行细致评审，对那些不明确和范围不明晰的发包人要求提出明确的意见，以避免手续变更产生的纠纷。

第 13 条　变更与调整

13.1　发包人变更权

【范本原文】

13.1.1　变更指示应经发包人同意，并由工程师发出经发包人签认的变更指示。除第 11.3.6 项［未能修复］约定的情况外，变更不应包括准备将任何工作删减并交由他人或发包人自行实施的情况。承包人收到变更指示后，方可实施变更。未经许可，承包人不得擅自对工程的任何部分进行变更。发包人与承包人对某项指示或批准是否构成变更产生争议的，按第 20 条［争议解决］处理。

【条文解析】

发包人发出变更指示是在行使一种权利，这种权利来自一种观点，认为工程总承包合同兼具承揽合同的典型特征，发包人的身份性质类似于承揽合同中定作人的身份性质，这类合同赋予了定作人可以更改定作要求的权利（但同样要承担一定赔偿责任），甚至赋予了定作人任意解除权。承包人在接到发包人的变更指示后如无法定理由和约定理由则必须执行，否则将承担责任。

第 13.1 款明确变更指示应经发包人同意并由工程师发出，未经许可，承包人不得擅自对工程进行变更。“变更指示”是对《发包人要求》的内容进行调整的一种行为，引发变更的事件可能是设计的变更、采购的变更及施工范围的变更，变更指示的发出可以由发包人主动发起，也可以在接受了承包人合理化建议后发出变更指示。

第 14 条　合同价格与支付

14.1　合同价格形式

【范本原文】

14.1.1　除专用合同条件中另有约定外，本合同为总价合同，除根据第 13 条［变更与调整］，以及合同中其他相关增减金额的约定进行调整外，合同价格不做调整。

14.1.2　除专用合同条件另有约定外：

（1）工程款的支付应以合同协议书约定的签约合同价格为基础，按照合同约定进行调整；

（2）承包人应支付根据法律规定或合同约定应由其支付的各项税费，除第 13.7 款［法律变化引起的调整］约定外，合同价格不应因任何这些税费进行调整；

（3）价格清单列出的任何数量仅为估算的工作量，不得将其视为要求承包人实施的工程的实际或准确的工作量。在价格清单中列出的任何工作量和价格数据应仅限用于变更和支付的参考资料，而不能用于其他目的。

14.1.3 合同约定工程的某部分按照实际完成的工程量进行支付的，应按照专用合同条件的约定进行计量和估价，并据此调整合同价格。

【条文解析】

2011 年版《示范文本》将初始价格命名为“合同价格”，结算价格命名为“合同总价”，而 2020 年版《示范文本》将上述两个价格在 1.1.5.1 和 1.1.5.2 定义为“签约合同价”和“合同价格”，此处的合同价格对应的是经过最终调整后的结算价格。

2.2.5.2 《管理办法》合同相关重点条款解析

第十五条【工程总承包的风险分担及建设单位承担的主要风险】

【办法原文】

建设单位和工程总承包单位应当加强风险管理，合理分担风险。

建设单位承担的风险主要包括：

（一）主要工程材料、设备、人工费价格与招标时基期价相比，波动幅度超过合同约定幅度的部分；

（二）因国家法律法规政策变化引起的合同价格的变化；

（三）不可预见的地质条件造成的工程费用和工期的变化；

（四）因建设单位原因产生的工程费用和工期的变化；

（五）不可抗力造成的工程费用和工期的变化。

具体风险分担内容由双方在合同中约定。

鼓励建设单位和工程总承包单位运用保险手段增强防范风险能力。

【理解与适用】

鉴于以上风险分配原则，《管理办法》在制定过程中，结合了以往的工程管理经验，确定以下风险由建设单位承担较为合理。

1. 主要工程材料、设备、人工费价格与招标时基期价相比，波动幅度超过合同约定幅度的部分

这就需要双方在签订合同时，约定一个合理的风险范围，价格涨幅在风险范围之内的由承包人承担，超出风险范围的超出部分则应由发包人承担。承包人在承担价格上涨带来的风险的同时，也应当由其享有在双方约定的风险幅度范围内价格下跌带来的额外收益，但如果价格下跌超过了风险幅度的，则应当由建设单位享有超过风险幅度部分的额外收益，这也是风险责任与机会对等的一种体现。本项调差的操作要同时满足出现市场价格波动和超出合同约定的幅度条件，所以合同约定明确的调差幅度是可以调整价格的基础。

2. 因国家法律法规政策变化引起的合同价格的变化

本条款中所称的法律法规政策的变化是有时间要求的，只有在基准日之后发生的变化才予以调整，发生在基准日之前的则不予调整。因为基准日的确定，已经综合考虑了招标投标的具体活动或订立合同前谈判协商所需的时间，承包人对此前的相关规定的变化应当充分了解并视为承包商已经将相关风险反映到合同价格中。

3. 不可预见的地质条件造成的工程费用和工期的变化

发包人相对于承包人更能有效地控制该风险，同时也便于将该风险向第三方勘察单位转移。而承包人在未实际参与勘察工作的前提下，其不具有风险预测、计划、控制的可能

性，故不宜将该不可预见物质条件的风险分给承包人承担。但是，当承包人发现无法预见的物质条件后，不仅需要及时向发包人书面报告，还应当采取合理措施继续施工，减少损失，否则无权就损失扩大部分获得补偿。

4. 因建设单位原因产生的工程费用和工期的变化

如因建设单位的原因发生工程费用和工期变化，此类责任为建设单位所导致，尤其是建设单位不履行或不完全履行其合同义务的违约行为，为承包人所无法预料，由此造成相应损失的，应由建设单位承担责任。

5. 不可抗力造成的工程费用和工期的变化

不可抗力引起的后果及造成的损失由合同当事人按照法律规定及合同约定各自承担。如因不可抗力导致的发包人雇佣人员的伤害，永久性工程和工程物资等的损失、损害，应当由发包人承担；因不可抗力导致的承包人雇用人员的伤害，承包人的机具、设备、财产和临时工程的损失，承包人的停工损失，应当由承包人承担。

不可抗力发生前已经完成的工程应当按照合同约定进行计量支付。但不可抗力所造成的工程费用的增加应由建设单位承担，主要包括：（1）因不可抗力引起或将引起工期延误，发包人要求赶工的，由此增加的赶工费用；（2）承包人在停工期间按照发包人要求照管、清理和修复工程及不可抗力消除后复工的费用由发包人承担。

第十六条【工程总承包的合同价格形式、计量规则和计价方法】

【办法原文】

企业投资项目的工程总承包宜采用总价合同，政府投资项目的工程总承包应当合理确定合同价格形式。采用总价合同的，除合同约定可以调整的情形外，合同总价一般不予调整。

建设单位和工程总承包单位可以在合同中约定工程总承包计量规则和计价方法。

依法必须进行招标的项目，合同价格应当在充分竞争的基础上合理确定。

【条文解析】

在传统的施工总承包模式下，承包人往往以“低中标、勤索赔、高结算”的策略实现盈利的目的，这在一定程度上导致发包人投资控制的预期目的无法实现，从发包人角度而言，其原本择优选择的合理低价方案，在最终结算时却无法实现，这也是导致“三超”现象频发的根本原因之一。故本条规定工程总承包的合同价格形式宜采用总价合同，意在加强合同价格的确定性，规避此类现象的发生。为保证依法必须招标的项目最终合同价格是合理、具有优势的，还规定了应在充分竞争的基础上合理确定。并特别强调采用总价合同的，除合同约定可以调整的情形外，合同总价一般不予调整。

【理解与适用】

本条中规定企业投资项目的工程总承包宜采用总价合同，政府投资项目的工程总承包应当合理确定合同价格形式（其中显然也包括固定总价的合同价格形式），是因为适宜采用工程总承包模式的工程项目，采用固定总价的合同价格形式较为恰当。对建设内容明确、技术方案成熟的项目，在发包时双方可以比较客观合理地测算合同价格，具备采用固定总价包干的方式进行发承包的条件和基础。

不论企业投资项目还是政府投资项目，一旦发承包双方约定采取固定总价的，顾名思义固定总价范围内原则上不应再按最终实际完成的工程量结算，双方当事人的结算审价或审计应针对合同约定可以调整的部分进行。因此，发包方和承包方在工程总承包合同中应当慎重、详细约定具体的合同价格形式以及计量规则和计价方法。

专家答疑

困惑 2-11：《示范文本》对工程总承包已经有了较为详细的条款约定，现在还有必要拟制新的工程总承包合同示范文本吗？

答疑：《示范文本》无法完全体现出《管理办法》的最新条款规定，因此制定新的合同文本也是很有必要的。国内企业“走出去”的过程和“一带一路”倡议的推行，客观上也要求制订新的工程总承包合同示范文本。

困惑 2-12：总承包合同洽谈时遇到了“保护伞协议”，“保护伞协议”具体指什么？

答疑：目前在国内“保护伞协议”还是一个罕见的内容，但是在国际总承包工程采购中，“保护伞协议”是一个常见的采购模式。“保护伞协议”是一种零值协议，并不直接为某特定的一次交易而缔约，而是为了合同期内会发生的不定次数的交易缔结的原则性协议，包括固定的型号、技术规范等的产品目录及对应的价格条款。简单理解就是采购方与供货方指定一个采购名录，明确名录中所有采购的材料设备的各项要求及对应价格，采购方承诺只要是名录中的材料设备就必须向该供货商采购，不得向其他供货商采购；而相对应的供货商同样必须承诺只要是名录内的材料设备，则必须按照名录中的要求及价格进行供应。

能力考核——知行合一、学以致用

陆游在《冬夜读书示子聿》说：“纸上得来终觉浅，绝知此事要躬行”，告诉我们如果想要深入理解知识，必须亲自实践才行。

请查阅相关资料，根据本节所学内容，解决以下问题：

1. 作为实习生小丁，请制定一份近期在合约商务部的工作计划

要求：以部门员工的角色结合自己的岗位，结合本课所学知识，制定一份工作计划，体现自己为该项目的顺利完成发挥的价值。

2. 列写《示范文本》和银皮书索赔条款的区别点

要求：请你通过网络或实际工程资源，学习《示范文本》及银皮书，对比两者对索赔条款的规定，分析两者的不同。

3. 查阅采用“保护伞条款”的典型案例，并撰写一份学习报告

要求：查阅相关资料，结合实际工程，总结“保护伞条款”的适用范围及与总承包合同示范文本的争议条款。

4. 查阅一个工程总承包项目资料，拟订一份合同清单

要求：分析 AAA 医院项目的资料，思考应签订哪些合同，列出合同清单，注明合同类型、合同主体、合同周期等内容。

5. 根据 AAA 医院的背景资料，填写一份合同交底工作

要求：拟定一个场景，角色代入，尽可能详细地填写交底工作表相关内容。

6. 以承包商审查合同文件的角度，拟订一份合同修改建议书

要求：查阅一个工程总承包资料，拟定一个场景，角色代入，根据相关法律法规条款或工程实际，尽可能详细地描述合同修改建议。

7. 根据给定的项目背景，列写一份总包合同与分包合同的管理要点

项目背景：我国单位承建的某国外水电站项目，本项目合同主要有两个主合同《水电站项目实施合同》和《水电站项目任务内部总承包合同》，一个施工分包合同《水电站项目施工分包合同》和 18 个采购合同。项目部通过充分利用预备费包干、工程保险等手段承担经营风险；签订背靠背施工分包合同，将大部分施工风险进行转移。

要求：结合给定项目，利用所学知识，查阅资料拓展知识，拟定场景，从合约部员工的角度分析项目总包合同与分包合同的管理要点。

8. 根据给定的项目背景，分析总承包商应如何规避合同中存在的风险

项目背景：北京某设计公司与某焦化公司于 2012 年签订了《×××综合利用项目技术改造工程总承包合同》(以下简称总承包合同)，将该工程项目的设计、采购、施工及试车任务委托总承包商进行工程总承包，总承包合同第二部分通用条款对合同价款及调整进行了约定，合同价款为固定总价，任何一方不得擅自改变，合同价款所包括的工程内容为初步方案设计范围所包含的工程范围。总承包合同专用条款又约定“本合同价款（暂定价）为 7800 万元，详见本项目的设计概算书”。合同中约定的文件效力解释顺序为协议书、通用条款、专用条款。本项目边设计、边施工、边采购，北京某设计公司主张结算工程款为 1.4 亿元，某焦化公司主张按固定总价 7800 万元支付工程款。

要求：结合给定项目，利用所学知识，尽可能详细地分析总承包商规避合同风险的措施。

附录

附件 2-1：工程总承包合同履约责任分解表

工程总承包合同履约责任分解表

序号	合同责任明细	目标与要求	责任部门/岗位	责任人	合同条款
1	勘察				
1.1	工程开工准备				
1.2	起草、洽谈、评审合同				
1.3	勘察标准、规范、相关法律法规				
1.4	勘察报告				
……					

续表

序号	合同责任明细	目标与要求	责任部门/岗位	责任人	合同条款
2	设计				
2.1	工程开工准备				
2.2	起草、洽谈、评审合同、设计分包合同				
2.3	设计标准、规范、相关法律法规				
2.4	设计方案				
……					
3	采购				
3.1	材料、设备种类				
3.2	采购招标、选择供应商				
3.3	采购合同洽谈、评审、签订				
3.4	材料、设备进场验收				
……					
4	施工				
4.1	临水、临电、临建				
4.2	施工许可、批件、备案等				
4.3	分包单位招标				
4.4	分包合同起草、洽谈、签订				
……					
5	现场管理				
5.1	安全、文明				
5.2	环境卫生				
5.3	现场安保				
5.4	外围协调				
……					
6	商务、合同、法务				
6.1	法律法规				
6.2	预付款保函、履约保函等				
6.3	工程保险				
6.4	制定各类合同文本				
……					
编制		审核		审批	
时间		时间		时间	

附件 2-2：工程总承包合同交底记录表

工程总承包合同交底记录表

合同编号：

<table>
<tr><td colspan="2">合同名称</td><td colspan="2"></td><td colspan="2">项目经理</td><td colspan="2"></td></tr>
<tr><td colspan="2">合同价格（万元）</td><td colspan="2"></td><td colspan="2">建筑面积（m²）</td><td colspan="2"></td></tr>
<tr><td colspan="2">交底人</td><td colspan="2"></td><td colspan="2">交底日期</td><td colspan="2"></td></tr>
<tr><td colspan="8">接受交底人</td></tr>
<tr><td>姓名</td><td>岗位</td><td>姓名</td><td>岗位</td><td>姓名</td><td>岗位</td><td>姓名</td><td>岗位</td></tr>
<tr><td></td><td></td><td></td><td></td><td></td><td></td><td></td><td></td></tr>
<tr><td colspan="8">交底内容</td></tr>
<tr><td>一</td><td colspan="2">项目背景与前期情况</td><td colspan="5"></td></tr>
<tr><td>二</td><td colspan="2">投标前项目风险评估情况</td><td colspan="5"></td></tr>
<tr><td>三</td><td colspan="2">投标报价交底</td><td colspan="5">专项交底</td></tr>
<tr><td>四</td><td colspan="2">合同评审及洽谈过程中存在的问题及风险点</td><td colspan="5"></td></tr>
<tr><td>五</td><td colspan="7">合同主要条款交底</td></tr>
<tr><td colspan="2">交底内容</td><td colspan="2">相关条款</td><td colspan="2">风险点/注意事项</td><td colspan="2">要求及措施</td></tr>
<tr><td colspan="2">1. 承包范围</td><td colspan="2"></td><td colspan="2"></td><td colspan="2"></td></tr>
<tr><td colspan="2">2. 质量</td><td colspan="2"></td><td colspan="2"></td><td colspan="2"></td></tr>
<tr><td colspan="2">3. 工期</td><td colspan="2"></td><td colspan="2"></td><td colspan="2"></td></tr>
<tr><td colspan="2">4. 安全、文明</td><td colspan="2"></td><td colspan="2"></td><td colspan="2"></td></tr>
<tr><td colspan="2">5. 价格、结算、支付</td><td colspan="2"></td><td colspan="2"></td><td colspan="2"></td></tr>
<tr><td colspan="2">6. 变更、索赔</td><td colspan="2"></td><td colspan="2"></td><td colspan="2"></td></tr>
<tr><td colspan="2">7. 双方责任和义务</td><td colspan="2"></td><td colspan="2"></td><td colspan="2"></td></tr>
<tr><td colspan="2">8. 违约责任、争议解决</td><td colspan="2"></td><td colspan="2"></td><td colspan="2"></td></tr>
<tr><td colspan="2">9. 保函、保证金</td><td colspan="2"></td><td colspan="2"></td><td colspan="2"></td></tr>
<tr><td colspan="2">10. 保险</td><td colspan="2"></td><td colspan="2"></td><td colspan="2"></td></tr>
<tr><td colspan="2">11. 保修</td><td colspan="2"></td><td colspan="2"></td><td colspan="2"></td></tr>
</table>

项目人员问题答疑：

附件 2-3：合同分类登记台账

合同分类登记台账

序号	合同编码	合同名称	合同内容	合同签约额	甲方	乙方	其他方(若有)	签订时间	计划进场时间	实际进场时间	是否影响工期

附件 2-4：合同变更申请表

合同变更申请表

项目名称：	工程包号：
编号：	日期：
致：	自：
标题：	
变更依据	
附件：	

序号	说明	单位	数量	单价	金额

大写金额：	
现提交本次变更申请，给你方批准，具体内容如下：	
发文者：	审核：
日期：	日期：
审核意见：	

小 结

在工程总承包项目中，合同涉及金额大，工程复杂烦琐，合同风险往往集中于总承包商。合同可以说是工程项目管理中最为重要的文件，工程的施工、变更、结算、索赔与反索赔、验收都需要以合同作为依据。作为总承包项目管理人员，更应该把合同管理作为重中之重，在整个项目生命周期，从战略、战术和执行三个层面上立体地展开合同的规划、谈判、签订、交底、控制和收尾。

作为高职类管理教材，本岗位要求读者了解合同管理的相关概念，掌握准备阶段和履约阶段合同管理的主要内容，熟悉收尾阶段合同管理的主要内容，理解政策文件中合同管理的相关条款，具备合同管理人员的独立上岗能力。

在实践的工作中要具备工程项目全生命周期以合同管理为核心的工作思维。准备阶段，合约部人员一定要熟悉项目特点，对施工环境和业主要求做详尽的调研，分析项目的风险与收益。这样才能在合同谈判中游刃有余，商定科学、可行、有利的合同条款，以规避风险争取利润，从战略层面上先拔头筹。项目中期，合同就像是项目管理人员打仗的武器。对这一武器了如指掌，才能在多变复杂的施工环境中，准确把握施工内容，科学应对风险，明晰结算款项，对出现的纠纷或索赔事宜的处置做到“有理、有利、有节”。项目收尾阶段，要做好文档归档等工作，并反思项目合同管理的得失，为下一个项目的胜利做准备。

“兵无常势，水无常形”，工程项目的合同管理就像一场战役。管理人员不仅需要对合同常见风险、合同范本、合同管理程序等“定式”烂熟于心，也需要根据不同项目的特点，合理制定管理策略，以应对“变式”，趋利避害，合作共赢。

岗位 2.3　工程总承包设计管理

设计 岗位导入

AAA 医院项目设计时间短、技术标准要求高。设计人员需要在很短的时间内，不断地学习、研究相关技术标准，面临突发事件和突破现行规范，结合现场情况迅速确定实施方案。

GQ 公司设计部确立了设计投资管控的理念，开展施工图设计之前确定设计限额指标，再根据限额指标实施施工图设计，在保证设计质量的前提下，按投资限额进行可施工性设计的动态管控，即限额设计、可施工性设计和优化设计，如图 2-44 所示。

图 2-44　设计 岗位导入

工程总承包设计管理贯穿系统谋划思路，打破施工总承包中设计不懂商务、不懂施工，独自为战的桎梏，以“按设计施工”到“按施工设计”的新思维，“EPC>E+P+C”合作共赢的新视野，“懂商务、懂投资、懂采购、懂施工”的新能力，充分发挥“设计”的龙头作用，实现设计、采购、施工相互融合，保证项目的完美履约。

设计 能力培养

（1）通过学习设计管理的概念、设计部职能分工和职责范围，能够拟定设计组织架构图和制定设计工作计划。

（2）通过了解设计投资控制的作用、原则和措施，能够画出设计投资控制思维导图。

（3）通过掌握设计管理各阶段的工作内容，能够提炼出设计管理的重点内容。

（4）通过厘清设计风险管理的重点和防范措施，能够识别设计风险点，掌握风险处理程序。

（5）通过理解相关政策文件中设计管理有关规定，能够表达清楚该条款在实践应用中的意义。

场景 2.3.1

人才是企业创造价值的最重要因素，用人的最好方法就是建立一套“人尽其才、才尽其用”的管理机制，使每个人在透明的规则环境中发挥出最大的能量。汉代崔骃《达旨》有语：“高树靡阴，独木不林”。意思是一个人的力量是有限的，只有依靠集体的力量，才能干成大事业。

图 2-45　场景 2.3.1

设计部是企业高度知识密集型部门，科学的设计组织架构不仅能够让人员各司其职，更有利于成员之间的有效协作，出现“1+1>2”的叠加效应，如图 2-45 所示。你知道：

（1）什么是设计管理？

（2）设计部的组织机构应该怎样设置？

（3）设计基本程序是怎样的？

知识导入

2.3.1　认识设计管理

2.3.1.1　设计管理概述

1. 设计

设计是指为工程项目的建设提供有技术依据的设计文件和图纸的整个活动过程，是建设项目生命期中的重要环节，是建设项目进行整体规划、体现具体实施意图的重要过程。

设计一般分为方案设计、初步设计、技术设计、施工图设计等若干阶段，如图 2-46 所示。

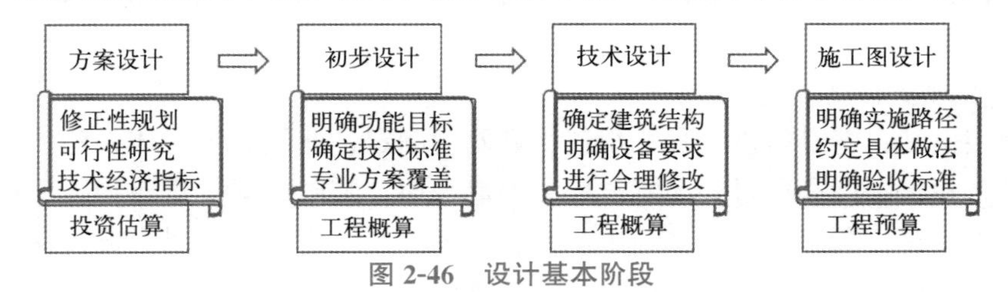

图 2-46　设计基本阶段

（1）方案设计：根据设计任务书的要求和收集到的必要基础资料，结合基础资料，综合考虑技术经济条件和建筑艺术的要求，对建筑总体布置、空间组合进行可能与合理的安排，提出多个方案供建设单位选择。

（2）初步设计：根据被批准项目建议书或可行性设计编制的初步设计文件由四个部分组成，即设计说明书、设计图、主要设备材料清单和工程概算。初步设计是在可行性研究的基础上更进一步完善各部分的工程，是施工图设计和施工组织设计的基础，根据工程量确定的工程概算也是项目投资控制的主要依据。

（3）技术设计：是在初步设计基础上，确定建筑结构、设备的技术要求，并根据需要，对初步设计作出合理修改。主要内容包括：确定结构和设备的布置，进行结构和设备的计算，修正建筑方案，进行主要的建筑细部和构造设计，确定主要建筑材料、建筑构件、设备管道的规格及施工要求等，其详细程度能据以估算建筑造价，确定施工方法。

（4）施工图设计：把设计意图更具体、更确切地表达出来，编制出一套完整的、能依据施工的图纸和文件。其任务一是在初步设计或技术设计的基础上，把许多比较粗略的尺寸进行调整和完善，二是进一步明确各部分的构造做法，解决各工种之间的矛盾。

2. 设计管理

设计管理是指以项目设计为中心，以设计为抓手来协调与之相关的其他组织职能，并通过有效的管理及组织职能来完成特定设计任务的管理模式。

（1）设计管理的原则

设计管理有效才能确保项目质量、进度、投资额等目标的实现，设计管理的原则是：坚持以人为本、人性化设计，坚持绿色环保、可持续发展，坚持遵从规范、因地制宜相结合，坚持满足合同、成本控制相平衡，坚持设计、施工相结合且具有可施工性。

（2）设计管理的特点

a. 设计管理要前后延伸

设计是工程建设的“牛鼻子”，设计管理要充分发挥设计引领作用，提升设计管理能力，促进设计与计划、采购、专业、施工组织等各环节深度衔接，才能真正做到项目的提质增效。向前延伸至建设项目立项策划、方案设计等，向后拓展至工程试运行、竣工交付、审计结算等，充分发挥设计管理的全过程服务能力。

b. 设计管理要全面融合

设计管理还要全面融合项目各大板块。成功的设计管理要融合商务、合约、施工、采购等。在初步设计阶段，充分分析项目的可行性报告，对投资估算进行全面核查，防止缺项漏项，为后续项目的成本管控打下坚实基础，提升投资价值。在项目施工图设计阶段，要实施限额设计，对各专业设置限额指标，在确保使用方需要、品质得到满足的条件下，选择价值最优解。

c. 设计管理要有制度保障

强化顶层设计，统筹推进工程总承包管理制度制定、业绩考核、体系建设等工作；强化体系联动，相关部门和项目要无缝对接、形成合力，共同抓好过程履约。在项目层面要优化岗位设置，在传统“铁三角”[1] 的基础上，融入设计和采购管理职责，在具备一定规模的项目上要明确设置设计部经理和采购部经理岗位。

2.3.1.2 设计组织设置

1. 设计组织机构

项目设计管理应由设计部经理负责，并适时组建项目设计部。在项目实施过程中，设

[1] “铁三角”解释详见——知识拓展 2-6

计经理应接受工程总承包项目经理和工程总承包企业设计管理部门的管理，向项目经理和工程总承包企业设计管理部门报告工作。如图 2-47 所示。

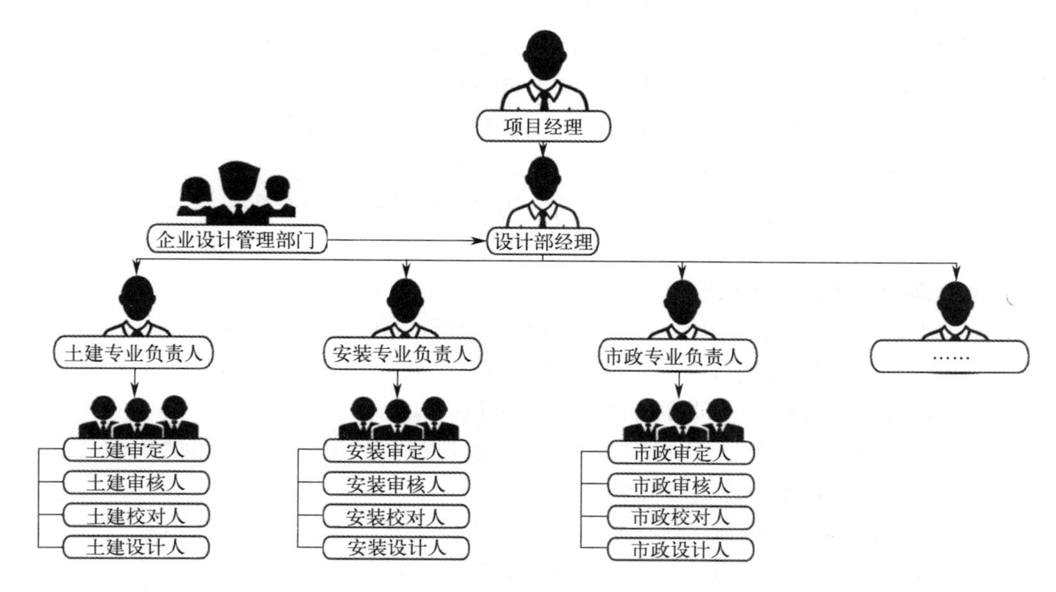

图 2-47　设计组织机构示意图

［详解］设计部中的设计人员一般来自工程总承包企业中各专业设计部门，在项目中每一个专业均设有专业负责人。

a. 设计部经理根据合同要求，执行项目设计执行计划，负责组织、指导和协调项目的设计工作，按合同要求组织开展设计工作，对工程设计进度、质量、费用和安全等进行管理与控制。

b. 专业负责人在设计经理领导下负责项目本专业设计管理工作，对项目中该专业设计过程的质量、安全、费用、进度、职业健康和环境保护等负责。

c. 审定人负责本专业设计文件的审定和签署。

d. 审核人负责本专业设计文件审核工作。

e. 校对人在项目专业设计负责人领导下，对设计文件进行校对工作。

f. 设计人在项目专业设计负责人领导下承担具体的设计任务。

［举例］某城市体育场馆工程总承包设计管理组织示意图（扫码）。

2. 设计部的主要职责范围

a. 编制设计计划并按企业质量管理体系要求组织实施。

b. 组织设计招标、评标工作，参加对分包方的评价、考核和选择工作。

c. 确定工作依据、设计范围、设计原则和要求、设计标准和规范，参与分包单位的选定工作和分包合同的谈判和签署工作。

d. 负责收集行业（正版）技术规范和标准，及时提供设计所需的技术资料。

e. 负责建立设计技术管理制度，梳理工作流程。

f. 编制、控制和纠偏各专业及设计分包图纸、资料提交计划和进度安排，进行监督管理。

g. 监控项目设计工作的进展及过程控制状况，参与重大项目设计变更方案的研究和审查工作，组织审核并备案重大设计变更报告。

h. 负责项目勘察设计管理，请购文件的编制，报价技术评审和技术谈判、供应商图纸资料的审查和确认等工作，协助项目采购组进行材料设备采购工作。

i. 负责对施工、安装合作单位报送的实施性施工组织设计或专项方案进行审批。

j. 结合业主需求，提供前期项目策划、可行性研究、融资结构安排、方案设计、项目概算书、采购方案、施工方案等服务。在满足用户使用功能和安全可靠的前提下，进行设计优化工作。

3. 设计部经理的职责与任务

项目设计部经理在项目经理领导下，负责组织协调项目的设计工作，全面负责设计的进度、费用、质量和 HSE 等工作。其主要职责和任务如下：

a. 编制设计计划并按企业质量管理体系要求组织实施。

b. 在项目经理的领导下，负责整个项目实施过程的设计指导及项目的验收工作，并定期向项目经理汇报有关设计进度和情况。

c. 组织设计的招标、评标工作，负责对分包方的评价、考核和选择工作。

d. 确定工作依据、设计范围、设计原则和要求、设计标准和规范，参与分包单位的选定工作和分包合同的谈判和签署工作。

e. 负责收集行业（正版）技术规范和标准，及时提供设计所需的技术资料。

f. 负责建立设计技术管理制度，梳理工作流程。

g. 编制、控制和纠偏各专业及设计分包图纸、资料提交计划和进度安排，进行监督管理。

h. 负责项目勘察设计管理，协助项目采购组进行材料设备采购工作。

i. 负责项目土建施工、设备安装及试运行的技术管理工作。

j. 参与项目重大方案的技术论证，解决项目重大技术问题。

k. 参与项目的关键材料、设备的现场见证实验工作。

2.3.1.3　设计工作程序

1. 设计工作基本程序

设计工作应按下列程序实施：编制设计执行计划、设计实施、设计控制、设计收尾。如图 2-48 所示。

设计部可根据设计工作的需要对设计工作程序及其内容进行调整，并应符合项目合同要求。

［举例］某公司工程总承包项目设计管理作业指南（扫码）

2. 设计工作详细程序

（1）编制设计执行计划

设计执行计划应由设计部经理或项目经理负责组织编制，经工程总承包企业有关职能部门评审后，由项目经理批准实施。其内容如图 2-49 所示。

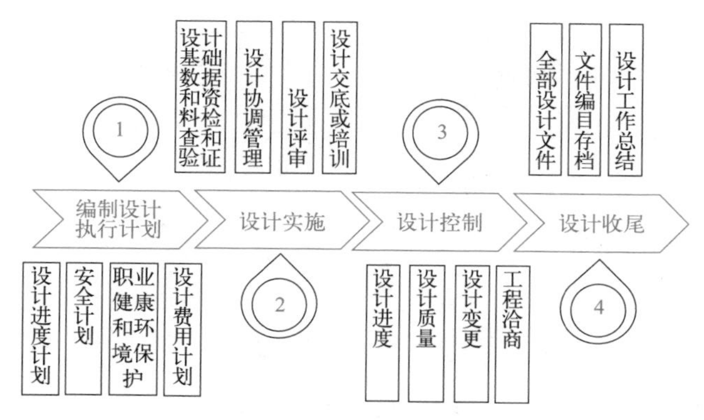

图2-48　设计工作基本程序

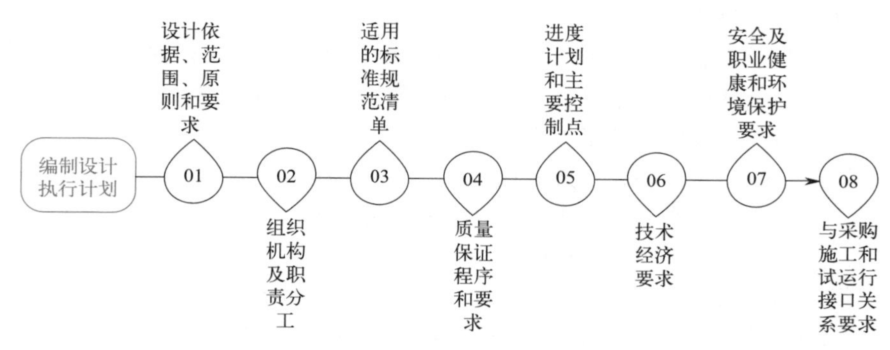

图2-49　编制设计执行计划

［详解］

a. 设计执行计划应满足合同约定的质量目标和要求，同时应符合工程总承包企业的质量管理体系要求；

b. 设计执行计划应明确项目费用控制指标、设计人工时指标，并宜建立项目设计执行效果测量基准；

c. 设计进度计划应符合项目总进度计划的要求，满足设计工作的内部逻辑关系及资源分配、外部约束等条件，与工程勘察、采购、施工和试运行的进度协调一致。

（2）设计实施

设计部经理应组织对设计基础数据和资料进行检查和验证，设计部执行已批准的设计执行计划，满足计划控制目标的要求。其内容如图2-50所示。

［详解］

a. 项目设计基础数据和资料是在项目基础资料的基础上整理汇总而成的，是项目设计和建设的重要基础。不同的项目合同需要的设计基础数据和资料不同，一般包括下列主要内容：

现场数据（包括气象、水文、工程地质数据和其他现场数据）；原料特性分析和产品标准与要求；界区接点设计条件；公用系统及辅助系统设计条件；危险品、三废处理原则与要求；指定使用的标准规范、规程或规定；可以利用的工程设施及现场施工条件等。

b. 设计部应按项目协调程序，对设计进行协调管理，并按工程总承包企业有关专业

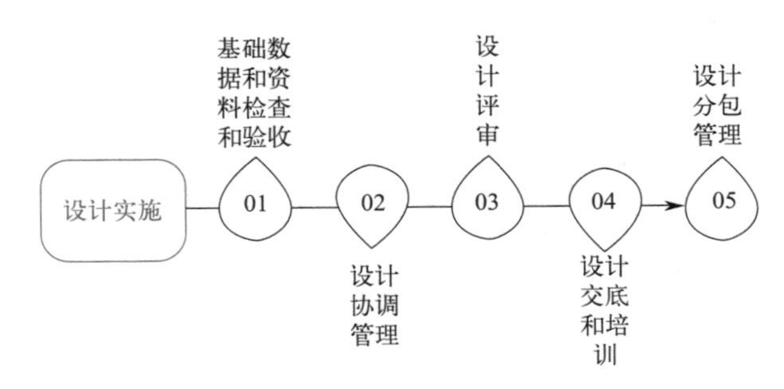

图 2-50　设计实施

条件管理规定，协调和控制各专业之间的接口关系。包括：在合同约定的基础上进一步明确工程总承包企业与项目发包人之间在设计工作方面的关系、联络方式和报告审批制度；设计部各专业之间的协调。

c. 设计部应按项目设计评审程序和计划进行设计评审，并保存评审活动结果的证据。设计评审主要是对设计技术方案进行评审，有多种方式，一般分为三级：

第一级：项目中重大设计技术方案由企业组织评审；

第二级：项目中综合设计技术方案由项目部组织评审；

第三级：专业设计技术方案由本专业所在部门组织评审。

d. 在施工前，项目部应组织设计交底或培训。项目部组织设计人员参加项目发包人和监理单位组织的图纸会审，发现和解决施工图设计存在的问题，纠正施工图中的差错。

e. 设计部负责设计分包管理工作，包括对设计分包商资质的审查、设计分包合同技术条款的编制，同时参与设计分包资料的验收工作。设计部要了解和掌握合同的执行情况，监督设计分包商的进程，收集、记录、保存对合同条款的修订信息、重大设计变更的文字资料，并负责落实新条款和变更的实施情况，为后续的合同结算工作准备可靠依据。

举例
设计交底及会审

［举例］某工程总承包项目施工图设计交底及会审流程图（扫码）。

（3）设计控制

设计部经理及各专业负责人在各参与方及工程总承包项目经理部各职能部门配合下进行设计控制，及时发现并分析偏差原因以提出纠正措施。其内容如图 2-51 所示。

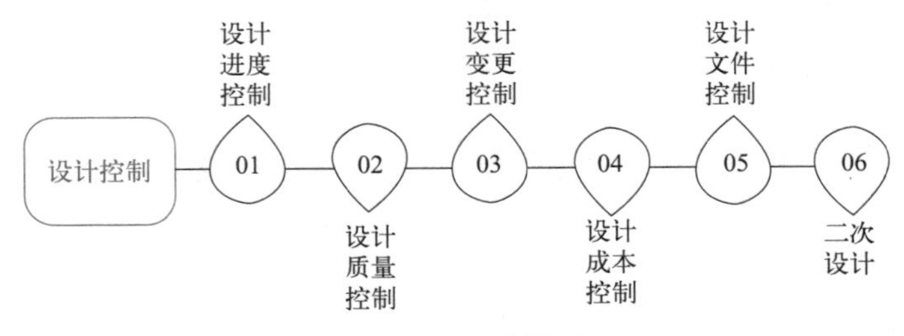

图 2-51　设计控制

［详解］

a. 设计部经理应组织检查设计执行计划的执行情况，分析进度偏差，制定有效措施。

设计进度的控制点应包括下列主要内容：

设计各专业间的条件关系及其进度，初步设计完成和提交时间，关键设备和材料请购文件的提交时间，设计部收到设备、材料供应商最终技术资料的时间，进度关键线路上的设计文件提交时间，施工图设计完成和提交时间，设计工作结束时间。

b. 设计经理及各专业负责人应填写规定的质量记录，并向工程总承包企业职能部门反馈项目设计质量信息。设计质量控制点应包括下列主要内容：

设计人员资格的管理；

设计输入❶的控制；

设计策划的控制；

设计技术方案的评审；

设计文件的校审与会签；

设计输出❷的控制；

设计确认的控制；

设计变更的控制；

设计技术支持和服务的控制。

c. 设计部按照设计变更管理程序和规定，严格控制设计变更，评价设计变更对合同的影响，并评价其对质量、安全、费用、进度、职业健康和环境保护等的影响。设计变更程序包括下列主要内容：

根据项目要求或项目发包人指示，提出设计变更的处理方案；

对项目发包人指令的设计变更在技术上的可行性、安全性和适用性问题进行评估；

设计变更提出后，对费用和进度的影响进行评价，经设计部经理审核后报项目经理批准；

评估设计变更在技术上的可行性、安全性和适用性；

说明执行变更对履约产生的有利或不利影响；

执行经确认的设计变更。

d. 设计成本控制。首先，严格执行限额设计，按照批准的设计任务书及投资估算控制初步设计，按照批准的初步设计总概算控制施工图设计。各专业在保证使用功能的前提下，根据限定的额度进行方案筛选和设计，并且严格控制技术设计和施工图设计的不合理变更，以保证总投资不被突破。其次，积极开展竣工验收阶段的设计总结整理工作，在实践中不断提升设计管理水平，更新组织中的设计经验知识库，提供给项目后续阶段或将来类似项目的设计管理进行参考。

e. 设计部按设计控制程序进行设计文件控制。设计部所有需要外发的文件、资料、图纸，设计部应在“文件控制程序”的指导下对其进行编号、登记，经项目经理或设计部经理签字后才可放行，将文件、资料上报信息文控中心存档备案。

f. “二次”设计。对于工程总承包项目，总包或专业分包应将深化设计和建造成本控制纳入自己的管理重心。“二次”设计和深化设计是控制建造成本的基石。同性能替换或优化设计是总包和专业分包降低建造成本的最有效手段。

---

❶❷“设计输入”“设计输出”解释详见——知识拓展 2-7

［举例］

a. 某工程总承包项目设计进度分解计划（扫码）；

b. 某工程总承包项目设计变更流程图（扫码）；

c. 某工程总承包项目设计管理文件体系（扫码）；

d. 某工程总承包项目供应商返设计条件管理流程（扫码）。

（4）设计收尾

设计部经理及各专业负责人应根据设计执行计划的要求，按合同要求提交设计文件，完成相关文件。设计部经理应组织编制设计完工报告，并参与项目完工报告的编制工作，将项目设计的经验与教训反馈给工程总承包企业有关职能部门。

其内容包括竣工图、设计变更文件、操作指导手册、修正后的核定估算、其他设计资料、说明文件等。

知识拓展

拓展 2-6：“铁三角”

“铁三角”是指范围、时间、成本，是项目管理中非常基础的三个要素。

三者中任意一方的变动都会对其他二者产生影响。比如项目的范围变大了，那么要么项目时间会变长，要么项目成本会增加，否则是做不到扩大项目范围的。如果项目时间缩短了，就意味着我们必须要缩小范围，如果不缩小范围，那么就必须增加成本满足缩短时间的要求。而如果项目的成本减少了，那么我们要么缩小项目范围，要么延长项目的时间。所以不难看出来，范围、时间和成本这三个要素是相互影响的，而且它们之间的关联性非常强。

拓展 2-7：设计输入、设计输出

设计输入是与成果（或产品）、生产过程或生产体系要求有关的必须满足的要求或依据的基础性资料。设计输入文件包括：设计依据，由业主明示的、通常隐含的和法律法规、标准规范要求转化的质量特性要求，上阶段设计输出、设计确认结果，以前类似设计提供的经验教训，设计所必需的其他要求（如特殊的专业技术要求）。

设计输出是指设计成品，主要由图纸、规格表、说明书、操作指导书等文件组成，设计部应对设计输出的内容、深度、格式作出规定。设计输出应满足设计输入的要求和项目设计统一规定的要求，为采购、施工及试运行提供信息等。

能力训练

实践中，基于项目情况复杂、项目技术难度高、项目风险因素多、项目执行成本大等因素的考虑，很多工程承包商会联合其他单位组成工程总承包联合体。联合体模式下，业主大多要求联合体成员指定一方作为责任方统筹项目实

施工作。而联合体内部的融合协作是工程总承包项目管理过程中的关键点之一，牵头单位作为工程总承包联合体成员之间最基本的纽带，对于联合体实行有效管理、化解冲突，以及利益最大化等方面均存在着重要影响。

训练 2-25：不同牵头单位的工程总承包设计管理组织架构

目前工程总承包项目有以设计单位牵头的工程总承包，也有以施工单位牵头的工程总承包。

以分组讨论形式，完成以下任务：

（1）通过网络或实际工程资源，分别找到这两种承包模式下，工程总承包项目的设计组织架构或设计组织管理图；

（2）谈谈你们对这两种承包方式的认识。

参考答案

场景 2.3.2

为了保证 AAA 医院项目的设计进度，项目经理赵军明确要求一定要拿出周密的设计计划。设计部经理王辉在办公室待了一天，按照以往医院项目的经验，编制出一份笼统的设计计划。后期工作中，因设计资源跟不上，在设计质量和设计现场服务等方面都存在不同程度的问题，不但影响采购和现场施工，也引发其他单位的抱怨。

赵军询问了此事，发现王辉照搬的设计计划，没有考虑该设计前期需要增加的非常规的项目考察活动、设计审查等程序，也没有充分考虑设计人员资质、时间等匹配性，才造成如此严重的后果，如图 2-52 所示。

图 2-52　场景 2.3.2

《后汉书·窦融传》有语：“方蜀汉相攻，权在将军，举足左右，便有轻重”。表示某个人或某个部门处于重要地位，一举一动足以影响全局。

根据建设项目“二八定律”，设计对工程造价的影响程度可达 80%，设计阶段是项目全寿命周期最重要的环节。

你知道：

（1）设计管理阶段有哪些？

（2）设计投资控制的措施有哪些？

知识导入

2.3.2　了解设计投资控制

2.3.2.1　设计的“龙头”作用

1. 设计管理阶段的划分

工程总承包项目设计管理贯穿建设的全过程，从项目策划、可行性研究一直持续到项目交付使用。设计阶段的划分可根据设计内容和深度不同，一般来讲分为前期策划阶段、招标投标阶段、项目实施阶段、试运行与交付使用阶段，如图 2-53 所示。

（1）前期策划阶段

前期策划主要是业主工作，包括机会研究、可行性研究、项目评估立项、项目融资计划等工作。这一阶段的可行性研究设计由业主聘请专业咨询公司完成，用以进行项目投资

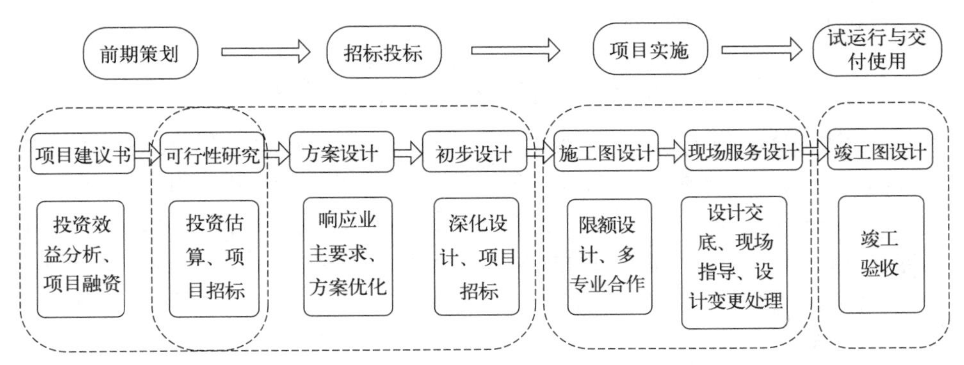

图 2-53　工程总承包项目设计管理阶段图

效益分析。

（2）招标投标阶段

一旦通过立项，业主就开始招标工作，提出功能要求，起草招标文件。此时，潜在投标人可以分析项目特点和业主要求，市场竞争环境，识别和评估潜在风险，对比自身与竞争对手的实力，对是否参与投标进行决策。投标决定之后，成立临时工作组，开展投标策划、编制投标文件。

（3）项目实施阶段

投标人中标之后，项目进入实质性实施阶段。总承包单位根据合同约定，严格按照合同规定进行项目的设计、采购和施工工作。

（4）试运行与交付使用阶段

该阶段是工程总承包项目的最后环节，是对项目产品质量进行验证的阶段。试运行成功并得到业主及第三方认可之后，总承包单位将项目交付业主使用，合同履行完毕。

2. 招标时点的要求

工程总承包项目主要在可行性研究、投资决策、方案设计和初步设计后的阶段进行招标。为了防止总承包单位过度优化偏离业主的需求，住房和城乡建设部对此有明确规定，要求政府投资项目必须在初步设计后招标选择总承包单位，再由中标总承包单位完成施工图设计。如图 2-54 所示。

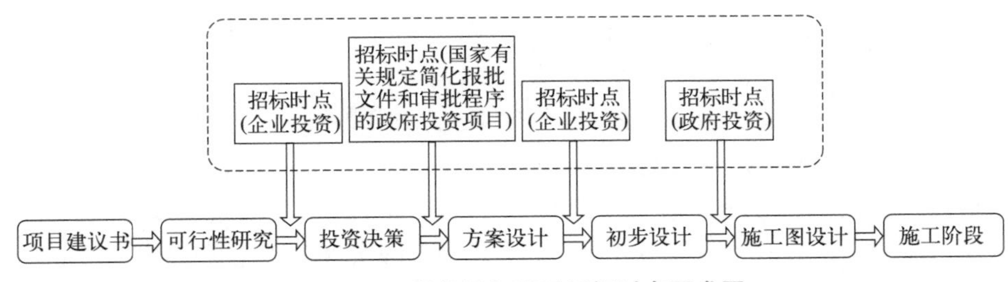

图 2-54　工程总承包项目招标时点要求图

3. 设计对工程投资的影响

设计是把建设项目投资的发生控制在批准的投资限额之内，随时纠正发生的偏差，以保证项目投资管理目标的实现。虽然在整个项目投资中设计工作所占比例不高，大部分费用消耗在生产准备、采购和施工过程中，但设计对整个项目的成本、质量以及进度影响巨大。

根据资料统计，建设各个阶段的工作对整个项目造价的影响分别为：投资决策阶段75%～95%，设计阶段35%～75%，施工阶段5%～35%，竣工决算阶段0%～5%。由此可见，设计对工程造价实际影响程度可达75%以上。设计费用一般只相当于建设工程全寿命期费用的1%左右，但设计阶段对工程总投资的影响却高达75%以上。统计资料表明，在满足同样功能的条件下，经济合理的设计可降低工程造价5%～10%，甚至可以达到10%～20%。因此，设计是控制工程投资的关键环节。

4. 设计的"龙头"作用

工程总承包模式的设计比施工总承包的设计有更高、更深的要求，设计不仅包括具体的设计工作，而且包括整个建设工程实施组织的策划和管理，赋予了设计全新的内涵：

设计是龙头；

设计是可施工性设计、限额设计、优化设计；

设计伴随项目整个过程；

设计是项目的基础和先导。

2.3.2.2 设计投资控制原则

1. 设计投资控制理念

传统建设项目中往往是先将图纸画好，然后再计算其概预算指标，但是这种方式会造成概算超估算、预算超概算的情形发生。设计投资前置控制即事前控制，在开展施工图设计之前确定设计限额指标，再根据限额指标实施施工图设计环节，在保证设计质量的前提下，遵循功能适用、经济合理原则，按投资限额进行设计。在投资限额目标基础上结合设计内容进一步分解投资，明确投资控制主要指标，在编制设计预算时逐步细化落实。

2. 设计投资控制原则

（1）动态控制原则

动态控制的原则是指按照批复的初步设计开展施工图设计工作，并按照规范编制施工图预算，在切实落实初步设计批复方案的基础上，将预算投资控制在合同要求的设计限额范围内。根据设计工作进展情况，检查限额设计目标执行情况，及时对影响投资控制的因素进行分析，采取有效措施，保证工程投资控制在预定目标范围内。

（2）技术与经济相结合

在决策和设计阶段，影响项目投资的因素主要是技术类因素，这两个阶段主要通过技术方案的比选来控制项目投资，在招标投标及施工竣工阶段影响项目投资的因素主要为经济类因素，可通过招标投标、合同及施工过程中的造价管理等经济手段来实现投资控制。因此，在设计控制过程中，应以技术合理为主、经济优化为辅实现对项目投资的强力控制。

（3）保证项目设计质量

设计投资控制的目标应以保证项目的设计质量及使用功能为前提，不能一味地为节省投资而降低项目建设标准。通过加强初步设计单位与工程总承包单位之间的协调配合，以避免因专业接口存在问题而变更增加项目投资，并通过设计咨询单位对项目的关键技术、关键节点以及重大问题进行过程控制，及时发现并纠正设计失误，从源头上避免设计失误带来的投资超支。

2.3.2.3 设计投资控制措施

1. 优选设计施工方案

初步设计方案质量的高低对项目的成本、工期和质量等策划目标都发挥着至关重要的控制作用，设计方案的优选是进行投资控制的根本保证。设计方案优选与否，直接影响整个工程的综合效益，不仅影响一次性投资，还会对使用阶段的费用产生影响。

（1）设计方案的评价原则

a. 处理好经济合理性与技术先进性之间的关系

经济合理性要求项目投资额尽可能低，如果一味地追求经济效益，可能导致项目的功能水平偏低，无法满足使用者要求；技术先进性追求项目技术的尽善尽美，功能水平先进，但可能会导致投资额偏高。因此，设计方案要妥善处理好二者的关系：一方面，在满足社会使用要求的前提下尽可能降低项目投资；另一方面，在资金限制范围内应尽可能提高项目功能水平。

b. 兼顾建设与使用，力求全寿命周期费用最低

工程在建设过程中，控制投资是一个非常重要的目标。如果单纯降低造价，偷工减料，建造质量得不到保障，会导致使用过程中的维修费用增加，甚至有可能发生重大事故，给社会财产和人民安全带来严重损害。因此在设计过程中应兼顾建设过程和使用过程，力求项目全寿命周期费用最低。

c. 兼顾近期与远期要求，选择合理的功能水平

工程建成后，往往会在很长的时间内发挥作用。如果按照现有的要求设计工程，在不远的将来，可能会出现由于功能水平低无法满足项目需要而重新建造的情况；如果仅考虑项目建成之后的功能水平忽略项目投资控制目标，又会出现由于功能水平高而资源闲置浪费的现象。所以项目设计要兼顾近期和远期的要求，选择项目合理的功能水平。

（2）工程设计优选途径

工程设计的整体原则不仅要追求工程设计各部分的优选，还要注意各部分的协调配套。因此，要运用价值工程优选设计方案。

通过实施价值工程，不仅可以保证各专业工种的设计符合国家和用户的要求，而且可以解决各专业工种设计的协调问题，得到全局合理最优方案。建筑产品具有单件性的特点，工程设计往往也是一次性的，设计过程中可以借鉴的经验较少，利用价值工程可以发挥集体智慧，群策群力得到最佳方案。

2. 加强初步设计概算审查

（1）初步设计概算审查程序

造价人员要充分认识到初步设计概算的重要性，把概算编制工作作为工程总承包项目设计投资控制的龙头工作，是费用控制的重中之重。要统一编制办法和编制原则，统一采用定额和取费标准，审查项目总概算和工点/系统概算文件，组织概算财政投资评审的报审和统筹协调工作，直到获取政府部门的概算批复。

（2）初步设计概算审查方法

初步设计概算审查方法一般以对比分析法为主，结合主要问题复合法、查询核实法、

分类法等方法对工程概算进行审查。对比分析法是将建设规模、标准与立项批文对比，工程量与图纸对比，综合范围、内容与编制方法、规定对比，各项取费与规定标准对比，材料、人工单价与统一信息价对比，引进投资与报价进行对比，技术经济指标与同类工程对比等。大型项目的概算需要采取联合审查，层层审查进行把关。

（3）初步设计概算审查重点

初步设计概算审查内容包括：概算编制依据的合规性、时效性和适用范围；概算编制范围和内容与主管部门批准的建设项目范围和具体工程内容是否一致，如采用分期建设，应审查分期建设项目的建设范围及具体工程内容有无重复交叉，是否重复计算和漏算；单位工程的工程量、套用定额、取费是否正确；其他费用应列的项目是否符合规定；技术经济指标能否符合本工程设计阶段的相关造价水平等。

a. 工程量的审核

初步设计概算工程量审查的重点内容：工程量计算是否合理准确、有无多计或者错漏；概算定额中工程量计算规则与工程量清单计算规则的差别性，是否对概算中考虑不完善或者费用预留不足的子目进行调整和补充。

b. 定额子目的套取审核

初步设计概算应审查定额选用、项目套用是否正确合理；应审查在定额套用中是否忽略定额的综合解释以及发生重复计取等问题，定额套用与设计图纸是否一致；材料设备价格与市场价格水平是否合理、客观；费用定额及取费文件审核费用计算基数、税金费率是否套用合理。

c. 工程建设其他费用的审核

工程建设其他费用在审查阶段已经签订合同的，应要求项目单位提供合同，并参照规定的取费标准进行审核，对于已签订且合同额高于费用标准的，要有合理理由。工程其他费用总体的审核应全面，不漏项、不多计，做到客观合理。

3. 强化施工图设计审查

（1）施工图设计工作要求

a. 前后相符原则

施工图设计必须在已批准的前一阶段设计方案上进行深化设计，对已批准的设计方案进行调整、优化及变更，必须满足运营功能不降低、质量技术标准不降低、确保工程安全并按业主相关变更设计管理办法进行审查通过后，才可进行施工图设计出图。

b. 满足规范和标准原则

施工图设计必须符合国家、地方、行业相关的法律法规、规范要求，并执行总承包单位下发的施工图阶段“总体技术要求”“文件编制规定”等，以及各类技术标准和通用图。

c. 程序合规原则

设计单位必须严格按照ISO质量体系要求完成内部校审后，发送总承包单位确认，再按顺序提交咨询单位、审图单位审查，按审查意见修改落实和回复后，方可正式出图。

d. 按期完成原则

设计单位必须按照业主、总承包单位批准的设计计划完成施工图设计和出图工作。

（2）施工图设计初审管理

a. 初审应提交的文件

提交资料：主要包括建设工程规划许可证、建设工程用地许可证、环评批复等资料。

设计成果：施工图阶段勘察成果、施工图阶段设计文件（含图纸和计算书）、勘察设计成果电子文件等。

b. 初审的主要内容

程序性审查：图纸是否完备，图纸目录和签字及盖章是否完备有效，各专业是否有计算书；是否有初步设计审批文件，是否有工程立项批复文件；是否有建设工程规划许可证。

技术性审查：是否符合工程建设强制性标准；是否符合安全标准；是否符合公众利益；对执行绿色建筑标准的项目，还应当审查是否符合绿色建筑标准；是否按规定加盖相应的图章和签字；法律法规和规章规定必须审查的其他内容。

程序性审查：由审查服务人员具体执行，项目负责人签字确认；程序性审查通过后方可转入技术性审查环节；技术性审查由专业审查师负责。

审查工程师在审查过程中应及时与设计人联系并指导修改工作；应在计划的时间内完成初审，并将初审结果反馈给勘察设计单位，同时抄送业主。

（3）施工图设计复审管理

a. 复审应提交的文件

提交资料有：纸质施工图设计图纸，各专业计算书，施工图阶段勘察设计成果的电子文件。送审文件应是初审意见逐条回复并修改完善后的施工图勘察设计成果，所有施工图阶段勘察设计成果应签字齐全。再次送审的施工图阶段勘察设计成果与初次送审的有较大变化时，设计人员应主动联系审图工程师说明变化情况，并书面说明变更内容、变更范围。

b. 复审的主要内容

对照初审意见，逐条回复设计图纸是否整改到位（包括设计成果和意见回复）。原则上设计人员应按审查意见逐条整改到位。若审查师、设计人员对审查意见及回复不能达成一致时，应提请技术委员会评审决定。审查师在复审过程中发现新问题，应及时与设计人联系并指导修改工作。

c. 复审结论

复审合格：工程师在施工图审查意见回复单上签字确认，勘察设计单位按照规定的份数提供签字盖章齐全的图纸，审查单位在图纸上加盖施工图审查章，出具该工程的施工图审查合格书。

复审不合格：对于复审仍不合格且勘察设计单位拒绝修改的，审查单位应将施工图退回建设单位重审，并出具审查意见告知书，说明不合格原因。退回重审按照初审流程执行。

4. 设计变更管理

设计变更不仅严重影响工程建设标准和施工质量，引起投资大幅增加，也加大了投资控制的难度，因此，要制定严格的变更审批流程，加强设计变更管理。

（1）实行变更合理性审查

设计变更审核重点内容：设计变更的必要性、技术合理性、变更范围、工程量及投资变化、引起的连带变更等内容。

设计变更审查包括但不限于：检查是否存在对同一专业、同一内容、同一类型、同一地点等发生的设计变更拆分现象；检查申请变更的依据是否充分；检查是否有相关政府文件（会议纪要）、公司内会议纪要、地质勘察报告等文件作为变更的依据；检查上述变更依据文件内容是否与具体变更内容保持一致。

（2）变更预估价审查

根据工程总承包合同及公司内部的合同管理办法，项目实施过程中发生的设计变更都要经过投资监理对变更的预估价进行审查。

（3）单价包干和总价包干分开进行审核

项目建设过程中发生的设计变更可分为单价包干项目的设计变更和总价包干项目的设计变更，这两种项目的设计变更的处理方式有所区别：

单价包干项目的设计变更，主要审核工程量的变化，业主相关业务主管部门据实调整项目的工程概算。

总价包干项目的设计变更，为避免项目总承包单位承担过多的风险，业主制定了总价包干项目工程概算调整细则，并对总价包干项目的设计变更进行严格的审核。在总价包干项目工程概算调整细则范围内的变更可调整概算，在概算调整细则范围外的总价包干项目的变更不调整概算。

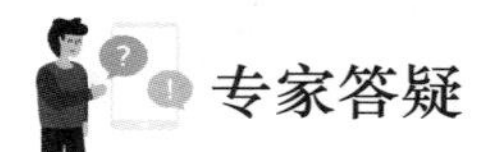

专家答疑

困惑 2-13：工程总承包模式的发包时点要求有哪些？

答疑：《管理办法》第 7 条规定："建设单位应当在发包前完成项目审批、核准或者备案程序。采用工程总承包方式的企业投资项目，应当在核准或者备案后进行工程总承包项目发包。采用工程总承包方式的政府投资项目，原则上应当在初步设计审批完成后进行工程总承包项目发包；其中，按照国家有关规定简化报批文件和审批程序的政府投资项目，应当在完成相应的投资决策审批后进行工程总承包项目发包"。

该条款提出三类项目：企业投资项目、一般的政府投资项目及简化程序的政府投资项目，分别具有不同的发包要求。

（1）企业投资项目，应当在核准或者备案后进行工程总承包项目发包。

（2）一般政府投资，要在初步设计审批完成后进行工程总承包的发包。

（3）简化投资审批程序的政府投资项目和企业投资项目，至少应当在可行性研究报告完成后发包。

在可行性研究阶段，发包人要求及项目实际情况并不明晰，无法明确工程价款及风险的可预见范围，容易导致履约过程超出预期，导致工程履约争议，最终对工程建设造成不利影响。目前，部分地区允许在可批复后进行工程总承包发包，但均设置了较为严苛的条件。例如《上海市工程总承包试点项目管理办法》（2017 年 1 月 1 日起施行）规定，只有重点产业项目、标准明确的一般工业项目、采用装配式或者 BIM 建造技术的中、小型房屋建筑项目等七种项目且工程项目的建设规模、设计方案、功能需求、技术标准、工艺路线、投资限额及主要设备规格等均已确定的情况下，才可以在项目审批、核准或者备案手续完成阶段进行工程总承包的发包。因此，可研阶段的工程总承包发包条件要求较为苛刻，只有部分具有特殊需求或工艺简单在可研阶段即可明确各项指标的项目才可在此阶段进行工程总承包的发包。

所以一个工程项目选择哪个阶段进行工程总承包的发包是要结合项目特点，分析具体到哪个阶段可以确保工程总承包人对工程价款及风险范围具有合理预见的可能，才可以选择这个阶段进行发包；但可以预见，至少是应当完成可行性研究报告阶段才可进行工程总承包的发包。

能力训练

实践表明，在工程总承包项目中，通过紧抓设计管理，可以深挖设计阶段价值创造，提升项目品质，实现设计和采购、施工深度融合。但是设计各个阶段势必会遇到来自业主以及其他参建单位的各种情况与问题，面对突发状况我们应该如何面对并控制局势与及时处理呢？

训练 2-26：初步设计阶段，如何更好地完成方案优化和及时报审工作

某援外水电站工程总承包项目，渠道内膨胀土的处理是工程一大技术难点，对项目投资控制和后期施工进度、质量影响很大。因限额设计要求，项目部要求设计部根据限额要求和实地勘察结果，出具最佳设计方案，及时呈报项目部和业主。

训练 2-27：投标时实地踏勘失误导致了设计变更

某海鲜市场拆迁改造项目，主要是填高原地坪、新建基础设施为主。项目投标阶段因没有控制点资料未对现场实际地形标高进行复核，而中标后做初步设计方案时，对吹沙区域及原河道护岸位置进行了复核，发现实际地面标高比地形图上的地面标高要低，实际的护岸位置也与地形图位置不一致，相差 2～3m。如果按投标时的设计方案进行初步设计就会导致吹填砂工程量增加约 2 万 m^3，增加填土方量约 5000m^3，直接增加造价约 200 万元。

以分组讨论形式，完成以下任务：

（1）训练 2-26：如果你是设计部经理，如何顺利完成设计方案的优化和报批？

（2）训练 2-27：该问题引起的设计变更该如何有效处理？

在“一带一路”倡议和“走出去”战略的推动下，我国工程企业走出国门，向国际化工程公司转型，承接了越来越多海外工程总承包项目。不同国家、地区的海外工程总承包项目，合同中的设计标准通常会有很大差异，不同的设计标准在海外工程的履约过程中，对工期、成本产生非常大的影响。

训练 2-28：初步设计阶段要求设计深度达到施工图标准，能做到吗

某光伏发电工程总承包项目，因光伏项目工期紧、任务节点多，业主要求初步设计阶段的设计深度达到施工图标准。总包项目部接到业主此要求，紧急召开各分部经理及设计部人员会议。

训练 **2-29**：设计标准过高导致工程竣工结算风险进一步上升

某城市综合管廊工程总承包项目，总包方在设计阶段工作执行和管理机制欠缺，存在未聘请设计咨询、未指定交付标准、概算控制不严等问题，最后导致设计标准过高。经内部初步测算合同价预计超 30%，给后续正式结算带来了很大的风险。

以分组讨论形式，完成以下任务：

（1）训练 2-28：业主的要求合理或者说能实现吗？

（2）训练 2-29：工程总承包项目设计管理应从哪些方面规避风险发生？

场景 2.3.3

AAA 医院项目建设过程中，由于设备机组厂家资料提供时间及现场施工复测等因素滞后，导致施工图设计进度滞后，从而严重影响了采购、施工工作的开展。因此，设计部经理王辉受到了严厉批评，他深感委屈："明明是采购和施工资料交付滞后导致的，为什么要批评我呢？设计管理什么都要管吗？"如图 2-55 所示。

图 2-55 场景 2.3.3

工程总承包模式最大的特点就是通过设计、采购、施工深度融合，实现工程总承包项目效益最大化。而设计与商务、采购、施工等的协调融合正是设计管理的精髓！

你知道设计部经理王辉该怎么做了吗？你了解设计管理包含哪些内容吗？

知识导入

2.3.3 掌握设计管理内容

工程总承包项目的质量、工期、成本等目标不是孤立的，是相互联系、相互制约的统一整体。单独地控制某一方面是有失偏颇的，必须对三大目标进行系统的、集成化的管理，即充分发挥设计的主导作用，对设计、采购、施工、试运行等工作的所有条件和要求进行统筹考虑，融入"技术可行，经济合理"的最佳设计方案之中。

可施工性的设计管理内容包括招标阶段的设计管理、项目实施阶段的设计管理、竣工验收阶段的设计管理。设计管理通过设计过程控制[1]优化设计方案，深化设计细节，达到控制项目工期、质量、成本的目的。如图 2-56 所示。

2.3.3.1 投标阶段的设计管理

工程总承包模式的招标文件中仅提出功能性要求，如：技术标准、设计范围、项目选址基本资料、工期要求等，而对工程量、图纸等没有具体要求。投标报价时一般没有业主提供的工程量清单，而是要先进行方案设计并以此为基础进行报价。因此，在投标阶段的设计管理水平，尤其是设计优化能力和对设计、采购、施工的综合协调能力，是工程总承包单位竞争力的重要体现。投标阶段设计管理的主要内容如下：

1. 认真分析招标文件，准确理解业主要求

总承包单位有充分自由的方式进行设计、采购和施工，但是在工程完工时提交给业主

[1] "设计过程控制"解释详见——知识拓展 2-8

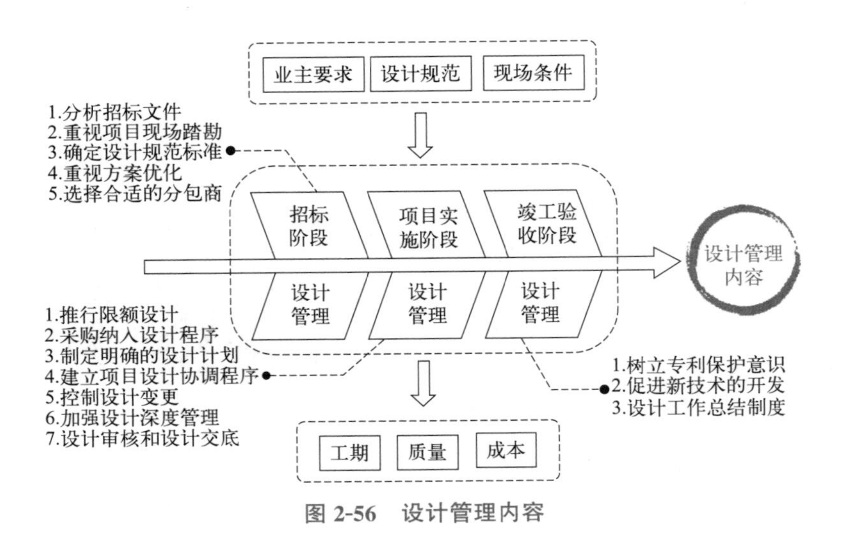

图 2-56 设计管理内容

的必须是一个满足合同规定的相关指标、配备完整、可以立即投入使用的工程设施。因此准确理解业主的要求是投标设计的关键。

设计人员在开展投标设计之前，应认真学习招标文件和有关技术标准、规范，充分了解业主的意图。对招标文件中有关招标范围、投标报价与报价分解、可替代方案、设计要求、检查与检验、缺陷责任、变更与索赔、业主要求等方面内容反复研究，针对每一要求制定相应的解决方案，为投标设计方案的制定提供充足的决策依据，在投标方案中充分响应业主的要求。

2. 重视项目现场踏勘

现场踏勘是开展设计工作的关键一环，现场踏勘收集到的项目相关信息对后期设计方案的具体内容和质量有重要影响，是整个项目设计工作的重点。

（1）当地的气候条件、地质环境、类似工程情况等。项目当地的有关政策法规、行业内部规定、设计习惯等，都是设计工作的重要基础。比如，我国某公司承建的东南亚某国的一项铁路工程，该工程地处市郊，并需穿越沼泽地，业主提出较高的设计技术标准：①必须采用 UIC（国际铁路联盟）荷载标准；②要求一次性铺设无缝线路；③抗震标准 10 级。这些标准对线下路基的稳定及结构强度提出了十分苛刻的要求，这就要求总承包单位在进行地基处理、提高结构强度方面投入更多的资源和精力，导致工程量大幅增加，并影响总体造价；这些条件一旦被忽视，必然给总承包单位带来重大损失。

（2）当地的市场条件、风土人情、技术经济水平以及材料使用习惯等。通过对这些内容的调查，可以使工程设计契合当地实际，提高工程的适用性，避免工程竣工交付后，当地人民无法使用或使用困难。对于不熟悉的情况，应当与当地的设计单位合作或者委托有相关经验的机构完成，以规避风险。

（3）与业主进行充分的沟通，了解业主的背景以及业主对工程的想法和期望。设计单位要充分利用以往的设计经验，结合现场实际情况，对业主未提及的与项目有关的事项深入探讨，为后续工作做好准备，尽量避免或减少工程建设过程中不必要的变更。

3. 确定设计采用的规范标准

设计标准决定了工程材料的选购、施工方案的确定、验收标准以及工程造价等。工程使用的标准一旦确定，应该在合同中确定下来，避免在工程实施过程中出现不同的执行标准。在设计过程中，设计人员要严格按照合同规定的建设规模、设计范围、设计条件以及业主指定标准规范，不可擅自更改。

4. 重视方案优化，控制项目投资

设计方案是技术标的重中之重，设计方案决定了后期的采购方案、施工方案的选取，也在很大程度上决定了投标报价，必须给予充分的重视。如果方案设计不切实际，技术的实现困难，则项目投资目标和工期目标将得不到保证。总承包单位一开始就应该牢固树立设计龙头的观念，将设计管理作为项目管理的重中之重来抓。让设计部成员尽早参与到设计过程中来，可以使项目从上游开始考虑设计、采购、施工及试运行的深度交叉，并行实施。

5. 选择合适的分包商

选择合格的设计分包商是总承包设计管理的关键，关系到工程总承包项目的成败。分包商的选择实际上是总承包单位“借分包商专业优势之力”来提高竞争、降低风险。总承包单位可以与技术水平高、管理能力强、信誉良好的专业分包商建立长期稳定的合作关系，充分利用这种合作关系，有利于在项目实施过程中减小沟通协调的难度，保障设计工作有序进行。总承包单位在选择设计分包商时应着重考察如下几个方面：

（1）工程设计优化能力。最优秀的总承包单位也不一定能低成本地完成设计的全部工作，必须借助分包商的专业优势。

（2）综合管理能力。从项目全局出发，综合控制成本、工期、质量、风险以及安全等的能力。

（3）财务能力。近期完成的合同额以及在建工程情况等。

（4）高效率的管理组织体系。高效率的管理组织体系是项目顺利实施的前提，具体体现为组织机构层次分明、部门间分工清晰明确、各部门人员经验丰富、专业水平高，具备完善的运行机制和顺畅的沟通渠道。

（5）良好的团队精神。专业优势互补、风险分担是总分包合作的原因，为了达到这一目标，总承包单位与各分包商必须发挥团队精神，以积极的态度，为实现工程总承包项目总目标共同努力。

（6）类似工程设计分包经验以及信誉。

2.3.3.2　项目实施阶段的设计管理

1. 推行限额设计

所谓限额设计，就是按总承包单位确定的投资估算控制初步设计，按确定的初步设计总概算控制施工图设计；同时，各专业设计在保证使用功能的前提下，按分配的投资限额控制设计，严格控制初步设计和施工图设计中的不合理变更，保证不突破投资总限额，以实现控制工程投资的目标。具体来说，限额设计通过将设计审定的工程量和投资额自上而下分解到各个专业、各单位工程、各分部工程，实现对设计规模、设计工程量、设计标准和概预算指标等的全面控制。为确保工程总承包项目的总体效益，在设计过程中推行限额设计是一种行之有效的方法。

（1）严格控制设计工程量。设计人员必须认真学习招标投标文件、分析投标过程中的澄清和承诺，将投标阶段批复的设计工程量作为施工图设计工程量的最高限额，将投标报价的工程量对应分解到各专业，作为限额设计的目标，严格按照招标文件中的具体要求进行施工图设计，使限额设计的思想贯穿整个施工图设计过程之中，从设计源头控制各项工程费用，保证实际设计工程量与投标时编制的工程量之间的差异控制在合理的范围内。

（2）控制设计费用，加强分包设计管理。总承包单位按照 WBS[1] 方法做出详细的费用分解，确定各设计分包商的成本控制目标。总承包单位在费用分解过程中，将每一工作项目按材料费、设备费、人工费等进行详细分解，只考虑工程成本，不计其他费用；每一工作项目在完成详细设计报业主批准前，造价工程师应迅速根据设计文件或图纸对该工作项目进行费用核算，并将核算结果与限额进行对比，明确该工作项目是否突破限额并分析突破限额的原因。若某一项目突破限额，应对其进行合理性分析，即在满足合同要求的前提下，尽可能降低成本，以避免不合理的费用开支，包括确定超支费用是否可以索赔等。

（3）制定限额设计激励机制。为了充分调动设计人员执行限额设计、降低工程费用的积极性，以便从根本上减少工程量变化带来的风险，总承包单位可以通过制定相关激励机制，明确由设计变更所带来的效益变化的分配形式及责任分担形式，在参与工程总承包项目的总承包单位、设计单位、施工单位之间形成利益共享、风险共担的良好氛围，这样，一旦在项目实施过程中出现工程量增加，设计人员就能积极配合分析出现问题的原因，寻找化解风险的途径。

2. 采购纳入设计程序

在工程总承包项目设计过程中将设计与采购工作相融合，不但可以缩短总工期，而且通过了解材料、设备等的供货周期和价格，使得设计工作完成时项目的建造成本也明晰了，即总承包单位可以提前做到对成本心中有数。采购工作能否高效进行，关系到项目的成本和质量，因此在实践中，设计人员应尽量参与采购的全过程工作。具体主要包括以下几个方面：

（1）采购技术文件的编制。材料及设备采购技术文件应由设计人员写出详细的技术规格书，是对设备采购的范围、数量、用途、技术性能、分包商的技术责任以及维修服务等内容的概括。总承包单位可以通过建立计算机信息管理平台进行信息交流。

（2）参加设备采购的技术谈判。为了使采购工作更合理有序，设计人员参与技术谈判，要求技术人员有全面的技术知识、善于谈判并具有强烈的责任心。

（3）相关技术文件的审核与签署。一般由分包商将采购设备和材料的技术文件反馈给设计人员，设计人员进行复核和签署，然后再购买或者正式按图制造。设计工作人员还要及时参与设备到货验收和调试投产验收等项工作。

3. 制定明确的设计计划

设计控制节点的控制非常重要。对订货周期长、制约工程施工关键控制点的材料和设备的采购应予以优先考虑，及时明确所涉及材料、设备的标准和技术参数。为保证进度缩短工期，应按阶段进行设计交图工作，完成一个阶段的设计任务后，及时交业主审批，供采购、施工部门进行后续工作安排。

要采用网络技术制定和管理设计进度。在国内网络技术发展已经比较成熟，但多用于

---

[1] “WBS”解释详见——知识拓展 2-9

施工阶段，设计阶段还没有开展。为满足业主的进度要求，可以使用网络技术制定动态计划，对设计工作进行管理，合理配置设计资源。

4. 建立项目设计协调程序

工程总承包模式要求对项目进行集成化的管理，要求设计、采购、施工、试运行的合理交叉，这就对设计过程的协调管理增加了难度。建立项目设计协调程序可以有效解决这一问题。

项目设计部经理通过建立项目设计协调程序，将协调管理制度化。即通过制定设计协调程序文件，明确总承包单位与业主之间、总承包单位内部部门之间以及总承包单位与分包商之间在设计工作各方面的关系、联络方式和报告制度。项目设计协调文件以工程总承包合同为基础，是设计接口的桥梁，是变更和索赔的依据，同时也是整个工程项目协调程序的一部分，它构建了设计人员与业主之间、总承包单位内部部门之间的联系纽带，并使得这种沟通规范化、模式化和程序化，提高了设计管理的质量和效率，保证了项目设计能够满足业主的要求和得到业主的反馈意见，并在出现偏差时可及时修订和修正设计文件。

5. 控制设计变更，树立索赔与反索赔意识

在工程总承包项目中，由于工程建设条件变化，原设计功能改善或提高标准，业主要求扩大项目规模或增加投资，以及发生不可抗力等因素，都可能引起工程设计变更。由于设计变更直接关系到总承包单位的利益，设计人员在项目实施过程中就应该对此密切关注，严格执行合同文件，加强与合同管理部门的沟通，提前做好变更准备，缩短变更审批周期。

6. 推行版次设计，加强设计深度管理

国外的设计成果和国内的设计成果在设计深度方面存在一定的差异。例如国外的设计文件可分概念设计、基本设计和详细设计，国内设计文件可分为初步设计、技术设计和施工图设计，两者对应的设计深度不尽相同。国内的设计文件一般为一次性完成，在实施过程中只作变更，通常比国外的详细设计的深度要细，为此我们应适应国际惯例，可以采取版次设计，使设计深度更合理，以免造成时间上的浪费。

合理的设计深度，既要满足当前工作需要，又要满足下一阶段的深化。加强设计深度管理，一方面要求采购能够及时准确，另一方面又要与施工密切配合。根据项目总体计划编制设计进度计划，将设计节点控制纳入项目计划监控体系，充分发挥工程总承包项目的整体协调优势，及早编制材料、设备采购清单和相关技术要求。

7. 积极落实设计审核和设计交底制度

为使项目各参与方对设计充分了解项目特点、领会设计意图、熟悉设计内容、正确按图施工，及时发现问题并提出改进意见，确保设计成果的质量，必须采取设计严格的设计审核和设计交底制度。项目重大技术方案和初步设计文件由总承包单位组织审核；项目综合技术方案和详细施工设计由项目设计部组织审核；专业设计技术方案由设计分包单位组织审核。

在初步设计阶段，总承包单位组织行业专家对设计单位拟定的项目方案设计大纲进行评审，确定其设计范围、设计原则、采用规范、技术标准和设计深度。同时，验证其是否符合项目招标文件或工程总承包合同的要求；是否满足工程所在国相关法律法规的要求；是否满足项目公司质量、安全、职业健康和环境保护等方面的要求，确保项目方案设计输入满足业主的需求。

在施工图设计阶段，总承包单位组织设计单位向施工、安装或设备供应商进行设计技术交底或设计回访，确认施工安装设计文件和图纸是否执行了初步设计文件评审和鉴定意见，是否满足施工、安装或设备加工制造过程对设计文件深度的需求。施工、安装单位及时组织专业技术人员对设计图纸进行审核，并对照现场逐一核实，在熟知设计文件内容和现场实际情况的前提下，与设计单位沟通设计技术交底的有关需求。

设计文件技术交底由项目部组织，设计、施工、安装和相关设备供应商参加。对重大、复杂或采用新技术、新材料、新工艺、新结构的工程，开工前和施工安装过程中，提前请设计专业负责人到现场做专题设计技术交底。对技术交底中有异议的问题，通过研讨协商解决；对不清楚或交底不明确的问题，必要时应请设计单位再次答疑。技术交底内容和对有关问题的处理意见应写入会议纪要，由相关方主要人员签字后，作为处理相关问题的依据。设计文件评审或技术交底的结论意见应形成纪要，由评审主持人签发执行。

2.3.3.3 竣工验收阶段的设计管理

竣工验收阶段设计工作的内容主要是完成工程竣工文件的准备和审核，编写相关操作手册，准备试运行方案，配合技术、管理、维护人员的培训，对试运行和维修工作进行指导，配合总承包单位进行工程竣工验收、结算、移交等。该阶段设计管理的重点是设计经验的总结。

设计管理经验是企业的一笔无形资产，先进的设计技术是以设计为主的总承包单位竞争力的重要体现。为使企业做到“吃一堑，长一智”，在实践中不断提升设计管理水平，就要积极开展竣工验收阶段的总结整理工作。彻底改变成熟的技术经验仅仅由少数技术人员掌握，不利于传承和积累提升的现状，通过总结和学习的提高，利用以往项目各阶段中所吸取的经验和教训，更新组织中的设计经验知识库，从而提供给项目后续阶段或将来类似项目的设计管理进行参考。具体来讲，可以从如下几个方面入手：

（1）树立专利保护意识，推动已有技术保护传承，将成熟技术转化成企业的知识产权。改变大量成熟的技术仅掌握在少数技术人员的手中，存在着随技术人员的流失而消亡的局面。

（2）培养和调动技术人员的积极性、创造性，促进新技术的开发，包括已有技术的升级拓展和新技术领域的开发，为企业的市场开拓和发展创造持久的推动力。

（3）制定设计工作总结制度，加强对设计成果的管理。在设计过程中，对设计图纸及有关资料应及时收集整理，并做好相关记录；待设计全部完成后，及时编目归档；项目竣工验收之后，由参与人员编制设计总结报告，总结经验与教训，以推动总承包单位设计管理工作的不断改进。

知识拓展

拓展 2-8：设计过程控制

设计过程控制是指为使设计过程处于受控状态，通过对设计过程进行分析找出直接影响设计的因素，采取必要的控制措施，制定并实施控制计划的活动。

设计过程控制对象是项目设计过程，控制的主体是设计管理部及相关的项目管理部门，控制的目标是项目的质量、工期和成本。设计过程控制能够排除设计实施过程中外界不利因素对设计目标的干扰、保证设计目标实现。

拓展 2-9：WBS 是指什么

工作分解结构（Work Breakdown Structure，简称 WBS）跟因数分解是一个原理，就是把一个项目，按一定的原则分解，项目分解成任务，任务再分解成一项项工作，再把一项项工作分配到每个人的日常活动中，直到分解不下去为止。即：项目→任务→工作→日常活动。主要用途有：

（1）WBS 是一个清晰地表示各项目工作之间的相互联系的结构设计工具；

（2）WBS 是一个展现项目全貌，详细说明为完成项目所必须完成的各项工作的计划工具；

（3）WBS 定义了里程碑事件，可以向高级管理层和客户报告项目完成情况，作为项目状况的报告工具；

（4）WBS 防止遗漏项目的可交付成果；

（5）WBS 帮助项目经理关注项目目标和澄清职责；

（6）WBS 建立可视化的项目可交付成果，以便估算工作量和分配工作；

（7）WBS 帮助改进时间、成本和资源估计的准确度；

（8）WBS 帮助项目团队的建立和获得项目人员的承诺；

（9）WBS 为绩效测量和项目控制定义一个基准；

（10）WBS 辅助沟通清晰的工作责任；

（11）WBS 为其他项目计划的制定建立框架；

（12）WBS 帮助分析项目的最初风险。

专家答疑

困惑 2-14：可施工性设计是指什么？

答疑：美国建筑业协会对可施工性研究（Constructability）的定义为："将施工知识和经验最佳地应用到项目的策划、设计、采购和现场操作中，以实现项目的总体目标。"具体来讲，是一种由项目管理人员通过有效组织，将施工知识和经验系统地集成和优化，并最佳地应用到项目的策划、设计、采购、施工、开车等各个阶段，以确保可施工性、降低施工难度和成本、提高安全性、缩短工期的研究活动。

可施工性设计有狭义与广义之分，狭义的可施工性设计即通常认为的针对工程项目实施过程中的"不便施工"或"不能施工"问题，通过在设计早期阶段融入施工知识和经验，通过设计方案的优化进行统筹解决的一种方法；而广义的可施工性设计是一种通过将施工知识与经验注入设计过程，优化设计方案，将设计、采购、施工进行综合集成管理的理论方法。

一方面，可施工性设计体现了技术与经济相结合的思想。任何的技术问题，归根结底都是经济问题，没有脱离经济的纯技术。可施工性设计的根本目的在于改善或优化项目的施工方案，提高项目投资效益。同时，可施工性设计强调系统化、集成化的管理方式，在工程项目开始的早期阶段及时开展工作，统筹考虑项目后续施工、采购、试运行等工作内容。另一方面，可施工性设计强调设计与采购、施工等过程的并行交叉。工程进度控制是工程项目管理的重要内容之一，通过可施工性设计，将采购纳入设计程序、设计与施工深度交叉，使得采购工作及早开始，因施工方案问题引起的变更减少，极大地缩短了建设工期。

困惑 2-15：可施工性设计与工程总承包设计管理的联系是什么？

答疑：工程总承包模式产生并逐步发展壮大的原因是：在激烈的市场竞争环境下，业主关注的重点从项目建设过程转移到项目投资效益上来，从而希望唯一的总承包单位以固定总价、明确工期对工程项目的设计、采购、施工等工作以及潜在风险全面负责，而不是因为这一模式本身具备降低成本、缩短工期、提高建设质量的优势。

工程总承包模式得到如此重视的原因是：工程总承包模式打破施工总承包模式下设计与施工相分离的局面，从而可以充分发挥设计的主导作用，使得设计与采购、施工以及试运营深度交叉，从而达到缩短工期、降低造价的目的。然而，并不是采用工程总承包模式，工期就必定缩短、费用就必定降低，如果不注重工程总承包项目的设计管理，那么工程总承包模式的潜在优势将不能充分发挥，其提高投资效率的作用将大打折扣。

工程总承包可施工性设计，正是一种通过将施工知识与经验注入设计过程，优化设计方案，将设计、采购、施工进行综合集成管理的理论方法通过设计过程中可施工性设计工作的开展，可以从项目全局出发，统筹考虑工程建设全过程的活动，从而实现保证质量、节约成本和缩短工期的目的。同时，总承包单位统一负责项目实施的各项活动，各参与方目标一致，参与项目设计工作的积极性增强，进行可施工性设计就有了组织保障，这样，总承包单位可以更好地把项目实施的各项活动作为一个整体进行思考，为创造各方共同参与、团结协作的氛围，实现对项目系统全面的集成化管理创造了条件。

困惑 2-16：价值工程和限额设计是指什么？

答疑：价值工程（Value Engineering，VE），也称为价值分析（Value Analysis，VA），起源于第二次世界大战期间的美国。美国设计工程师麦尔斯在他的《价值分析和价值工程》一书中，将价值分析定义为：“一种有组织的创造性方法，该方法的目的为有效地识别出不必要的，即无助于质量、用途、寿命、外观或用户特殊要求等的成本。”经过不断地总结实践经验，价值分析发展成为价值工程。

价值工程主要由三个方面组成：一是以业主的功能需求为出发点，在保证产品质量的前提下，追求价值最大化；二是对特定的研究对象进行功能分析，并系统分析功能和成本两者的关系；三是价值工程是一个有计划按规范程序开展的系统活动，致力于提高产品的最终价值。价值工程强调产品的功能必须满足业主的要求，最终目标是消除功能过剩和功能不足，最终正确地实现业主要求。

限额设计的研究方法开始于 20 世纪 70 年代的美国，它的前身是“按费用设计”（Design to Cost，DTC），最初是军事上的一种强制性命令。1975 年 5 月，美国国防部颁布了

DTC 相关的指令，明确要求将造价作为设计参数，并在设计过程中权衡质量、进度和成本之间的联系，对最终的成本费用进行严格审核。DTC 提出的最终目标是能够开发出既符合业主要求的功能又经济适用的系统。

限额设计重点在两方面：一是项目的下一阶段按照上一阶段的投资限额实现设计技术要求，二是项目的局部依据分配的投资限额完成业主的设计要求。限额设计通常应用在两类项目中，一类是运用成熟的施工方法能够完成的工程项目，其使用的材料和产品具有普遍性和常规性；另一类是工程项目的前期工作比较充分，业主要求和功能目标较为明确，拥有更完善的管理条件。

困惑 2-17：价值工程、限额设计与工程总承包设计管理的联系是什么？

答疑：价值工程和限额设计结合使用，为工程总承包建设工程项目的设计优化成本控制提供一种较优的理念和思路，不仅可以把项目开发成本控制在投资限额之内，还可以实现项目价值的最大化。即从设计阶段开始，利用限额设计方法控制工程成本的限额，以发挥价值工程的作用，使工程项目的价值达到最大化。有效措施是在设计阶段开始即应用限额设计，主要通过控制工程量以达到控制成本的目的，在建设工程各阶段采取相应措施和方法将工程造价控制在合理限额与范围内。

因此，工程总承包项目中业主招标寻找总承包单位时，详细明确的业主要求是实行限额设计及审查的重要依据。工程总承包项目限额设计可定义为根据可行性研究阶段所批准的业主要求和设计任务书，以可行性研究阶段确定的投资估算为限额目标，设计团队（业主聘请的设计团队或总承包单位的设计团队）进行初步设计，并以被批准的初步设计方案为依据编制工程概算，作为工程总承包投资总控的控制目标基础。

能力训练

工程总承包模式具备设计、施工一体化优势，可以促进设计与施工深度融合，提高项目管理效率，在项目进度、质量、风险及造价各方面管理管控中发挥优势价值。但若工程总承包各个参与方或部门之间协调与管理力度不足，也将严重影响基建施工进度，并对后续运维工作产生负面影响。

训练 2-30：设计部不仅要绘制竣工图，还要配合决算审计工作，这不是施工部的工作吗

某学校新建校区工程总承包项目，在项目竣工结算及决算阶段，设计部经理王辉接到总包项目部任务，按要求进行工程竣工图的绘制，并配合施工部的项目结算和决算审计工作。设计部经理王辉很郁闷，这不是施工部的工作吗？

训练 2-31：设计被要求根据现场施工情况进行频繁变更，该不该无缝配合

某城市航空港经济综合实验区某片区城市基础设施开发建设工程总承包项目，在新区建设“边设计、边施工、边结算”的工程中，经常性地出现临时性工程，比如增加临时绿化、更改道路走向等，现场施工反馈到设计部进行频繁设计修改，设计人员对此抱怨不已但也只能“逆来顺受”加班加点改图纸。

以分组讨论形式，完成以下任务：

（1）训练 2-30：工程总承包项目的设计部工作包括竣工阶段的一系列活动吗？

（2）训练 2-31：关于变更中设计和施工矛盾，项目部该如何针对性地推动工作？

场景 2.3.4

图 2-57　场景 2.3.4

AAA 医院项目的建设速度、建设质量以及建成后营运，直接关系到 GQ 公司在业内的声誉。该项目工期极短，留给设计的时间更少，而且涉及很多医疗方面的专业设计，还要做好可施工性设计和限额设计等，设计部经理王辉感到“压力山大”，如图 2-57 所示。

先秦左丘明《左传襄公十一年》有语：“居安思危，思则有备，有备而无患。”意思是随时要有应对意外事件的思想准备，事先有了准备就可以避免祸患。

王辉向具有丰富设计管理经验的集团总工请教：“张总，在设计管理过程中，该怎样避免设计管理风险?”

知识导入

2.3.4　厘清设计风险要点

2.3.4.1　设计风险分析

1. 设计接口风险

工程总承包项目设计属于系统工程，需要各专业设计人员通力协作、有机配合、及时传递交接各项成果，才能保证设计质量。设计工作协同配合包括设计各专业之间的协同，也包括设计、施工、采购等各项工作的协同。

设计接口风险主要是指工程总承包项目设计阶段与其他建设阶段连接不协调而产生的风险，如设计-合约接口风险、设计-采购接口风险、设计-施工接口风险、设计-试运行接口风险等。

2. 设计进度风险

工程总承包项目通常进度非常紧张，加之工程总承包中的设计部经理及各专业设计人员附加工作量超出常规设计项目，所以设计进度受控是保障后续实施推进顺利的基础条件。

设计进度风险是指设计方案的报批手续办理不顺畅，影响设计的进行；工艺专业提出的设计委托不清楚，影响这个设计方案的进度和整个施工进度的推进。

3. 设计质量风险

设计是工程总承包项目的核心工作，提高设计质量能够在根源上实现项目成本的节约、进度的加快和总体品质的提升。

设计质量风险主要包括以下几方面：一是，由于前期的沟通不够顺畅，可能导致设计单位的设计成果达不到设计任务书要求的情形；二是，由于设计质量不高，设计过程中对于现场的状况理解不够，导致土建、设备等各专业工作界面不清晰，施工图设计不能有效指导现场施工作业的情形。

4. 设计变更风险

工程总承包项目设计变更包括业主方变更和总承包单位变更。业主方变更即变更设计，是指由业主方在其权限范围内通过正式途径发出（含总承包单位提出、业主方确认，或由业主方直接提出），对已正式确认的项目定义文件（包括合同事先约定或实施过程中正式确认）等进行调整，可能产生工期、费用索赔的变更。总承包单位变更即设计变更，是指在总承包工作范围内，为了满足优化设计或更改错漏的需要，不涉及业主方相关要求调整的变更，无法向业主方进行工期、费用索赔。总承包单位设计变更应作为设计管理质量评价的关键指标之一，尽可能减少，防止造成拆改等损失。

产生设计变更风险的原因主要包括以下几方面：一是，因为政策变化，如建设标准变化、规范调整、政策调整等；二是，由于业主改变，如业主对工程的建设内容、工艺需求、建设标准等提出新的要求，投资政策发生较大变化，自身管理体制混乱等；三是，设计错漏原因，如设计失误、驻场设计管理疏漏、深化设计影响等；四是，其他方面原因，如自然条件的变化，不可抗力事件发生，社会环境的变化等。

设计风险管理汇总，如图 2-58 所示。

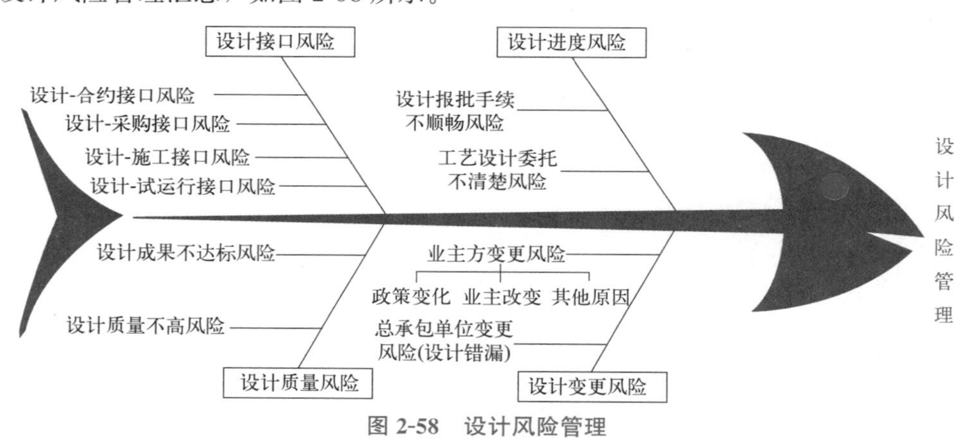

图 2-58　设计风险管理

2.3.4.2　设计风险防范

1. 设计接口风险防范

设计接口风险主要包括设计-合约接口风险、设计-采购接口风险，设计-施工接口风险等、设计-试运行接口风险等。

（1）设计与合约的风险防范

设计部与合约部的接口关系中，对下列主要内容的接口实施重点控制：①设计提供设计工作程序和需求的各种资源；②设计接收合约商务编制的总承包/设计进度计划；③设计配合设计阶段实际消耗统计；④设计报告设计变更实施进程和结果。如图 2-59 所示。

（2）设计与采购的风险防范

设计部与采购部的接口关系中，对下列主要内容的接口实施重点控制：①设计向采购

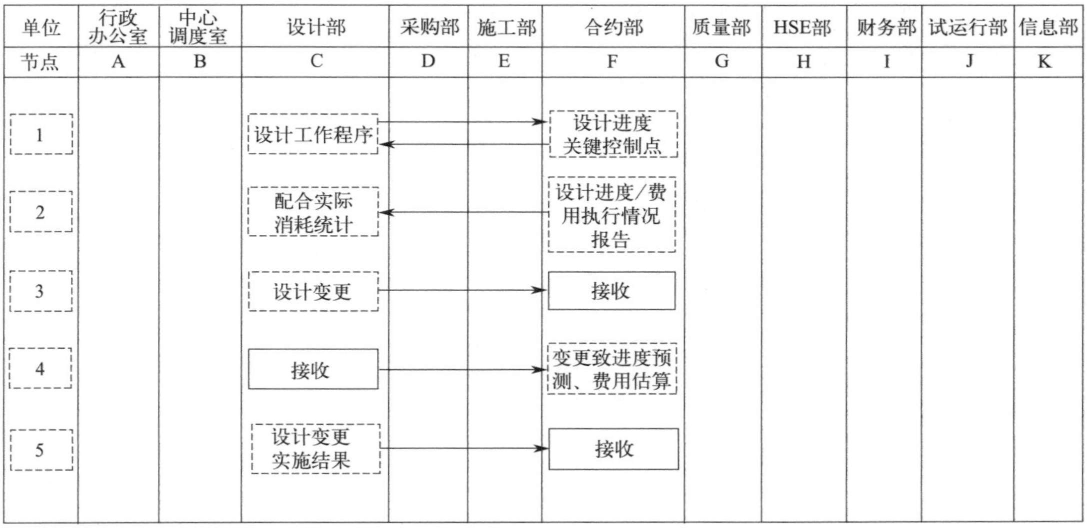

单位	行政办公室	中心调度室	设计部	采购部	施工部	合约部	质量部	HSE部	财务部	试运行部	信息部
节点	A	B	C	D	E	F	G	H	I	J	K
1			设计工作程序			设计进度关键控制点					
2			配合实际消耗统计			设计进度/费用执行情况报告					
3			设计变更			接收					
4			接收			变更致进度预测、费用估算					
5			设计变更实施结果			接收					

图 2-59　设计部与合约部的协调

提交请购文件；②设计对报价的技术评审；③设计接收采购提交的设备、材料厂商资料；④设计对制造厂图纸的审查、确认和返回；⑤设计变更对采购进度的影响；⑥如需要，设计应采购邀请参加产品的中间检验、出厂检验和现场开箱检验。如图 2-60 所示。

单位	行政办公室	中心调度室	设计部	采购部	施工部	合约部	质量部	HSE部	财务部	试运行部	信息部
节点	A	B	C	D	E	F	G	H	I	J	K
1			请购文件	接收							
2			报价技术评价文件	接收							
3			接收	订货的设备、材料资料							
4			制造厂图纸的评阅意见	接收							
5			设计变更对采购进度的影响	评估							
6			邀请	产品系列检验							

图 2-60　设计部与采购部的协调

（3）设计与施工的风险防范

设计部与施工部的接口关系中，对下列主要内容的接口实施重点控制：①设计文件交付；②设计文件的可施工性分析；③图纸会审、设计交底；④评估设计变更对施工进度的影响。如图 2-61 所示。

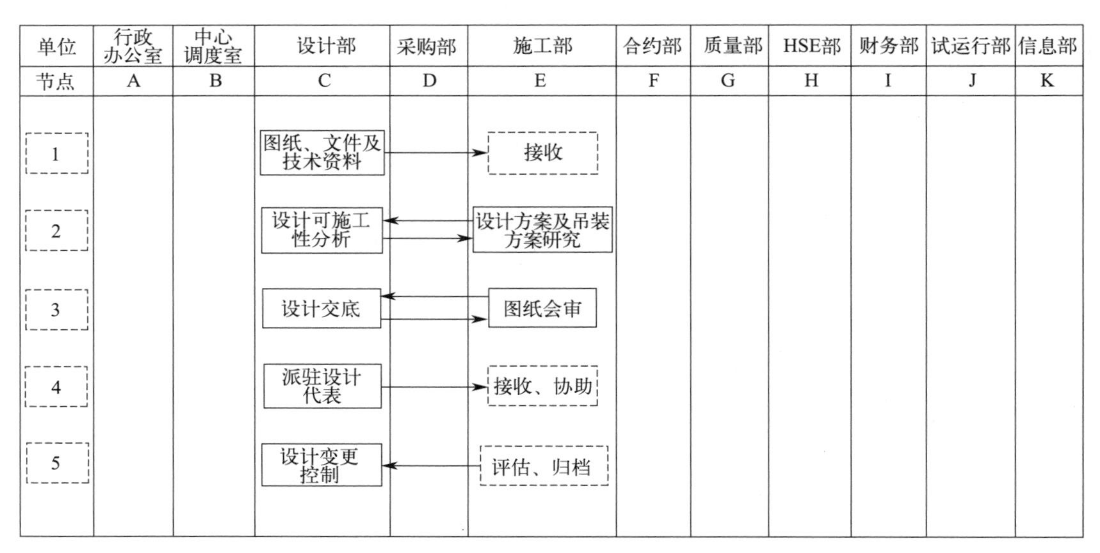

图 2-61　设计部与施工部的协调

（4）设计与试运行的风险防范

设计部与试运行部的接口关系中，对下列主要内容的接口实施重点控制：①设计接收试运行提出的试运行要求；②设计提交试运行操作原则和要求；③设计对试运行的指导与服务，在试运行过程中发现有关设计问题的处理及其对试运行进度的影响。如图 2-62 所示。

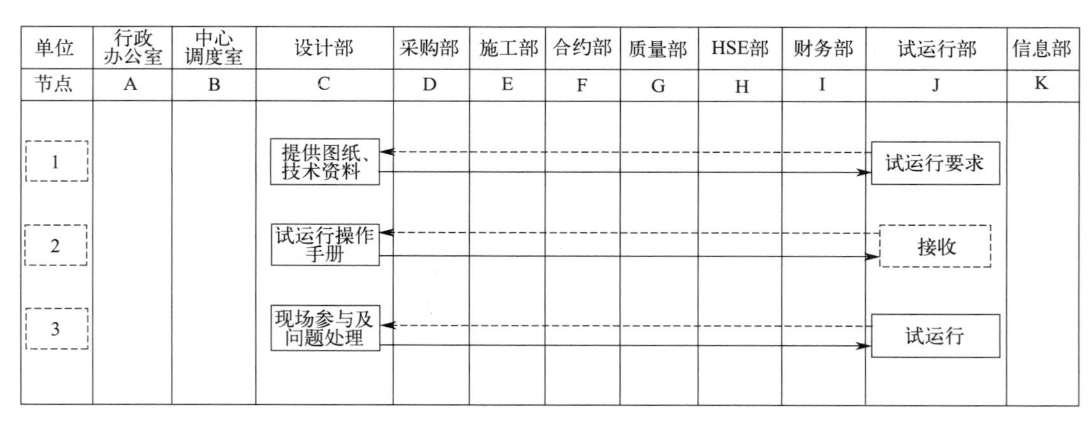

图 2-62　设计部与试运行部的协调

2. 设计进度风险防范

设计进度风险防范包括设计进度计划体系建立和设计进度计划执行。

（1）设计进度计划体系建立

需要根据项目总体进度计划、合同工期节点要求，结合当地政策环境的影响，并考虑报批报建、合约招采、施工建造的协同匹配性，综合分析建立。

设计进度计划可按层级划分为总体设计进度计划、专项设计进度计划及设计需求计划：

a. 总体设计进度计划是指根据项目总进度计划对项目整体设计内容设置里程碑基点。

b. 专项设计进度计划可分为方案及初步设计计划、施工图设计计划、深化设计计划、材料报审计划，在专项设计计划中细化专业设计完成时间、审核时间频次、设计调整修改时间及该项工作最终完成节点，最终节点应与里程碑节点匹配。

c. 设计需求是指为顺利开展设计工作，实现设计管理目标，在设计工作开展过程中明确其他板块资料、信息、分包专业力量资源等需求。为及时满足设计板块需求，应建立设计需求计划，明确需求内容及要求、划分提供配合的责任板块、明确需求时间，并说明提出需求的缘由，以便于板块间的沟通配合能够更加有针对性。

(2) 设计进度计划执行

为保障设计计划准确执行，应提前做好监控及纠偏策划。可采用专业负责人定期检查、填写进度监控记录表、召开设计周例会等形式，在执行过程中对设计计划展开监控，一旦发现实际设计进度偏离原定计划，应及时督促提醒。出现较大偏差时，应采取有效措施纠偏。可通过工作联系函、召开专题会、对滞后分包约谈等形式并将相关记录形成书面材料存档。当项目条件发生较大变更，无法实现原计划时，需要对计划进行调整，并执行原审批流程进行审定。

3. 设计质量风险防范

设计质量风险防范包括设计工作大纲的编写和设计工作大纲的落实。

(1) 设计工作大纲的编写

a. 总体原则。设计部经理应在项目策划大纲的基础上深化编写设计工作大纲，将总承包合同文件、招标投标文件、重难点分析和主要思路加以提炼，并通过设计工作大纲明确设计决策，合理安排设计流程和各阶段各专业的任务职责，必要时组织设计人员进行现场踏勘，了解现场情况，考虑多专业配合要点和具体措施。

b. 主要的特点。设计工作大纲应确保设计工作的先进可行、合理合规。先进可行是指设计中采用的各项技术指标、工作成果保持一定的先进性，同时要保证在现有资源下实现目标。先进性可以是成本受控下的领先技术，也可以是性能受控下的降本措施。合理合规是指设计工作大纲的定位应满足规范要求和合同约定。不仅在设计指标方面响应要求，在成本进度、施工便利性、质量安全、易控性方面更要考虑周全，综合确定相关工作内容和要求。

(2) 设计工作大纲的落实

a. 动态审核要求。首先，设计部经理应组织设计人员不间断与设计工作大纲、合同文件等予以对照，通过校对、校核、审核、审定程序进行基本设计质量的控制，发现问题及时处理；其次，设计部经理及时与施工部经理、项目总工的协商交流，对于设计成果分批次、分阶段进行检查，将设计进一步服务于施工现场和运行维护；最后，对图纸设计之外的各类计算书、辅助设计软件等进行检查评估，以确保设计成果的整体质量。

b. 会审会签制度。总承包方内部的会审会签制度，一要有纵向的专业设计人员、专业负责人、设计负责人、部门技术负责人、企业技术负责人的审核，二要有横向的各专业之间的协调联审，三要有总承包项目经理的审核会签。通过会审会签制度的建立和落实，有效地消除设计工作的错漏和分歧，完成工程总承包项目纸面的虚拟建造，为后续的实际建造打好基础。

c. 设计交底。设计工作的实际落实形式主要为设计交底，此阶段设计质量的控制重心从设计人员转为项目总工。项目总工在接收到图纸后，负责组织图纸会审、设计交底会议，并最终形成附设计交底记录的会议纪要。因设计质量问题造成的返工或工程量增加，项目总工及时做好记录提交商务经理，由其测算具体损失。所有涉及预埋预留的设计图纸，原则上由相关设备供应商会签确认后正式出具，相关要求应反映在设备采购招标文件和合同中。

4. 设计变更风险防范

设计变更风险防范包括业主方变更防范和总承包单位变更防范。

（1）针对业主方变更，总承包单位应按照项目管控机制文本要求，完善变更程序及指令文件等，并及时存档；在收到业主方正式变更指令后，总承包单位应督促相关方在合同规定时间内通过正式流程统一反馈变更影响，并协调业主正式确认；设计变更完成后，项目部应按照设计文件传递程序将其发放至相关方，并督促相关方在规定时间内正式反馈变更资料，配合后续商务事宜。

（2）总承包单位变更应按合同等要求程序将其发出，对业主无影响的，应争取通过总承包单位内部程序进行传递；总承包单位应根据变更情况，督促相关分包反馈变更影响，并确定变更责任归属，配合合约商务部办理后续商务事宜。

知识拓展

拓展 2-10：设计开工会

设计开工会指设计执行计划编制完成后，由项目设计部经理主持召开的会议。会议主要发布项目设计计划，说明设计任务的范围、内容、目标、实施原则、设计工作计划安排以及其他有关事项，宣布项目设计正式启动。并对市场供应情况进行调查了解和摸排，确定需要委托他人实施的特殊工艺（如：边坡防护中的挂网喷锚施工、桥梁基础钢围堰等）。

拓展 2-11：驻场设计

驻场设计是指设计师常驻施工现场，进行设计服务和配合的一种工作形式。根据项目需求的不同，可以是单人驻场，也可以是团队驻场。设计师在施工现场办公可以直接面对实际问题，更好地作出判断并给出解决方案，同时和业主、施工方等相关团队也能更及时地进行沟通和协调，避免了电话、邮件、出差等相对低效的沟通方式。

拓展 2-12：内部接口、外部接口

内部接口是指设计部内部各专业之间的接口，主要内容包括：各专业之间的协作要求、设计资料互提过程、设计文件发放之前的会签工作等。

外部接口指设计部与业主、设计部与设计分包商等方面的接口，主要内容包括：业主的要求、需要与业主进行交涉的所有问题、与各设计分包商间的资料来往等。

项目设计部要按照前述“项目设计协调程序”要求，对内与工程总承包项目经理部的其他部门协调，对外代表工程总承包项目经理部与业主、监理等单位协调，有设计分包的，还要对设计分包商的设计工作进行管理。

能力训练

工程总承包项目建设过程中涉及多个单位，各单位职责范围存在较大差异，极易产生利益冲突，因此需建立科学合理的利益分配机制并加强各方的沟通与协调，保障工程总承包各利益相关者达成有效合作，从而促进工程总承包的长期稳定发展。

训练 2-32：设计沟通管理，真的重要吗

医院隔离病房设计时间短、技术标准要求高、解决技术难题多，又因工期紧张，设计、采购、施工同步进行。工艺设计负责人吴民出图多处技术内容“见厂家”“见装修”，导致采购部部分设备、材料无法购得或存量不足。

造成损失：因设计问题导致供货的问题，不仅影响了工期，而且造成了较大的经济损失，影响了 GQ 公司的形象，造成无法弥补的影响。

训练 2-33：设计分包单位的支撑力度弱，怎么办

某老旧小区改造工程总承包项目，在实施过程中，由于总承包单位内部设计力量不足，其下属二级设计院将主体的设计进行外部分包，但是分包单位不派驻项目的设计代表，对于项目存在的问题反映解决的及时性较差。

造成损失：业主对于总承包单位在设计方面的支撑力度非常反感，现场人员与业主的沟通非常被动。

以分组讨论形式，完成以下任务：

（1）训练 2-32：如果你是设计部经理王辉，对于案例中的问题，你会怎么处理？

（2）训练 2-33：如果你是项目经理赵刚，对于案例中的情况，你会怎样处理？

近些年来，我国致力于全面推进“一带一路”倡议，大力倡导国内企业走出国门。基础建设是中国对外承包工程的核心项目，国际市场对中国基建的需要日益增多，这成为中国建设“走出去”的一大契机，但与此同时中国建设也面临更加严峻的挑战。

训练 2-34：与海外项目业主对接时应该注意什么

某援非水电站工程总承包项目，外方业主管理人员较多且分布在多个职能部门，现场遇到所有变更事宜都要走烦琐的程序，且外方电力公司发电运行部及调试部门的人员待机组调试试运行时才进厂，并提出设计方案中存在的相关建议意见。

造成损失：外方管理机构决策慢，如一个变更都会拖很长时间才能确定，造成工程进

度严重滞后。另外外方运行部人员进场时电力等设备已运抵现场，许多已不具备条件进行修改完善，造成对外移交难度较大。

以分组讨论形式，完成以下任务：

与国外业主的工作对接，我们该怎样应对？

参考答案

海外业主工作对接

场景 2.3.5

近年来，工程总承包相关的政策文件更新很快，为了更好地理解文件精神，设计部经理王辉对《示范文本》和《管理办法》中涉及设计管理的内容进行了系统的学习和整理，如图 2-63 所示。

图 2-63　场景 2.3.5

李白的《将进酒》中说："人生得意须尽欢，莫使金樽空对月；天生我材必有用，千金散尽还复来"。诗人以豪放的笔调，借酒作为载体，表达了积极向上、豁达豪放的人生态度，激励我们在学习和人生中积极向前，奋发向前。

你了解：《示范文本》和《管理办法》中涉及设计管理的条款有哪些？

知识导入

2.3.5　解读工程总承包相关政策之设计管理

2.3.5.1　《示范文本》设计相关重点条款解析

第 5 条　设计

【范本原文】

5.1.1　设计义务的一般要求

承包人应当按照法律规定，国家、行业和地方的规范和标准，以及《发包人要求》和合同约定完成设计工作和设计相关的其他服务，并对工程的设计负责。承包人应根据工程实施的需要及时向发包人和工程师说明设计文件的意图，解释设计文件。

5.1.2　对设计人员的要求

承包人应保证其或其设计分包人的设计资质在合同有效期内满足法律法规、行业标准或合同约定的相关要求，并指派符合法律法规、行业标准或合同约定的资质要求并具有从事设计所必需的经验与能力的设计人员完成设计工作。承包人应保证其设计人员（包括分包人的设计人员）在合同期限内，都能按时参加发包人或工程师组织的工作会议。

5.1.3　法律和标准的变化

除合同另有约定外，承包人完成设计工作所应遵守的法律规定，以及国家、行业和地方的规范和标准，均应视为在基准日期适用的版本。基准日期之后，前述版本发生重大变化，或者有新的法律，以及国家、行业和地方的规范和标准实施的，承包人应向工程师提出遵守新规定的建议。发包人或其委托的工程师应在收到建议后 7 天内发出是否遵守新规定的指示。如果该项建议构成变更的，按照第 13.2 款［承包人的合理化建议］的约定执行。

在基准日期之后，因国家颁布新的强制性规范、标准导致承包人的费用变化的，发包人应合理调整合同价格；导致工期延误的，发包人应合理延长工期。

【条文解析】

本条为承包人履行设计义务的一般要求，如果《发包人要求》或合同专用条件中发包人对于设计有特殊要求，则承包人需要按照《发包人要求》或合同专用条件中所指定的规范和标准履行设计义务。

鉴于建设工程设计领域对设计主体资质的硬性要求，本条特别明确约定承包人或其设计分包人在合同有效期内须持续性地满足法律、行业标准或合同约定的相关资质要求。虽然该要求未明确列入《示范文本》16.1.1 的合同解除条款当中，但如果承包人或其设计分包人在合同有效期内丧失了法律、行业标准或合同约定的资质要求，发包人仍可以提出解除合同的要求。

因设计工作遵循的规范和标准可能在设计工作履行过程中发生变化，因此本条特别约定，承包人完成的设计工作均应符合基准日期前的国家、行业和地方的规范和标准，否则承包人承担相应的违约责任。但是在基准日之后，强制性规范、标准改变，此时相应的风险责任则由发包人承担。发包人须根据承包人费用的变化合理调整价格或延长工期。

2.3.5.2 《管理办法》设计相关重点条款解析

第十条【工程总承包单位的主体资格要求一】

【办法原文】

工程总承包单位应当同时具有与工程规模相适应的工程设计资质和施工资质，或者由具有相应资质的设计单位和施工单位组成联合体。工程总承包单位应当具有相应的项目管理体系和项目管理能力、财务和风险承担能力，以及与发包工程相类似的设计、施工或者工程总承包业绩。

设计单位和施工单位组成联合体的，应当根据项目的特点和复杂程度，合理确定牵头单位，并在联合体协议中明确联合体成员单位的责任和权利。联合体各方应当共同与建设单位签订工程总承包合同，就工程总承包项目承担连带责任。

【条文解析】

本条第 1 款从以下两个方面规定了工程总承包单位应满足的条件：其一为工程总承包单位的资质要求。工程总承包单位应当具有与承接工程规模相适应的工程设计资质和施工资质，同时对联合体方式承包工程总承包项目予以了认可。需要注意的是，本条虽未强调勘察资质，但若工程总承包项目的承包范围中还包括勘察阶段，则工程总承包单位需同时具有相应的勘察资质、设计资质和施工资质，联合体方式承包亦然。其二为工程总承包单位的履约能力要求。即工程总承包单位应具有与工程相适应的项目管理体系和项目管理能力，财务、风险承担能力，并具有与发包工程相类似的设计、施工或工程总承包业绩。

本条第 2 款对联合体方式承揽工程总承包项目进行了规范，即在设计单位和施工单位组成联合体的情况下，应当签订联合体协议并确定牵头单位，联合体协议中应当明确各方内部的责任和权利。同时对联合体方式下工程总承包合同的签订进行了规范，即联合体各方应当共同与建设单位签订工程总承包合同，并就整个工程总承包项目对外承担连带责任。需要注意的是，同时具有设计资质和施工资质的多资质单位，也可以根据实际需求和自身情况使用其中一项资质采用联合体方式承接工程总承包项目。

【理解与适用】

1. 工程总承包单位的资质要求

按此管理办法的要求，在房屋建筑和市政基础设施项目工程总承包发包时，必须采用“设计＋施工”双资质，即要不由一家企业负责设计、施工业务，要不由两家企业组成联合体，分别负责设计、施工业务，不再允许工程总承包＋设计分包/施工总承包的专业分包＋劳务分包的总分包模式，只能是“工程总承包＋专业分包＋劳务分包”的模式。

其他行业的行政主管部门有关工程总承包的管理办法尚未提出双资质的规定，但极有可能会采用“设计＋施工”双资质的要求，也只能采用“工程总承包＋专业分包＋劳务分包”的模式。

2. 工程总承包单位的履约能力要求

工程总承包项目对项目管理体系和项目管理能力要求也有别于传统的设计院和施工企业，如组织机构、管理班子的组织模式、管理成员的素质等，不仅要求具备传统的施工管理能力，同时要求具备设计管理、采购管理、试运行管理，设计技术与质量、施工现场质量、安全、技术管理，及设计采购施工相协调的综合管理能力。尤其是对项目经理的要求有别于传统的施工部经理或现场经理，工程总承包模式下，项目经理更强调要熟悉工程设计、工程施工管理、工程采购管理、工程的综合协调管理及法律专业知识，对这些综合知识的了解程度要求远高于普通的设计项目或者施工项目管理。

需要注意的是，由于我国工程总承包行业尚在培育阶段，本条并未要求相类似的工程业绩必须是工程总承包业绩，而是放宽到设计、施工或者工程总承包业绩中的任何一项均可，这一方面可以鼓励更多单位参与工程总承包活动，另一方面也使建设单位在招标时有更多选择，保障市场的充分竞争。

第十一条【工程总承包单位的主体资格要求二】

【办法原文】

工程总承包单位不得是工程总承包项目的代建单位、项目管理单位、监理单位、造价咨询单位、招标代理单位。

政府投资项目的项目建议书、可行性研究报告、初步设计文件编制单位及其评估单位，一般不得成为该项目的工程总承包单位。政府投资项目招标人公开已经完成的项目建议书、可行性研究报告、初步设计文件的，上述单位可以参与该工程总承包项目的投标，经依法评标、定标，成为工程总承包单位。

【条文解析】

本条对以下两类主体成为工程总承包单位作了限制条件：一是明确排除了工程总承包项目的代建单位、项目管理单位、监理单位、造价咨询单位、招标代理单位对该项目的投标资格；二是对于政府投资项目，原则上排除了项目建议书、可行性研究报告、初步设计文件编制单位及其评估单位的投标资格。仅有招标人公开了上述单位已编制完成的项目建议书、可行性研究报告、勘察设计文件的情况下，消除了信息壁垒、实现了公平竞争条件，才允许上述单位参与工程总承包项目的投标，见表 2-8。

相关利益方成为工程总承包单位的限制性规定　　表 2-8

<table>
<tr><td rowspan="3">项目类型</td><td colspan="2">相关方</td></tr>
<tr><td>直接利益冲突方</td><td>间接利益冲突方</td></tr>
<tr><td>代建单位、项目管理单位、监理单位、造价咨询单位、招标代理单位</td><td>项目建议书、可行性研究报告、初步设计文件编制单位及其评估单位</td></tr>
<tr><td>政府投资项目</td><td rowspan="2">不得成为工程总承包方</td><td>原则上不得成为工程总承包方，以“招标人公开已经完成的项目建议书、可行性研究报告、初步设计文件”为例外</td></tr>
<tr><td>企业投资项目</td><td>无限制</td></tr>
</table>

【理解与适用】

1. 民法角度对“自己代理”行为之禁止和例外

在工程总承包项目中，代建单位、项目管理单位、监理单位、造价咨询单位、招标代理单位等分别以代理人身份代理建设单位进行项目建设、项目管理、项目监理、造价咨询、招标代理的工作，如果其合同相对人，即工程总承包单位为其自身，则属于原则上禁止的“自己代理”行为。而工程总承包项目往往涉及复杂工程、巨额资金，尤其是政府投资项目，更是会牵涉国家利益和社会公共利益，建设单位在工程总承包项目实际参与较少，既无必要也不具备甄别总承包商具体技术和程序问题，如项目管理、监理、造价、招标投标程序等的能力。因此，为了保护建设单位的合法利益，维护国家利益和社会公共利益，也考虑到技术上的可行性，不应允许被代理人（建设单位）同意或追认。

2. 行政法角度对可能影响招标投标公正性的行为之禁止

前期咨询单位成为工程总承包单位存在间接利益冲突，但也存在一定优势。如果公开了前期文件，那么就消除了前期单位的信息优势，使所有投标人处于同一起跑线，招标投标市场的公平就可以得到保证；而且即使前期单位虚增造价，在其他投标单位掌握足够信息的前提下，也可以通过技术分析与市场竞争，使虚高的造价回到正常水平。

因此，本条特别允许此类单位在避免其利用编制咨询文件的信息优势的情况下和保证同其他投标人、潜在投标人公平竞争的前提下，当政府投资项目招标人公开已经完成的项目建议书、可行性研究报告、勘察设计文件时，方可参与投标。

第十二条【工程总承包单位的资质申请】

【办法原文】

鼓励设计单位申请取得施工资质，已取得工程设计综合资质、行业甲级资质、建筑工程专业甲级资质的单位，可以直接申请相应类别施工总承包一级资质。鼓励施工单位申请取得工程设计资质，具有一级及以上施工总承包资质的单位可以直接申请相应类别的工程设计甲级资质。完成的相应规模工程总承包业绩可以作为设计、施工业绩申报。

【条文解析】

本条对设计、施工单位“高级别”资质互认进行了规范，设计单位和施工单位首先取得自身领域的高级资质，同时也达到获取对方领域“高级别”资质的条件，这种情况下则不需要从最低层的资质开始申报，有权直接向有关部门申报对方领域的“高级别”资质。本条的文本内容可划分为 3 个部分：一是鼓励已取得工程设计综合资质、行业甲级资质、建筑工程专业甲级资质的设计单位，直接申请相应类别施工总承包一级资质；二是鼓励已取得一级及以上施工总承包资质的施工单位，直接申请相应类别的工程设计甲级资质；三是确认已完成的相应规模工程总承包业绩，可以作为设计、施工业绩申报。

【理解与适用】

1. 条文的适用范围

房屋建筑工程是指各类房屋建筑及其附属设施和与其配套的线路、管道、设备安装工程及室内外装修工程。市政基础设施工程是指城市道路、公共交通、供水、排水、燃气、热力、园林、环卫、污水处理、垃圾处理、防洪、地下公共设施及附属设施的土建、管道、设备安装工程。因此，本条的适用范围也不应超过前述规范所划定的范围。

2. 条文中“相应类别”的理解

本条规定所规定的“相应类别”的理解与适用应重点考虑两个方面的内容：一是设计单位或施工单位必须满足规定的资质等级条件；二是设计单位或施工单位所申请的施工资质或设计资质必须满足行业相对应的条件。

（1）设计单位或施工单位必须满足规定的资质等级条件

设计单位设立的资质，根据《工程设计资质标准》的规定，相应的工程设计资质标准可分为 4 个序列，包括工程设计综合资质、工程设计行业资质、工程设计专业资质和工程设计专项资质，其中工程设计综合资质只设甲级，是指涵盖所有设计行业的设计资质。工程设计行业资质是指涵盖某个行业资质标准中的全部设计类型的设计资质，工程设计专业资质是指某个行业资质标准中的某一个专业设计资质，而工程设计专项资质是指为适应和满足行业发展的需求，对已形成产业的专项技术独立进行设计以及设计、施工一体化而设立的资质。

施工单位的施工资质，根据《建筑业企业资质标准》规定，建筑业企业资质可分为施工总承包、专业承包和施工劳务 3 个序列，其中施工总承包序列设有 12 个类别，分别是建筑工程施工总承包、公路工程施工总承包、铁路工程施工总承包、港口与航道施工总承包、水利水电工程施工总承包、电力工程施工总承包、矿山工程施工总承包、冶金工程施工总承包、石油化工工程施工总承包、市政公用工程施工总承包、通信工程施工总承包、机电工程施工总承包，施工总承包分为 4 个等级（特级、一级、二级、三级）。

本条规定所鼓励的设计单位必须具备工程设计综合资质、工程设计行业甲级资质或工程设计建筑工程专业甲级资质，施工单位必须具备一级及以上施工总承包资质。若设计单位或施工单位不具备本条规定的资质等级的，则不能以本条规定为依据直接申请相应的施工资质或工程设计资质。

（2）设计单位或施工单位所申请的施工资质或工程设计资质必须满足行业相对应的条件

若设计单位所具备的设计综合资质、行业甲级资质、建筑工程专业甲级资质满足本条适用范围的要求，则其可以直接申请施工总承包一级资质。对于已经具备一级及以上施工总承包资质而直接申请相应类别的工程设计资质的施工单位而言，也应采取同样的认定方式。

但需注意的是，设计单位申请施工总承包一级资质应满足本条的适用范围要求（设计单位或施工单位所具备的资质应属于房屋建筑和市政基础设施领域的资质，若不属于房屋建筑和市政基础设施领域，则适用本条），且其申请的施工资质的行业必须与设计单位已经具备的工程设计资质的行业保持一一对应的关系。因工程设计资质和施工资质所适用的规范体系存在差异，导致工程设计资质与施工资质的行业表述存在差异，根据《建筑业企业资质管理规定和资质标准实施意见》的规定，工程设计资质与施工总承包资质类别的对照，见表2-9。

工程设计资质与施工总承包资质类别对照　　表2-9

<table>
<tr><th>序号</th><th>工程设计资质</th><th>施工总承包资质</th></tr>
<tr><td>1</td><td>综合资质</td><td>建筑工程、公路工程、铁路工程、港口与航道、水利水电工程、电力工程、通信工程、矿山工程、冶金工程、石油化工工程、市政公用工程、机电工程</td></tr>
<tr><td>2</td><td>建筑行业</td><td>建筑工程</td></tr>
<tr><td>3</td><td>公路行业</td><td>公路工程</td></tr>
<tr><td>4</td><td>铁道行业</td><td>铁路工程</td></tr>
<tr><td>5</td><td>水运行业</td><td>港口与航道工程</td></tr>
<tr><td rowspan="2">6</td><td>水利行业</td><td rowspan="2">水利水电工程</td></tr>
<tr><td>电力行业</td></tr>
<tr><td>7</td><td>电力行业</td><td>电力工程</td></tr>
<tr><td rowspan="5">8</td><td>煤炭行业</td><td rowspan="5">矿山工程</td></tr>
<tr><td>冶金行业</td></tr>
<tr><td>建材行业</td></tr>
<tr><td>核工业行业</td></tr>
<tr><td>化工石化医药行业</td></tr>
<tr><td rowspan="2">9</td><td>冶金行业</td><td rowspan="2">冶金工程</td></tr>
<tr><td>建材行业</td></tr>
<tr><td rowspan="2">10</td><td>化工石化医药行业</td><td rowspan="2">石油化工工程</td></tr>
<tr><td>石油天然气（海洋石油）行业</td></tr>
<tr><td>11</td><td>市政公用行业</td><td>市政公用工程</td></tr>
<tr><td>12</td><td>电子通信广电行业（通信）</td><td>通信工程</td></tr>
<tr><td>13</td><td>机械行业</td><td>机电工程</td></tr>
</table>

专家答疑

困惑2-18：工程总承包单位承揽工程总承包项目后把施工部分进行分包，自身仅从事设计业务，如果施工阶段出现了违法违规的行为，应该如何对工程总承包单位进行惩罚？

答疑：根据《管理办法》第二十七条的规定，如果设计单位及其项目负责人作为总包方在施工阶段出现违法违规行为，那么就按照对施工单位及其项目负责人的处罚规定来进行处罚；同样地，如果施工单位及其项目负责人作为总包方在设计阶段出现违法违规行为，那么就按照设计单位及其项目负责人的处罚规定来处罚。

困惑 2-19：正式发布的《管理办法》仅明确了可以进行分包，那么在《管理办法》发布以后，设计和施工是否可以分包？

答疑：设计和施工义务可以在法律规定范围内进行分包，但分包之后不得再分包。虽然《管理办法》本身删除了关于设计和施工分包的规定，但根据我国《建筑法》第二十四条、《民法典》第七百九十一条、《招标投标法》第四十八条第一款、《建设工程质量管理条例》第七十八条第三款、《勘察设计条例》第二十条等条文规定中推定，设计和施工义务分包之后不得再分包。

困惑 2-20：在工程总承包模式下，主体部分和主体结构应当如何理解？

答疑：首先，法律法规对此的规定不具体也不明确，相关条款有涉及主体结构和主体部分的条款，但是并未给出相应的定义。由于工程项目以及施工和设计工作本身的复杂性和专业性，很难在有限的法条篇幅内对特别技术性的问题作详尽的规定。

但是，对于主体结构的范围，有关建筑工程的国家标准从技术角度作了规定。《建筑工程施工质量验收统一标准》GB 50300—2013 附录 B 中主体结构分为混凝土结构、砌体结构、钢结构、钢管混凝土结构、型钢混凝土结构、铝合金结构、木结构等子分部工程。这是目前国家标准中对于建筑工程主体结构范围较为详细的规定。

对于主体部分的范围，可以把设计合同示范文本和相关法规结合起来理解。《建设工程设计合同示范文本》GF-2015-0209、GF-2015-0210 中均规定了相同的内容："设计人不得将工程主体结构、关键性工作及专用合同条款中禁止分包的工程设计分包给第三人"，通过这一内容，我们可以理解为设计工作的主体部分不仅有工程主体结构，还包括其他关键性工作。

困惑 2-21：工程总承包模式下，设计和施工义务的主体部分和主体结构是否可以分包？

答疑：设计和施工义务的主体结构和主体部分应当由工程总承包单位完成。《建筑法》第二十九条第一款，《民法典》第七百九十一条第三款，《勘察设计条例》第十九条，《建设工程质量管理条例》第四十条、第七十八条等都有关于主体结构的规定。因此，设计和施工义务的主体结构和主体部分只能由工程总承包单位或直接分包设计、施工业务之一的分包商承揽，不得分包给其他单位。

能力考核—知行合一、学以致用

"纸上得来终觉浅，绝知此事要躬行。"这句话出自陆游的《冬夜读书示子聿》一诗，意思是说，从书本上得到的知识毕竟比较肤浅，要透彻地认识事物还必须亲自实践。

请同学们结合所学知识，分组讨论形式，完成以下作业：

1. 拟定 AAA 医院工程设计管理组织架构

要求：找出 3 个工程总承包项目的设计部的组织架构图，并根据本部分所学内容，拟定 AAA 医院的设计管理组织架构。

2. 拟定 AAA 医院工程的设计接口工作表

要求：请找出 3 个工程总承包项目的设计接口流程图，并根据工程需要，拟定 AAA 医院工程设计接口流程图和工作表。

3. 拟定 AAA 医院工程的设计风险处理流程图

要求：请找出 3 个工程总承包项目的设计风险流程图，并根据本部分所学内容，谈谈你对设计风险应对和处理的理解。

4. 撰写一份政策及文献综述

要求：通过网络查找梳理近年来我国中央及地方颁布的关于工程总承包的通知、指导意见及试点建设等政策文件，同时查找国内权威论文检索数据库关于工程总承包设计管理的研究文献，撰写一份政策及文献综述。

考核形式

（1）分组讨论：以 4～6 人组成小组，成果以小组为单位提交；

（2）成果要求：分为 4 个模块，手写或者电子版文件并同时上交汇报 PPT；

（3）汇报形式：每小组派 1～2 个代表上台演讲，时间要求 15～20 分钟；

（4）评委组成：老师参与、小组互评，背靠背打分；

（5）综合评分：以 4 个模块赋不同权重，加权平均计算最终得分；

（6）心得体会：老师指派或小组派代表，谈谈本章考核的心得体会。

小结

设计作为工程总承包“龙头”定位不仅是“设计产品”，更重要的是“设计产品制造过程”，即设计管理。设计管理的好坏，对于整个工程目标能否实现起着举足轻重的作用。

本部分要求读者了解设计投资的控制，掌握设计管理的内容，厘清设计风险的要点，理解政策文件中设计管理的相关条款，具备设计管理人员的独立上岗能力。在实践中要注意几项要点：（1）充分了解和理解业主需求和功能要求；（2）正确认识“限额设计”和“优化设计”；（3）立足技术进步，在满足项目功能且不降低安全度的前提下，实现利益双赢；（4）将采购纳入设计流程，融入新的施工方法和手段；（5）设计方案不但要考虑直接成本还要考虑综合成本；（6）设计是工程索赔的主要发起者；（7）三维设计、数字化、智能化、全生命周期等将成为未来的发展方向。

合格的设计管理人员不仅要具有过硬的专业知识，还要具备：（1）职业道德修养，如设计管理人员在和其他单位工作对接过程中需秉持的职业操守；（2）求真务实精神，如设计人员在做设计方案时不能弄虚作假，做自觉维护国家法纪与社会秩序的践行者；（3）合作共赢思想，对比施工总承包，工程总承包具有“一荣俱荣、一损俱损”的特点，设计管理人员更应具备大局观和合作共赢观。

岗位 2.4　工程总承包采购管理

采购 岗位导入

2020 年 2 月 25 日，总承包方 GQ 公司接到 AAA 医院项目的建设任务，公司立刻组建采购部。

采购人员每天天刚亮就开始进行招标采购工作，至少拨打上百通电话寻找供应商，工作一直进行到凌晨。凌晨过后还要召开夜间会议，总结汇报当天招标采购工作完成情况和遇到的困难，探讨解决方法并制定第二天的工作内容。经过大家的共同努力，采购部迅速完成资源组织供应，为施工预留充足的时间，如图 2-64 所示。

图 2-64　采购 岗位导入

招标采购对于企业而言，具有重要的意义，它可以帮助企业选择最合适的供应商，从而可以节省采购成本，提高采购效率，改善市场竞争环境，促进企业发展。近几年，我国先后出台了《招标投标法》《政府采购法》《工程建设项目施工招标投标办法》《工程建设项目货物招标投标办法》《机电产品国际招标投标实施办法》《工程建设项目招标范围和规模标准确定、招标公告发布暂行办法》《评标委员会和评标方法暂行规定》《工程建设项目招标投标活动投诉处理办法》等，这一系列法律法规的出台，标志着我国政府采购制度步入法制化的轨道。

采购 能力培养

（1）通过学习采购管理的概念、采购部职能分工和职责范围，能够拟定采购组织架构图。

（2）通过了解采购各阶段的管理程序，能够编制材料、设备采购计划，制定招标策划方案。

（3）通过掌握采购各阶段的管理内容，能够厘清采购管理的重点内容，并填写相应工作表。

（4）通过厘清采购风险管理的重点和防范措施，能够识别采购风险、画出风险处理流程图。

（5）通过理解政策文件中采购管理的相关条款，能够表达清楚该条款在实践应用中的意义。

场景 2.4.1

图 2-65　场景 2.4.1

GQ公司组建采购部，首要任务是明确工作职责，设置组织架构，任命采购部经理，明确成员名单和分工，如图 2-65 所示。

《老子》说："合抱之木，生于毫末；九层之台，起于累土；千里之行，始于足下。"就是告诫我们做任何事情都应从零开始，有个好的开始，通过逐渐积累，做事情才可能成功。

你知道：

（1）什么是采购管理？

（2）采购管理组织机构该如何设置？

知识导入

2.4.1　认识采购管理

2.4.1.1　采购管理概述

1. 采购

采购是指企业为了完成项目，在确保质量可靠的前提下，从适当的供应厂商，以适当的价格，适时购入必需数量的物品或服务的一切活动。包括采买、催交、检验和运输的过程。

广义的采购，包括设备、材料的采购和设计、施工及劳务采购。本教材的采购是指设备、材料的采购，而把设计、施工、劳务及租赁采购称为项目分包。

采购工作要体现"公平竞争、适当采购"原则，包括适时采购、适地采购、适量采购、适质采购、适价采购。

（1）适时采购

关键路径上的长周期设备、关键设备，要尽早订货，以保证项目关键路径上工期要求。

非关键路径上的短周期、通用设备，要尽量压减库存，降低现金占用。

（2）适地采购

进口设备：要合理利用各种外币，以达到降低费用的目的。

国内设备：要考虑供应商与施工现场的相对位置，以设备、材料相关费用为前提。

大型设备：运输受限但具备现场制作条件的，可现场制作；运输条件具备，可预制工厂模块化生产、预组装。

（3）适量采购

采购材料的富余量控制在恰当的范围内，将类似设备、材料的采购尽可能地合并在一个合同内，降低项目采购成本，减少采购管理工作量。

（4）适质采购

采购组在企业合格供应商的基础上，选择确定项目询价供应商，以保证项目成本最优化，提高采购效益。

（5）适价采购

采购的目标是价格的合理性，而不是单纯的价格最低化，单纯的低价有时会导致合同执行不顺利，或供应商现场服务不到位。

2. 采购管理

采购管理是指在执行采购业务或者采购设备材料的过程中，对其行为活动进行统筹规划，做到事前规划、事中执行和事后控制，为达到控制成本，维持正常的生产生活的一种管理行为。

其规划内容在不同的管理层面具有多种行为方案：

a. 企业需求层面：采购管理是企业为了达成生产或销售任务，从适当的供应商、确保适当的品质、在适当的时期、以适当的价格，购入适当的数量的物品或劳务的一切管理活动。

b. 管理功能层面：采购管理是研究在取得物品与劳务中，统筹兼顾事前的规划、事中的执行以及事后的控制，以达到维持正常的产销活动，降低产销成本的过程。

c. 管理行动层面：采购管理包括规划、设立目标、建立组织与制度、设计任务、职责与考核、设计作业流程与表单、拟定计划与预算等。

2.4.1.2 采购组织设置

1. 采购组织机构

项目采购管理应由采购部经理负责，并适时组建项目采购部。在项目实施过程中，项目采购部经理接受项目经理和工程总承包企业采购管理部门的双重领导，向项目经理和工程总承包企业采购管理部门报告工作。

项目经理下设采购部经理，工程总承包项目的采购管理由采购部经理负责。采购部内设采购部经理、采买工程师、监造工程师、催交工程师、检验工程师、运输工程师和仓储工程师等岗位，如图 2-66 所示。

2. 采购部的主要职责范围

a. 编制采购计划并按企业采购规定组织实施；

b. 组织采购招标、评标工作，参加对分包方的评价、考核和选择工作；

c. 负责设备、材料资料的收集，及时提供设计所需的技术资料；

d. 负责现场零星采购和紧急采购事宜；

e. 负责到货设备、材料的接运工作及到货设备、材料的检验组织工作；

f. 组织设备、材料运抵现场后的储存、开箱检验工作，负责办理验收交接手续，对开箱检验中出现的问题及时与本部、制造厂联系解决；

g. 负责现场库房管理工作，办理现场设备、材料的入库、贮存、出库的相关手续；

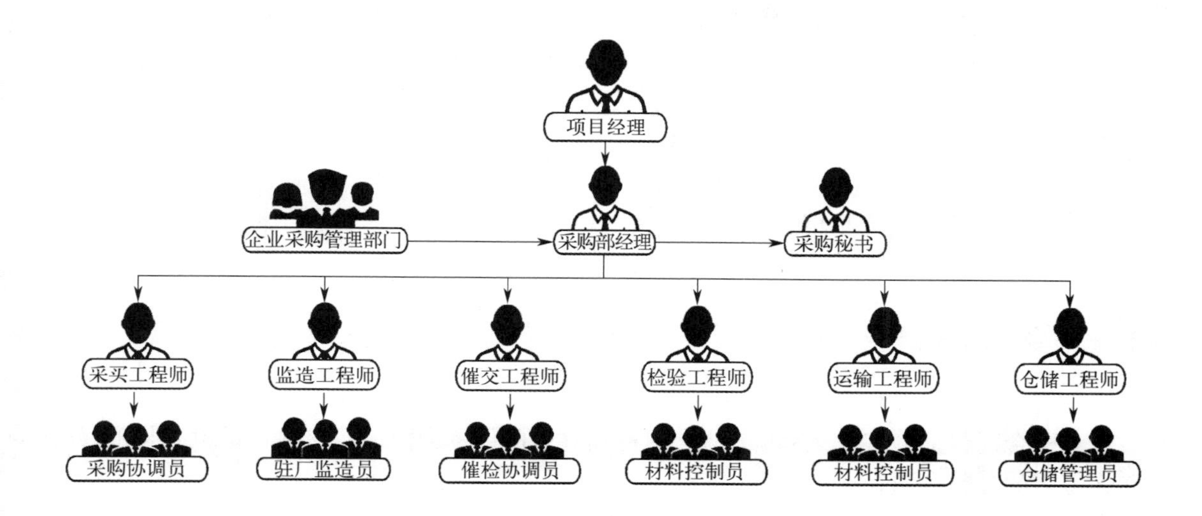

图 2-66　采购组织机构

h. 协助计划工程师、费用控制工程师、材料控制工程师、安全工程师做好各项控制工作；

i. 掌握现场动态，及时协调到货进度；

j. 负责制造厂联络、设备监造工作，督促协调制造厂解决到货质量问题；

k. 负责项目剩余材料的处理工作；

l. 负责保存设备、材料、配件等产品合格证、质保书及规范中要求检验项目的检验记录和检验报告等资料的整理归档移交工作，满足交工资料的归档要求。

3. 采购部经理的职责与任务

根据合同要求，执行项目采购执行计划，负责组织、指导和协调项目的采购工作，处理采购有关事宜和供应商的关系。完成项目合同对采购要求的技术、质量、安全、费用和进度以及工程总承包企业对采购费用控制的目标与任务。

具体工作如下：

a. 负责项目采购管理，包括所需设备，材料厂商确定、采买、催交、检验、物流和现场物资管理；

b. 组织编制项目采购执行计划；

c. 组织编制项目设备、材料合格供应商名单并按照程序获得批准；

d. 根据采购工作需要，向工程总承包企业采购管理部门提出项目采购组的机构设置和人员需求；

e. 接收设备、材料请购文件，根据采购执行计划，组织采购工作；

f. 组织采购组按照合适的采购方式进行采买工作，并组织签订采购合同[1]或订单；

g. 组织采购组进行催交、检验、运输、接货、开箱检验、入库、包干和发放等

[1] “采购合同”解释详见——知识拓展 2-13

工作；

h. 组织编制采购月报，进行费用、进度监测；定期召开采购计划执行情况检查分析会，针对存在的主要问题，提出解决办法，并及时向项目经理和工程总承包企业采购管理部门报告；

i. 组织设备、材料的现场采购工作；

j. 组织设备、材料供应商的现场服务工作；

k. 组织编写项目完工报告的采购部分。

知识拓展

拓展 2-13：采购合同

采购合同包括：（1）项目承包人与供应商签订的供货合同；（2）项目承包人与项目分包人签订的分包合同。

能力训练

工程总承包项目采购管理工作的优劣直接影响整个项目的工期、质量和成本。采购形式多样、采购责任众多以及采购业务面广、工作地点多等特点，增加了采购管理工作的难度。

训练 2-35：紧急工程，采购管理难点是什么

AAA 医院项目使用的设备材料为医疗专用设备材料，本身具有特殊性，部分设备材料型号、参数、规格等种类繁多，无法对比出各家的性能、价格，单位的资源库中具有相关资质生产的厂家相对较少，导致采购难度加大。

查找相关资料或请教企业老师，完成以下任务：

（1）AAA 医院采购管理包含哪些内容？

（2）AAA 医院采购管理的难点是什么？

随着工程总承包市场竞争的日益加剧，优质的采购预算方案能够有助于工程总承包单位改善管理、降低成本、提高效益、防范风险，最终提高我国总承包单位在国际市场的竞争力。“磨刀不误砍柴工”，有了采购预算，公司资金管理的方向和重点才能明确。

训练 2-36：采购工程师如何做好采购预算

GQ 公司要求各部门近日制定出下一年度的预算方案，王军用三天时间完成采购部预算初稿，财务部审核后说：“设备、维修等部分没有预算。”他又用了三天时间完善方案，审核结果是：“还应该加入采购部的管理费用，如培训费、差旅费等。”王军又做了第三次更改，但还是因为项目遗漏问题未通过审核。

王军困惑了，第一次做采购预算怎么这么难?

以分组讨论形式，完成以下任务：

（1）如果你是王军，你能避免采购预算反复修改吗?

（2）请安排 3 天省内旅游路线，编制 5 人同行的旅游预算。

场景 2.4.2

AAA 医院项目的工期紧张、钢筋用量大，采购部经过多方努力终于采购足量的钢筋运至施工现场。几天后，施工部经理给采购部经理打电话：“你们采购的钢筋发生大面积生锈的现象，怎么回事?”

图 2-67　场景 2.4.2

采购部经理张亮经过调查，钢筋送达工地时，相关人员未到达现场办理入库手续，而且找不到负责人。原因是采购人员未按照规定程序完成现场签字、检验、交付和入库手续。该事件直接经济损失 50 余万元，如图 2-67 所示。

孟子《离娄章句上》说：“离娄之明，公输子之巧，不以规矩，不成方圆。”就是强调做任何事都要有一定的规矩和规则，否则无法成功。

如果你是张亮，你知道采购管理的工作程序吗?

知识导入

2.4.2　了解采购管理程序

采购管理全过程分为采购准备程序、采购招标程序、采购实施程序。

2.4.2.1　采购准备程序

1. 编制材料设备采购计划

项目发布开工报告后，采购部经理配合策划工程师，根据项目主进度计划编制总体采购计划。在执行总体采购计划过程中，采购部经理应对采购工作进行监督和检查，必要时及时修改计划并报项目经理。总体采购计划编制、审批、供应商的评价与确定按企业采购管理办法执行。

2. 合格供应商[1]选择

设备和材料在采购招标前，应根据设备、材料的类别，从合格的供货厂商名单中选取推荐供货厂商，经项目经理批准，必要时征求业主意见。

2.4.2.2　采购招标程序

采购招标按下列程序实施：招标对象的确定、招标文件的编制与评审、候选供应商的

[1] “合格供应商”解释详见——知识拓展 2-14

确定、招标邀请书的发放、招标实施，如图 2-68 所示。

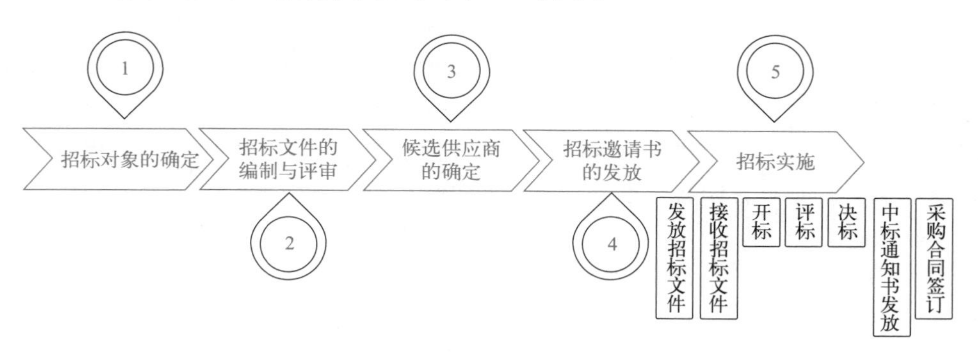

图 2-68　采购招标程序

1. 招标对象的确定

采购部经理应根据项目的具体情况，按《工程项目采购管理办法》的规定，确定通过的招标对象。

2. 招标文件的编制与评审

在项目经理的组织领导下，采购部经理应会同项目部其他人员、其他专家等按工程项目的具体要求编制招标文件。设计负责人有义务提供完整、准确的设备清单及技术资料。对金额相对较小的设备材料等的招标，为提高工作效率，可采用标准格式的简易版本。

招标文件编制完毕，采购部经理组织进行招标文件评审。招标文件经过评审合格后，方可进入下一步骤。

3. 候选供应商的确定

采购部经理应按《工程项目采购管理办法》的规定，拟定需要通过招标的各采购对象的候选供应商，候选供应商原则上应从企业的合格供应商数据库中选择。对按有关法规必须通过公开招标选择供应商的项目，须在企业网站上发布招标公告。

4. 招标邀请书的发放

确定候选供应商后，由采购部经理发放招标邀请书；对于公开招标的项目，按照公告发布的资格条件对报名单位进行审查，对符合资格要求的投标单位发放招标邀请书。

5. 招标实施

（1）发放招标文件

由采购部经理根据资格审查结果，通知有资格的投标单位向招标单位领取招标文件和相关资料。

（2）接收投标文件

投标文件送达指定地点后，采购部经理负责安排人员验证投标文件并登记送达时间。投标文件送达后，投标单位如果还需要更正、补充已提交的投标文件，则必须在投标截止时间之前提交正式的更正、补充文件。

（3）开标

采购部经理应按照预定的日期组织开标会议，当众宣布评标办法，启封投标书及补充函件。投标书一经启封，评标办法不得更改。如因特殊情况需要延迟召开开标会议的，应提前通知各投标单位。在开标过程中，通知生产经营部或综合管理部对招标评标全过程进行监督。

（4）评标

采购部经理负责评标的组织协调工作。评标委员会根据招标文件载明的评标办法，遵循公正、合理、科学的原则，对投标文件进行综合评价。评标委员会在评标过程中，认为有必要时，可以对投标单位进行询标，以澄清投标书中的问题。评标委员会评审完毕，应提交评标报告，简述评标情况及推荐理由，向决标小组推荐中标候选单位。

（5）决标

决标小组根据评标委员会的评标报告按照企业流程确定中标单位。

（6）中标通知书发放

根据决标结果，由采购部经理负责送达中标通知书。

（7）采购合同签订

从中标通知发出 30 日内，采购部经理组织与中标单位签订采购合同。

2.4.2.3 采购实施程序

1. 采购实施基本程序

采购实施基本程序是：编制采购执行计划，采买，催交与检验，运输与交付，采购变更管理，仓储管理，如图 2-69 所示。

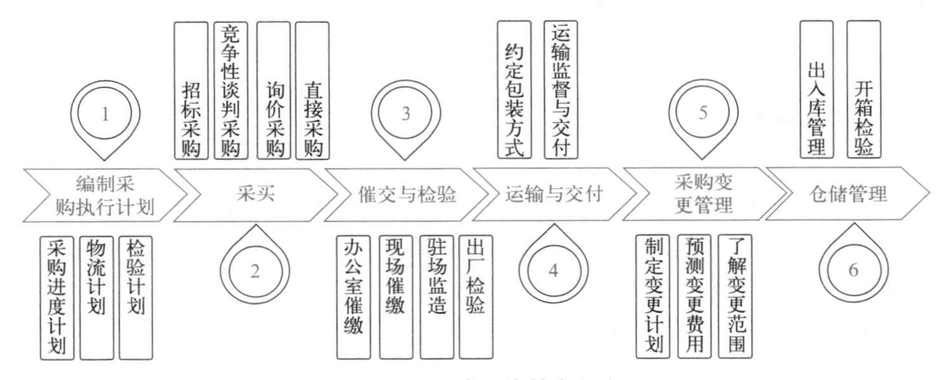

图 2-69 采购实施基本程序

［详解］采购组可根据采购工作的需要对采购工作程序及其内容进行调整，并应符合项目合同要求。

2. 采购实施详细程序

（1）编制采购执行计划

采购执行计划应由采购部经理负责组织编制，并经项目经理批准后实施。

采购执行计划包括内容：编制依据，项目概况，采购原则，采购工作范围和内容，采购岗位设置及其主要职责，采购进度的主要控制目标和要求，催交、检验、运输和材料控制计划，采购费用控制的主要目标、要求和措施，采购质量控制的主要目标、要求和措施，采购协调程序，特殊采购事项的处理原则，现场采购管理要求，如图 2-70 所示。

采购组应按采购执行计划开展工作。采购部经理对采购执行计划的实施进行管理和监控。

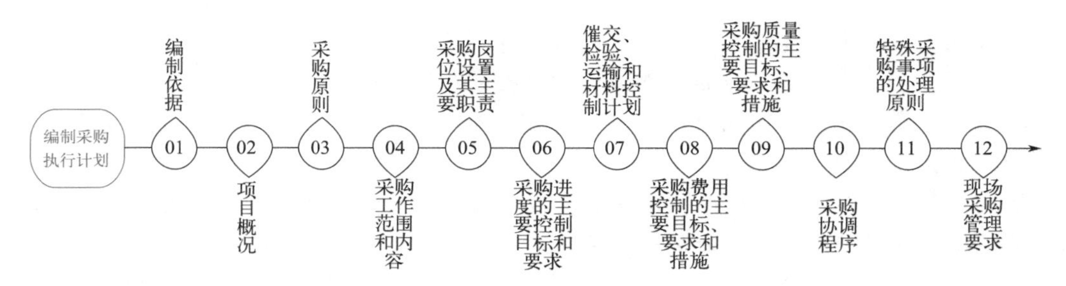

图 2-70　编制采购执行计划

［详解］项目概况中应包括下列内容：

a. 调研运输市场、项目所在地货港的吐运能力，货港到项目所在地的内陆运输能力和价格（包括铁路和公路的运输能力、价格与装卸能力等）；

b. 所在地有关设备、材料机具进出口的一般性政策法规；

c. 关于第三国设备、材料禁入的规定，关于进口税和免税的规定，关于旧设备、材料进口的规定等。

［举例］某工程总承包项目采购执行计划（扫码）。

（2）采买

采买工程师在项目采购部经理领导下，具体负责从接受请购文件到签发采买订单这一过程的工作。

采买工作包含接收请购文件、确定采买方式、实施采买、签订采购合同、当地采买、采买变更或分包等内容，如图 2-71 所示。

项目合格供应商应同时符合下列基本条件：满足相应的资质要求；有能力满足产品设计技术要求；有能力满足产品质量要求；符合质量、职业健康安全和环境管理体系要求；有良好的信誉和财务状况；有能力保证按合同要求准时交货；有良好的售后服务体系。

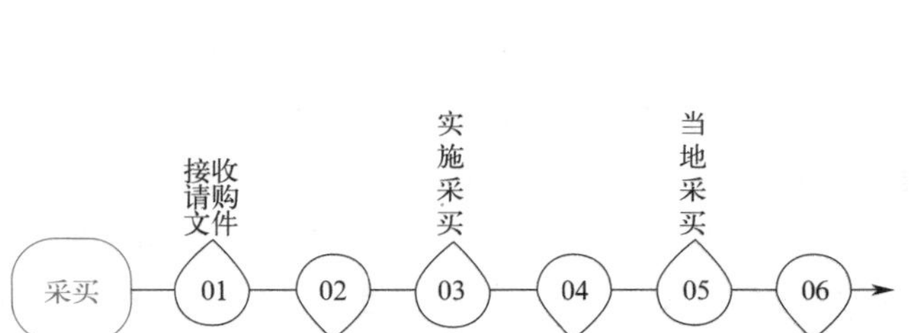

图 2-71　采买

［详解］采购组应按批准的请购文件组织采买：

a. 询价文件分为两部分：技术文件和商务文件。项目设计部经理组织专业设计人员准备请购技术文件，按照程序审批后提交项目采购组。商务文件是指根据工程总承包企业采购管理部门制定的商务类文件编制要求所编制的询价商务文件。采买工程师负责根据技术请购文件编制询价商务文件；

b. 采买工程师核对请购文件的完整性、有效性并上报采购部经理批准；

c. 采买工程师负责组织发出标书（询价文件）、澄清、开标工作；

d. 技术负责人负责报价文件的技术评价并按照程序进行审批；

e. 采买工程师负责报价文件的商务评价及组织综合评价，并按照程序进行审批。

（3）催交与检验

催交工程师在项目采购部经理领导下，负责从发出采买订单后至货物运抵现场之间向供应商催交与联络的工作，保证交货进度。

催交包含熟悉采购合同及附件，制定催交计划，催交图纸资料，检查进度进展情况，检查运输计划，编制催交报告，如图 2-72 所示。

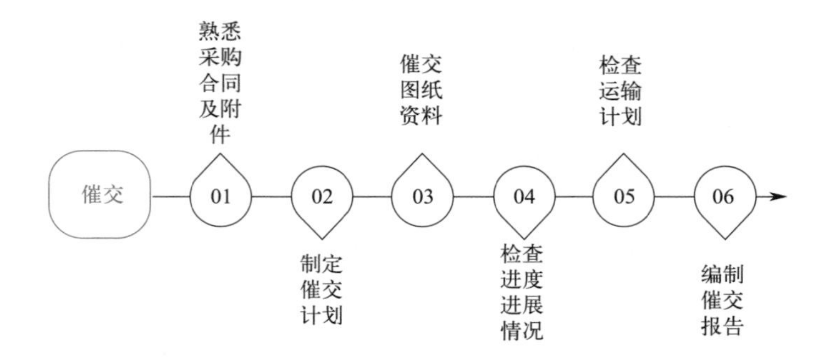

图 2-72　催交

［详解］催交方式应包括驻厂催交、办公室催交和会议催交。

a. 驻厂催交：指催交人员直接到制造厂进行敦促和督办；

b. 办公室催交：指通过电话、传真、信件等通信手段来实现的一种催交方式；

c. 会议催交：指催交人员和供应商以会议方式讨论和解决制造、交货进度方面的问题。

催交等级一般划分为 A、B、C 三级，每一等级要求相应的催交方式和频度。催交等级为 A 级的设备、材料一般每 6 周进行一次驻厂催交，并且每 2 周进行一次办公室催交。催交等级为 B 级的设备、材料一般每 10 周进行一次驻厂催交，并且每 4 周进行一次办公室催交。催交等级为 C 级的设备、材料一般可不进行驻厂催交，但需定期进行办公室催交，其催交频度视具体情况决定。会议催交视供货状态定期或不定期进行。

检验工程师在项目采购部经理领导下，负责组织检验设备、材料，保证设备、材料的质量。

检验包含制定检验计划，明确材料检验要求，专业人员现场监造，进行出厂检验，设备运抵现场检验，协调缺陷问题，文件整理归档，如图 2-73 所示。

对于有特殊要求的设备、材料，可与有相应资格和能力的第三方检验单位签订检验合同，委托其进行检验。采购组检验人员应依据合同约定对第三方的检验工作实施监督和控制。合同有约定时，应安排项目发包人参加相关的检验。

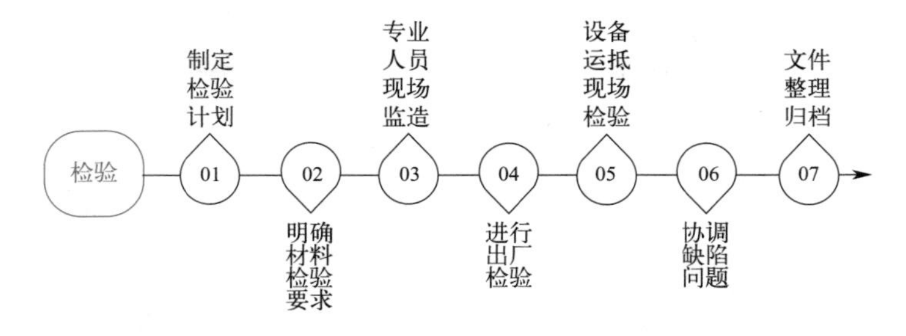

图 2-73　检验

［详解］检验方式可分为放弃检验（免检）、资料审阅、中间检验、车间检验、最终检验和项目现场检验。

a. 资料审阅是对供应商提供的内部检验资料的审阅；

b. 中间检验的活动发生在供应商工厂内；

c. 车间检验的活动发生在供应商车间内；

d. 最终检验的活动发生在供应商工厂内。

驻厂监造：在设备制造过程中，根据需要采购部派代表去制造现场参加检验和试验。对关键设备及大宗材料实行驻厂监造制度，由采购部报经项目总经理审批后委托驻厂监造。应委托具有一定资质的质量检验部门或公司进行驻厂监造。采购部经理经授权与选定的监造单位签订监造合同，审批其监造质量计划书，并负责协调及监督驻厂监造单位的工作。驻厂监造单位定期编写监造报告，报采购部，对于特殊情况应随时汇报。

（4）运输与交付

运输工程师在项目采购部经理领导下负责以合理的最低费用，按期将货物安全运抵施工现场。

运输与交付包括选择运输方式，签订运输合同，办理运输保险，办理进出口报关手续，跟踪货物运输，核查货物并办理交付，如图 2-74 所示。

采购组应依据采购合同约定，对包装和运输过程进行监督管理。对超限和有特殊要求设备[1]的运输，采购组应制定专项运输方案，可委托专门运输机构承担。对国际运输[2]，应依据采购合同约定，国际公约和管理进行，做好办理报关、商检及保险等手续。

［详解］超限设备的运输工作需注意下列主要内容：

a. 从供应商获取准确的超限设备运输包装图、装载图和运输要求等资料。对经过的道路（铁路、公路）桥梁和涵洞进行调查研究，制定超限设备专项的运输方案或委托制定运输方案。

b. 委托运输：编制完整准确的委托运输询价文件；严格执行对承运人的选择和评审程序，必要时，需进行实地考察；对运输报价进行严格的技术评审，包括方案和保证措施，签订运输合同；审查承运人提交的运输实施计划。

[1] “超限设备”解释详见——知识拓展 2-15

[2] “国际运输”解释详见——知识拓展 2-16

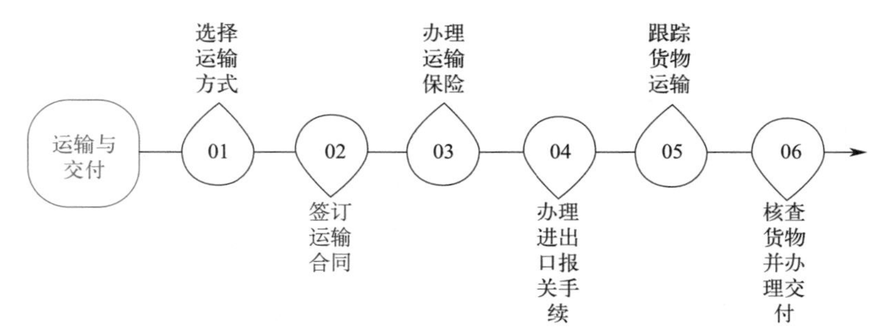

图 2-74　运输与交付

（5）采购变更管理

采买工程师在项目采购部经理领导下，按照合同变更程序进行采购变更管理。

采购变更管理包括分析变更原因及范围，制定合同变更清单，变更成本控制，采购合同变更谈判，如图 2-75 所示。

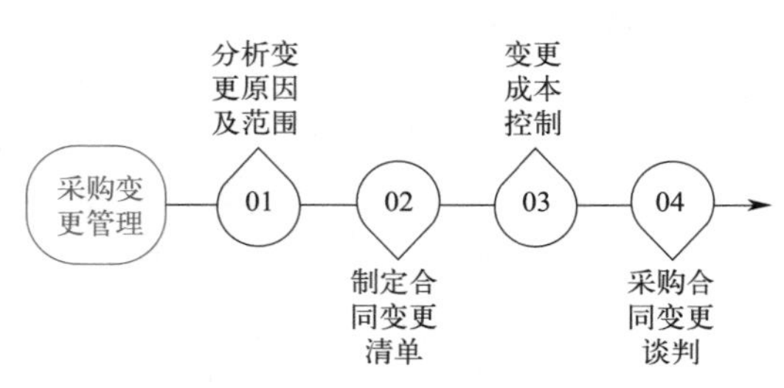

图 2-75　采购变更管理

根据合同变更的内容和对采购的要求，采购组应预测相关费用和进度，并应配合项目部实施和控制。

［详解］

a. 采购询价文件主要条款发生变更时要纳入合同管理，并经合同管理人员审阅，以规避风险；

b. 对已提交采购组的技术文件进行修订而产生的变更文件，要按照项目设计变更审批程序经设计部经理审核和项目经理批准后，再由采买工程师同时发送给所有的询价对象；

c. 采购合同文件签订后，对其内容的任何修改（增补、删减和修订等）均要得到合同签订双方的书面认可，并形成书面协议，成为补充合同。

（6）仓储管理

仓储工程师在采购部经理的领导下，负责物资接收、保管、盘库和发放，以及技术档案、单据、账目和仓储安全管理等工作。

仓储管理包括开箱检验，办理入库手续，建立物资明细台账，接收领料申请，办理出库手续，后评价，如图 2-76 所示。

设备、材料正式入库前，依据合同约定应组织开箱检验。开箱检验合格的设备、材料，具备规定的入库条件，应提出入库申请，办理入库手续。

［详解］根据设备、材料类别，确定开箱检验组人员组成：

a. 项目采购组派出的开箱检验负责人；

b. 采购组专业检验人员、仓储管理人员和档案资料管理人员；

c. 涉及专业代表（必要时）；

d. 施工专业工程师；

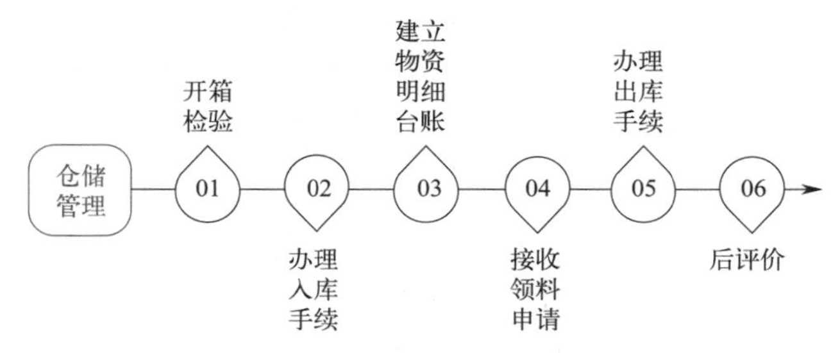

图 2-76　仓储管理

e. 供应商代表；

f. 商检机构派出的商检代表（进口设备、材料）；

g. 施工安装单位的质检代表；

h. 项目发包人的检验代表（必要时）；

i. 劳动主管部门安全检验代表（必要时）。

知识拓展

拓展 2-14：承包商、供应商和分包商的区别

（1）承包商：承包商是指有一定生产能力、技术装备、流动资金，具有承包工程建设任务的营业资格，在建筑市场中能够按照业主的要求，提供不同形态的建筑产品，并获得工程价款的建筑业企业。

（2）供应商：指直接向零售商提供商品及相应服务的企业及其分支机构、个体工商户，包括制造商、经销商和其他中介商。

（3）分包商：是指从事分包业务的分包单位。

拓展 2-15：超限设备

超限设备是指包装后的总重量、总长度、总宽度或总高度超过国家、行业有关规定的设备。

拓展 2-16：国际运输

国际运输是指按照与国外项目分包人（供应商或承运方）签订的进口合同所使用的贸易术语。采用各种运输工具，进行与贸易术语相应的，自装运口岸到目的口岸的国际货运运输，并按照所用贸易术语中明确的责任范围办理相应手续，如：进口报关、商检和保险等。

我国对外贸易中常用的装运港船上交货（FOB）、成本加运费（CFR）、成本加保险和运费（CIF）、货交承运人（FCA）、运费付至（CPT）、运费和保险费付至（CIP）等贸易术语。

能力训练

工程总承包项目编制采购计划，是做好采购管理的第一步。俗话说“凡事

预则立，不预则废”，做事一定要有计划，采购工作也不例外。科学的采购计划要明确采购需求，提供采购依据，使采购工作有条不紊地进行。

训练 2-37：闭门造车的采购计划，会造成什么后果

AAA 医院项目为了保证物资供货及时，GQ 公司总裁召集采购部所有员工开会，明确要求一定要拿出周密的采购计划。采购部经理张亮在办公室待了 3 小时，没有参照任何资料，就编制出一份笼统的年度采购计划。

2 个月后，GQ 公司发现采购量过多积压仓库，总裁王强就此事询问张亮，发现采购部就笼统地编制了一份采购计划，而且缺乏根据和可操作性，王强严厉地责备了张亮。

以分组讨论形式，完成以下任务：

（1）依据案例回答下列问题：

1）不编制采购计划而盲目施工，会造成什么后果？

2）编制采购计划前应该参考哪些资料？

3）采购计划只包含年度采购计划，可以吗？

（2）请策划 GQ 公司的年会活动方案，并依据方案编制年会采购执行计划。

工程总承包项目选好供应商，采购工作几乎成功了一半。但是对企业来说，什么样的供应商才是“好”的呢？只看规模和口碑行不行？价格降得越低就越好吗？如果遇到“有关系”的供应商怎么办……种种问题给采购人员的工作带来了挑战。

训练 2-38：如何选择与自身条件匹配的供应商

GQ 公司是一家中等企业，其供应商 E 公司生产规模全国最大，生产质量过硬，但是经常出现交期延迟现象。采购部经理张亮觉得应该换一家供应商，采购员王军听说后向他推荐正在开发的 F 公司，张亮觉得 F 公司太小，王军劝他说：“公司小自然把我们看成大客户，全力以赴地完成订单。”张亮觉得也有道理，与 F 公司签订合同。

F 公司交货倒是及时，但他的货物总是出现问题，质量明显不过关，张亮三天两头接到技术部投诉，没办法只好与 F 公司解除合作关系。

训练 2-39：选择供应商要分析考察哪些事项

GQ 公司最近需要采购一批电脑光驱，采购员王军先去找长期合作的老供应商 A 公司，报价是每个光驱 120 元。王军和备用供应商 B 公司洽谈，B 公司的报价是 100 元。王军正在两家之间犹豫的时候，B 公司换了一个业务员。新业务员对王军很热情，请他吃了几次饭，但听说 A 公司的报价是 120 元以后，这个业务员还主动把价格降到了 80 元。

王军兴冲冲地去向老板邀功，老板听了却怒火冲天，说他一定吃了 B 公司的回扣，否则之前的价格怎么那么高？王军大喊冤枉。

训练 2-40：如何突破潜规则，选择合适的供应商

GQ 公司消防模块供应商 C 公司的产品老是出问题，交货也经常拖延，采购部经理张亮去交涉了好几次，C 公司答应改进却没有行动。张亮和圈内朋友小刘说到此事，不由得

大吐苦水，小刘提起他表哥的公司也是做消防模块的，而且质量很不错，建议张亮换掉原来的供应商，与他表哥的公司合作。

张亮与小刘谈完后左右为难，小刘表哥的公司他也知道，在业内很有口碑，但是C公司是财务总监推荐的，换掉了岂不是得罪他？而且新供应商如果与自己有熟人关系，财务总监更认为他“别有用心”了，该怎么办呢？

以分组讨论形式，完成以下任务：

（1）训练 2-38：怎样才能选择合适的供应商？

（2）训练 2-39：在选择供应商的过程中，应该把握好哪些方面的问题？

（3）训练 2-40：面对供应商选择的潜规则，你有办法应对吗？

场景 2.4.3

AAA 医院项采用工程总承包模式，其采购管理具有采购量大、物资种类多、采购周期短、质量要求高等特点，采购工作包含招标投标、合同签订、催交运输等系列工作。

张亮作为采购部经理，要协调人员、材料和设备，保证采购物资的质量、速度和成本，确保工程按期交付，深感任务艰巨、责任重大，如图 2-77 所示。

图 2-77 场景 2.4.3

《上堂开示颂》说：“尘劳迥脱事非常，紧把绳头做一场；不经一番寒彻骨，怎得梅花扑鼻香。”这是借梅花傲雪迎霜、凌寒独放的性格，比喻人们只有经过艰苦的磨炼，才能有所成就。

如果你是采购部经理，你知道采购管理包含哪些内容吗？

知识导入

2.4.3 掌握采购管理内容

2.4.3.1 采购准备管理

1. 项目总体采购计划

项目总体采购计划是指导采购工作的纲领性文件，是一个独立的完整计划。采购部经理任命到岗后，应立即在项目经理的指导下进行项目总体采购计划的编制工作（详见附件 2-5：项目总体采购计划的编制内容）。项目总体采购计划编写完毕后，采购部经理填写工程项目采购计划申请表进行采购计划会签评审（详见附件 2-6：工程项目采购计划申请表）。采购部经理应认真执行经评审批准后的项目总体采购计划。

2. 阶段性采购计划

根据项目总体采购计划，采购部经理应结合项目进度，编制项目阶段性采购计划，阶段性采购计划是在总体采购计划的指导下编制的，对下一阶段采购工作的详细计划。阶段性采购计划应该包括采购对象的数量、主要技术参数、预计价格、支付节点初步计划、采购方式、采购进度、候选供方名单的内容（详见附件 2-7：项目阶段性采购计划明细表）。

阶段性采购计划编制完成后，采购部经理应按照项目阶段性采购计划（详见附件 2-8：项目阶段性采购计划评审表）填写，报送会签评审。项目阶段性采购计划必须经项目经理、主导实施部门领导、企业采购部门会签，经企业分管副总经理批准后方可实施。

阶段性采购计划的编写周期由采购部经理根据工作进展按需而定，确保每项采购实施之前先经过审批，但阶段性采购计划的编制频率应确保每月不少于一次。对于简单项目，采购工作量不大且可控性强的情况，采购部经理可只编制一次采购计划，包含上述总体采购计划和阶段性采购计划的内容。

3. 零星采购计划

项目现场零星采购在小额（额度现行有关规定，企业可自定）、紧急使用的情况下，经项目经理、项目所在部门负责人批准后，可由采购部经理或现场采购人员实施。项目现场零星采购累计金额不应超过项目合同额的 2%。当零星采购累计金额超过限额时，采购部经理需列出全部发生的子项和金额，并分析原因，报企业生产经营部审核，并经分管领导批准后方可继续进行现场零星采购。

除项目现场零星采购外，采购对象未列入采购计划或采购计划未经批准的，不得实施对该采购对象的采购；对于需先行采购的设备、采购市场十分紧缺设备及材料或无法制订采购计划的特殊情况，应由项目经理向生产经营部提出申请，经分管领导批准后方可实施，按正常采购程序进行。

2.4.3.2　采购招标管理

1. 采购招标标的物[1]

采购招标标的物分为物资类采购、工程类采购、服务类采购。

（1）物资类采购：分为材料采购和设备采购，物资类采购可以说是整个项目采购中最为复杂、变化最多的采购类型。

（2）工程类采购：分为设计分包和施工分包，特指二次分包工程类采购。受《招标投标法》约束，建筑工程分包一般采用招标的形式。

（3）服务类采购：分为劳务分包、工程监理咨询服务等系列服务采购。采用的方法也很多，招标、询价均有应用，特殊专业服务需应用单一来源采购模式。

物资类采购、工程类采购、服务类采购在采购形式、供应商、采购方式、评定手段等方面有着各自不同的行为，见表 2-10。

采购招标标的物行为一览表　　表 2-10

采购类型	物资类采购		工程类采购		服务类采购	
	材料采购	设备采购	设计分包	施工分包	劳务分包	其他分包
采购形式	购买	购买或租赁	分包	分包	分包	分包
供应商	众多的材料经销商和生产商	设备制造商和代理商	设计公司	工程公司	劳务公司	各种服务公司
采购方式	公开招标、询价或零星采购	公开招标或邀请招标	公开招标或直接发包		公开招标或直接发包	公开招标或直接发包
评定手段	一般采用合理低价法	一般采用综合评标法	一般采用综合评估法		一般采用合理低价法	一般采用综合评标法

2. 采购招标的方式和内容

通常来说，采购招标的方式包括：公开招标采购、非公开招标采购（包括竞争性谈判采购、询价采购和单一来源采购），见表 2-11。

[1] “标的物”解释详见——知识拓展 2-17

工程总承包采购方式一览表　　表 2-11

招标方式	公开招标采购	非公开招标采购		
		竞争性谈判采购	询价采购	单一来源采购
流程复杂性	✧✧✧✧	✧✧	✧✧	✧
竞争性	✧✧✧✧✧	✧✧✧✧	✧✧	✧
供应商	至少有三家同等条件满足要求	至少有三家同等条件满足要求	至少有三家同等条件满足要求	满足要求的供应商唯一
谈判	不可谈判	可谈判	可谈判	可谈判
决策方法	综合评审法		—	—

（1）公开招标采购作业

公开招标采购作业内容如图 2-78 所示。

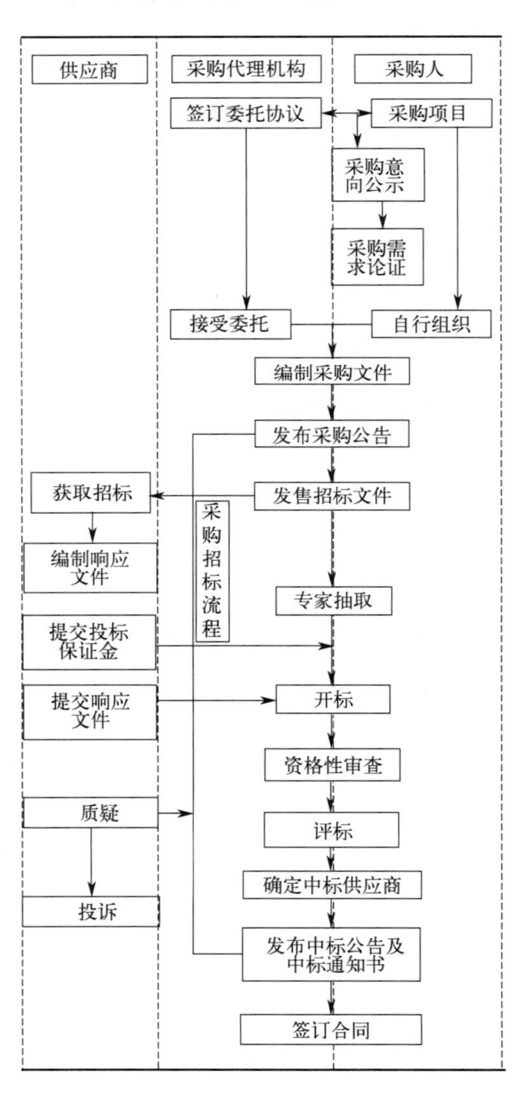

图 2-78　公开招标采购作业内容

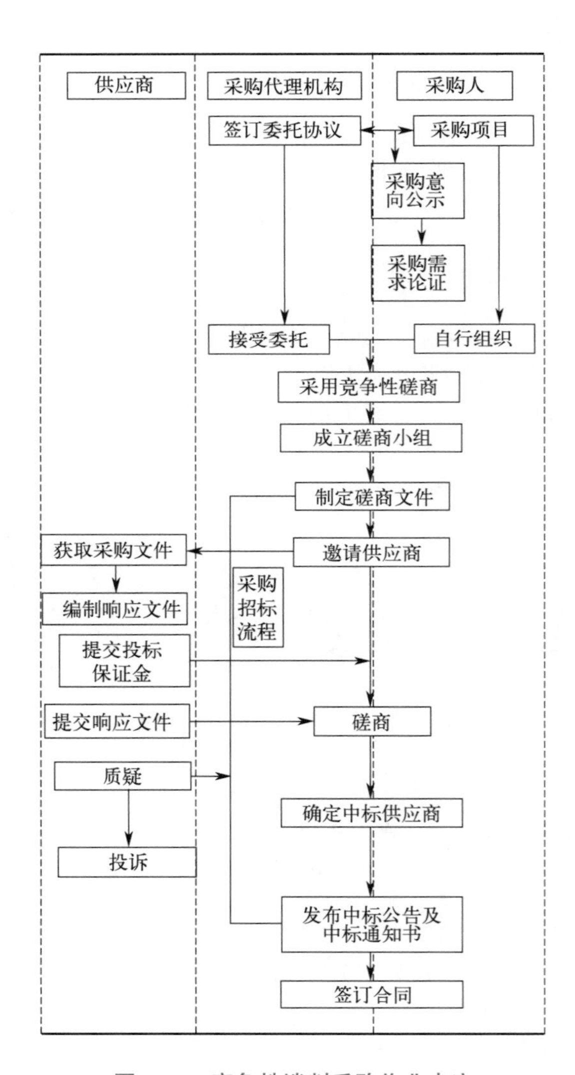

图 2-79　竞争性谈判采购作业内容

（2）非公开招标采购作业

a. 竞争性谈判采购作业内容如图 2-79 所示。

b. 询价采购作业内容如图 2-80 所示。

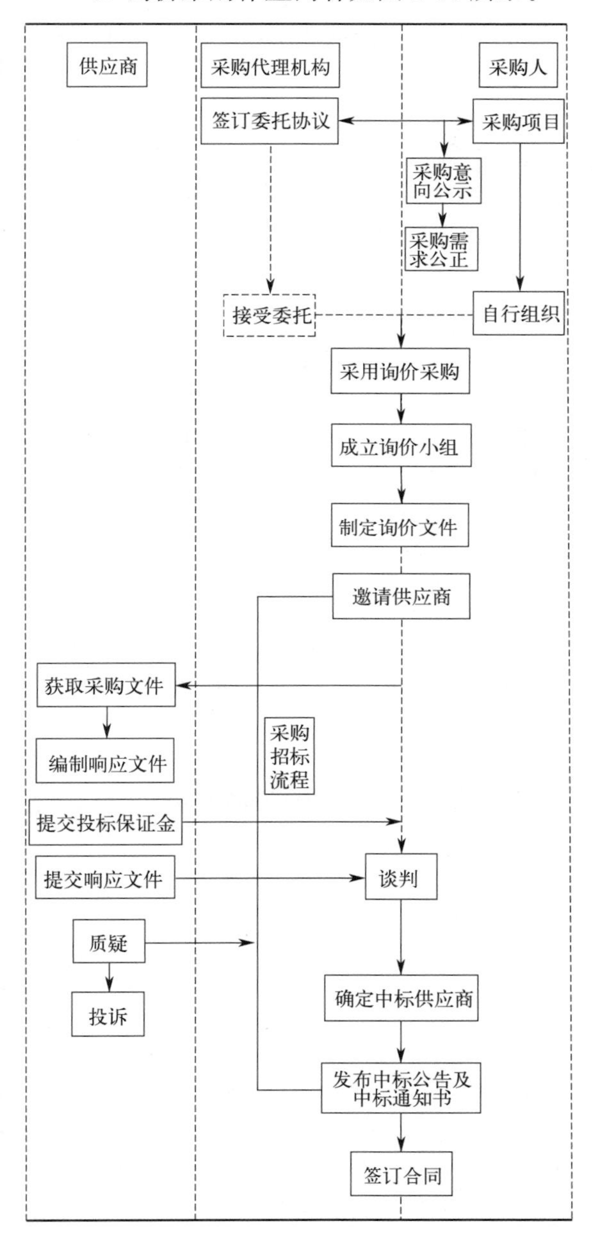

图 2-80　询价采购作业内容

图 2-81　单一来源采购作业内容

c. 单一来源采购作业内容如图 2-81 所示。

3. 采购招标管理要点

（1）制定采购招标计划

a. 了解工程施工的逻辑关系，在进度计划中明确设备、材料进场顺序，参考工程施工进度，以及接口提交的限制条件，合理确定采购文件提交时间和采购计划。

b. 重点跟踪、关注关键路径上设备、材料的采购进度，随着项目的推进，关键路径上的设备是会不断发生变化的，需要高度关注。

c. 对于预装设备、预埋材料要根据项目进度要求合理安排采购计划，此类工程材料滞后会直接影响到工程进度。

（2）建立采购招标程序

工程总承包项目中的采购招标程序显得更为重要，要细分采购的每一项工作的目的及各个岗位职责，比如在招标采购工作中，包括标书的编制、审查、批准、招标、澄清、开标、评标、定标、谈判、签订合同等一系列工作，还需要明确各部门之间的分工协作，如涉及文件的传递、递交进度、结果反馈。

（3）加强供应商的优化选择和管理

a. 供应商的选取。总承包单位与业主双方立场不同，总承包单位对工程所需设备材料要求满足最高性价比，而业主要求的是品牌、质量和功能。因此，双方在推荐、选择供货商环节上需要沟通、协调，从而满足采购工作的进一步开展。

b. 供应商的管理和监控。对供应商资格预审，综合审核供应商的相关资质、技术水平、信誉度等级、历史业绩等考核指标，对于重要设备和材料，还需到厂家进行实地考察；合同签订后，应督促供应商严格履行合同，及时督促供应商完成各环节工作，对于不守信用的供应商应列入黑名单。

c. 质量监造公司管理和监控。采购管理中由于工期紧，质量检验人员匮乏，可以采取质量监造业务外包对供应商进行监管，在签订质量监造服务协议时应尽可能详尽，同时明确对漏检和未检出的瑕疵需要负连带责任。

（4）加强各部门协作

采购与设计、施工是项目的主线，其信息交流、衔接和协调工作顺畅是项目成功的保证。

2.4.3.3 采购监造管理

采购监造管理包括前期准备工作、了解整体情况、过程监造、出厂前检验、包装检验和运输，如图 2-82 所示。

1. 前期准备工作

（1）根据项目具体设备种类、涉及专业、设备供应商所在区域等情况成立设备监造、检验组。

（2）监造、检验人员认真熟悉设备采购合同供货范围和技术要求，收集相应的设备制造、检验标准及规范。熟悉设备选用材料、加工工艺、装配、试验等方面的技术要求及相应检测和验证方法。

（3）必要时，采购部经理应组织所有监造人员参加针对材料、机械加工工艺、测量工具使用、验收程序等内容的集中业务知识学习。

2. 了解整体情况

（1）监造人员到达设备供应商制造厂后，由销售人员联系设备制造部门负责人，介绍本合同设备目前加工制造情况，同时监造人员应要求供应商提供相应的生产计划。

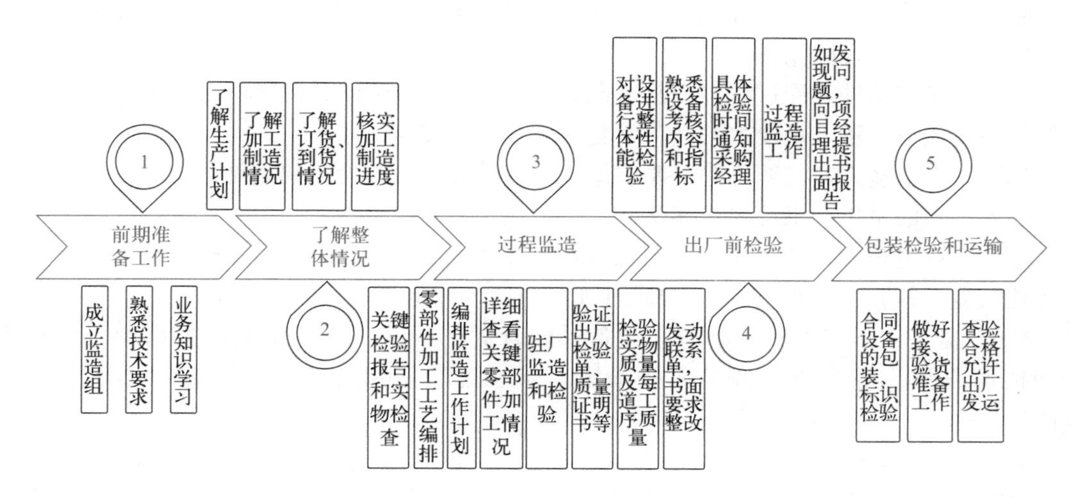

图 2-82　采购监造管理

(2) 供应商对监造人员进行必要的现场安全教育后，带领监造人员到加工现场实地落实、查看设备的加工制造情况。落实过程中监造人员要详细记录各零部件所在加工车间及加工工序。

(3) 监造人员通过供应商物资供应部门了解设备制造所需外购材料、配套部件的订货、到货情况，必要时应要求查看供应商材料、外购件的订货合同。

(4) 监造人员在了解设备制造的整体情况后，根据设备采购合同规定的交货期及供应商提供的设备制造进度计划，核实目前合同设备的加工制造进度能否满足合同规定的交货期要求，如果目前进度滞后，应立即以书面形式向采购部经理汇报。

3. 过程监造

(1) 监造人员应对用于合同设备制造的关键材料的检测报告和实物进行检查。监造人员应要求供应商提供并查阅上述原材料的化验单、出厂检验单、质量证明书和到厂后的质量复检单；同时可以要求供应商提供相应的检测工具，对原材料实物质量进行检验。

(2) 监造人员要向供应商工艺人员了解各零部件的加工工艺编排，查阅工艺卡片。同时可以向供应商借阅图纸，详细了解和记录各关键零部件的加工工艺过程、周期、所需工装设备、加工精度、热处理方式和要求等技术内容。

(3) 监造人员根据掌握的上述技术内容编排监造工作计划。对于加工周期长、精度要求高、所需工装设备繁忙紧张的零部件应作为监造工作关注的重点。

(4) 监造人员要详细查看每个关键零部件的加工情况。对于关键工序监造人员应对照图纸标注的技术要求认真检验，如果不符，监造人员应阻止该零部件进入下道加工工序。

(5) 监造人员要随时关注外购件到厂情况。对于关键外购件可以要求供应商提供联系方式、创造便利条件，亲自到外购件制造厂按上述监造程序进行监造和检验。

(6) 当零部件加工完成，且外购件全部到厂，进入到设备装配工序时，监造人员首先应验证外购件的出厂检验单、质量证明书和到厂后的质量复检单。同时还要对实物质量进行检验，如果质量不满足要求或不符合设备采购合同规定的指定分供货商，监造人员应阻止将该部件装配于合同设备。

（7）合格零部件装配过程中，监造人员要严格按照装配图纸规定的技术要求检验每道工序的装配质量，不满足要求的坚决不允许进入下道装配工序。

（8）对于监造人员已明确提出要求供应商生产人员整改处理的问题，监造人员应向供应商发出工作联系单，书面要求其整改。

（9）监造过程中，监造人员若发现当前制造进度已滞后，应立即向供应商发出《设备货源地监造、检验工作联系单》，要求其加快进度，并落实赶工措施。

（10）监造人员工作的基础源于设备采购合同的技术条件，供应商提出的任何更改合同技术条件的要求监造人员无权决定，应通过联系相关专业技术人员书面确认和解决。

4. 出厂前检验

（1）当设备严格按照技术要求组装完成后，对设备进行整体性能检验，包括总体预装、空运转试验、润滑检查、负荷试验等。

（2）在进行上述检验工作前，监造人员应要求供应商提供相应的检验规程，提前明确和熟悉考核内容和指标。

（3）对于设备采购合同中注明的联合检验设备，监造人员应将具体检验时间提前通知采购经理，以保证业主方代表或其他参与人员提前到达检验地点。

（4）设备出厂检验过程监造人员必须全程到场，参与并监督供应商对检测工具和仪表的校验、检验操作过程、如实准确记录等工作。

（5）如果在检验过程中供应商有弄虚作假现象，监造人员应立即制止，并向供应商发出《设备货源地监造、检验工作联系单》，要求其立即采取纠正和监督措施。

（6）设备检验完毕后，监造人员应根据合同规定对该设备随机资料的份数和内容进行检验，若有不符，应向供应商提出整改要求。

（7）在监造、检验过程中，若发现与合同规定有重大偏离事项和隐患的事实时，诸如不能如期交货、合同设备转包、更改关键配件的指定供货商、设备存在严重质量缺陷等，监造人员应立即向项目经理提出书面报告，由项目经理组织解决。

5. 包装检验和运输

（1）监造人员应对合同设备的包装、标识进行检验，对于不符合规范要求的，监造人员有权禁止其出厂、运输。

（2）设备发货日期确定后，监造人员及时书面通知工程项目部，以便项目现场做好接、验货准备工作。

（3）所有合同设备在出厂前必须由监制人员填写《设备出厂前查验内容一览表》，并逐项查验合格后，方可允许设备出厂发运。

（4）招标文件和采购合同中应明确规定材料的包装和运输由供方负责，送达项目工地现场指定的仓库（地点），在卸货前的所有责任由供方负责。对大件物品或危险品，在运输过程中，采购部经理应给予关注。

知识拓展

拓展 2-17：标的、标的物的区别

标的是指合同双方当事人之间存在的权利和义务关系，如货物交付、劳务交付、工程项目交付等。

标的物是指合同当事人双方权利义务指向的对象，是商业买卖合同中的特定名词，标的物指买卖合同中所指的物体或商品。

简单来说，标的物强调“物”，而标的强调一种“关系”，标的是指合同当事人之间存在的权利义务关系，标的物是指当事人双方权利义务指向的对象。例如，在房屋租赁中，标的是房屋租赁的关系，而标的物是所租赁的房屋。

拓展 2-18：甲指乙供材料、甲供材料和乙供材料的区别

（1）甲指乙供材料：建设方指定材料品牌、质量、规格、价格及供应商，由施工单位进行采购的材料。甲指乙供材料对于甲方建设单位可以保证质量、品牌，乙方施工单位适当可以收取一定的利润和管理费。

（2）甲供材料：建设方自定材料品牌、质量、规格、价格及供应商，并自行采购的材料。甲供材料对于甲方建设单位可以保证材料质量，乙方施工单位要承担材料管理责任。

（3）乙供材料：工程承包方自行采购的材料。乙供材料就是包工包料，甲方建设单位不再管理，乙方施工单位承担材料的质量、品牌和管理。

能力训练

工程总承包项目采购是项目实施的核心环节，采购支出一般占工程造价的60%以上，而且品种极多、工作量大、工作面广，稍有失误不仅影响工程的质量、进度和费用，甚至会导致总承包单位的亏损。

训练 2-41：紧急工程，如何加强劳务管理

GQ 公司要做强做大，实现质量、安全、成本和工期目标，必须从企业生存、稳定和发展的战略高度，重视和努力解决劳务队伍的建设问题，全面提高劳务队伍的素质和管理水平。AAA 医院项目的劳务人员按照约定时间抵达工地现场，劳务人员有 100 余人。

训练 2-42：紧急工程，如何做好工程分包采购管理

AAA 医院项目涉及气体工程、病理科、复合手术室等医疗专业性强的问题，在施工过程中存在专业分包队伍少、要求标准高等的困惑。因此，分包采购难度较大。

训练 2-43：紧急工程，如何做好物资设备采购管理

AAA 医院建设要求仪器设备更先进、应急保障更完善、环保标准更严格、信息化程度更精确、对医护人员保障更高。但是存在着如下困难：①资源组织困难。各类材料设备

由于无法进行实地考察，无法真实准确及时地了解厂家库存情况，材料品质控制难度大；②材料堆放场地狭小，所剩的可堆放材料场地极为有限。

查找相关资料或请教企业老师，完成以下任务：

（1）训练 2-41：这么多劳务人员，如何做好劳务管理？

（2）训练 2-42：专业性强的工程分包，如何做好分包采购管理？

（3）训练 2-43：紧急工程的物资设备，如何做好相应采购管理？

工程总承包作为设计、采购和施工一体化管理的总承包模式，其工程变更有别于施工总承包中的工程变更，非建设单位原因引起的变更费用是需要自身承担的，具有“重变更轻索赔”的特点。因此，有效管理采购计划的变更，才能使企业在激流前行的商业大军中立于不败之地。

训练 **2-44**：为何发生无法预料的采购变更

2011 年 3 月，负责某跨海大桥的 GQ 公司接到紧急通知：原定于 7 月底完成的某跨海大桥主桥段工程必须于 6 月 30 日完工。

由于生产计划的改变，原先的采购计划也要变更，采购部经理张亮跟水泥生产商孙总沟通，要求交货期提前，接到张亮的通知，孙总如实反映了情况，由于生产能力有限，水泥产量达不到张亮的货期要求，张亮听了这个情况，急得头发都白了。

训练 **2-45**：如何减少采购变更带来的损失

GQ 公司承接某市政道路工程，采购员王军在一次交流会上，听到了基层可以用电石灰稳定碎石代替水泥稳定碎石的方案。会后，王军立马就开始撰写变更采购计划报告，并着手从网上寻找电石灰的供应商。采购部会议上，王军阐述了电石灰代替水泥为公司节约成本的预算金额，听后，采购部人员都表示赞同变更采购计划。

在试验路段上，王军采用了电石灰稳定碎石的施工方案，但试验结果却不理想，王军像泄了气的皮球，变更计划失败。

以分组讨论形式，完成以下任务：

（1）训练 2-44：为何发生无法预料的采购变更？

（2）训练 2-45：如何减少采购变更带来的损失？

答案

紧急工程，如何做好分包采购管理

答案

紧急工程，如何做好设备采购管理

答案

为何发生无法预料的采购变更

答案

如何减少采购变更带来的损失

场景 2.4.4

GQ 公司采购部按照图纸要求采购了一批用于基坑支护的 3m 钢模板，等运到施工现场时，却被施工部告知，由于地基情况复杂，已申请变更加长钢模板。采购部经理张亮当时就火冒三丈："施工部申请设计变更为什么不提前告知采购部?"施工部经理也气焰嚣张："采购部发货前为什么不提请施工部确认?"设计部经理更加据理力争："图纸变更是要有时间的，验算结果没出来怎么确定最后方案?"

该事件直接经济损失达 90 万元。总裁王强了解情况后，各打五十大板，如图 2-83 所示。

图 2-83　场景 2.4.4

《孟子·离娄下》说："禹思天下有溺者，由己溺之也；稷思天下有饥者，由己饥之也；是以如是其急也。"比喻设身处地，急他人所急，替他人着想，反映中华民族优良传统文化，要注重整体利益、民族利益和国家利益。

如果你是张亮，你该怎样做好采购风险管理?

知识导入

2.4.4　厘清采购风险要点

2.4.4.1　采购风险分析

1. 采购文件风险

采购文件风险分为合同文件风险和采购计划风险，其中：

（1）合同文件风险是指由于合同文件在签订过程中存在疏漏，可能造成执行力不够、设备质量不达标、供货周期延长等风险。

（2）采购计划风险是指采购计划不能被很好地执行或执行力度不够，可能造成采购顺序紊乱、采购预算成本失控，影响施工、导致项目工期拖延。

2. 采购接口风险

采购接口风险是指工程建设项目采购阶段与其他阶段连接不协调而产生的风险。分为：采购-综合接口风险、采购-设计接口风险、采购-施工接口风险、采购-试运行接口风险。

3. 采购过程风险

采购过程风险包括采购货源风险、价格上涨风险、法律法规风险。

（1）采购货源风险

指采购质量导致的风险，包括：①业主要求必须使用指定供货商，常常导致采购价格和投标价格之间存在较大差异；②供货商出厂产品质量不到位，运至现场才发现质量问题；③国际工程总承包项目，采购市场货源相对稀缺，逐渐倾向于卖方市场，供货商的报价会虚高。

（2）价格上涨风险

绝大多数工程总承包项目采用固定总价合同，物价上涨是不可调价的，包括：①由于设备材料的采购从项目投标、中标合同签订到具体实施需要经历比较长时间，因此投标时的价格与实际采购价格之间会存在较大的价差；②合同谈判时没有及时修订条款，对价格比较敏感的材料设备未获得宽松的合同要求，造成实际采购价格低于合同报价而产生亏损。

（3）法律法规风险

工程总承包项目主合同形成阶段时间紧，任务重，总承包单位通常不可能对项目所在国的相关法律法规进行细致深入的调研，容易在设备材料的采购和运输过程中遭受损失。此类风险常见于新开发的国际市场。

采购风险管理汇总，如图 2-84 所示。

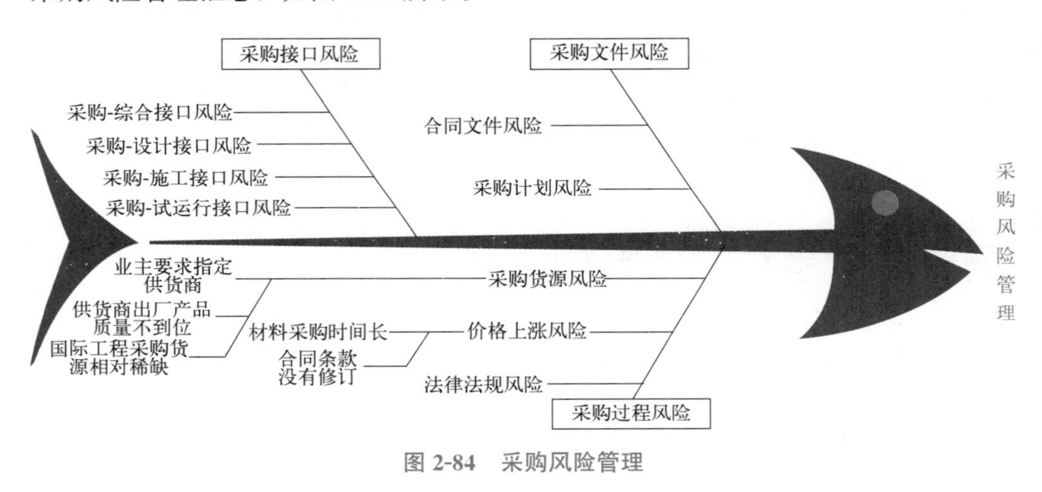

图 2-84　采购风险管理

2.4.4.2　采购风险防范

1. 采购文件风险防范

采购文件风险防范分为合同文件风险防范和采购计划风险防范。

（1）合同文件风险防范

合同文件风险防范应对措施如下：

a. 合同谈判阶段对管理薄弱环节在合同中作约束，合同执行阶段加大对薄弱环节的检查和监督；

b. 合同谈判阶段应当召开供应商协调会，双方明确工作范围、技术参数、资料提交、供货周期、质量控制等要求，海外工程总承包项目的合同还需要将运输、服务等要求逐条全部落实；

c. 根据合同谈判和执行过程中的风险识别、分析和评价，加大对标准化合同和技术附件管理机制的建设；通过监造全过程参与和律师参与评审来加强重特大设备、材料买卖合同和技术附件的评审流程管理，通过内部管理对各环节进行控制，减小风险发生的概率；

d. 加大采购人员对设备、材料专业知识的培训力度，要求采购人员对采购货物的技术部分要有一定的研究，包括结构组成、技术特点、性能要求、制造标准等，只有对技术部分有相应了解，才能较为全面地把握要采购的内容，减少采购中的风险。

（2）采购计划风险防范

采购计划风险防范应对措施如下：

a. 采购计划要以项目总体进度计划为基础，同时根据项目特点、设备种类及工艺进行编制；

b. 应与设计人员和施工人员充分沟通对接，确保设计、采购、施工计划之间具有较高的匹配度，使整个项目计划编制合理，有可操作性；

c. 明确采购原则，确定集中采购方式的设备类型，实施长周期设备采购把控，并对采购过程中遇到的特殊问题进行分析与协调；

d. 根据项目实际运行情况对采购计划及时进行调整，避免重复采购和漏项。

2. 采购接口风险防范

采购接口风险防范分为采购-合约接口风险防范、采购-设计接口风险防范、采购-施工接口风险防范、采购-试运行的风险防范。

（1）采购-合约接口风险防范

采购与合约的接口关系中，对下列主要内容实施控制：①采购部与合约部确定采购进度计划关键控制点；②采购部接收合约部提交材料和分包合同的估算指标；③采购部的订货价格超过估算指标，必须经过合约部和项目经理批准；④采购部向合约部提交“采买订单状态报告”“设备材料费用状态报告”等报告；⑤采购部向合约部报告采购变更实施结果。如图 2-85 所示。

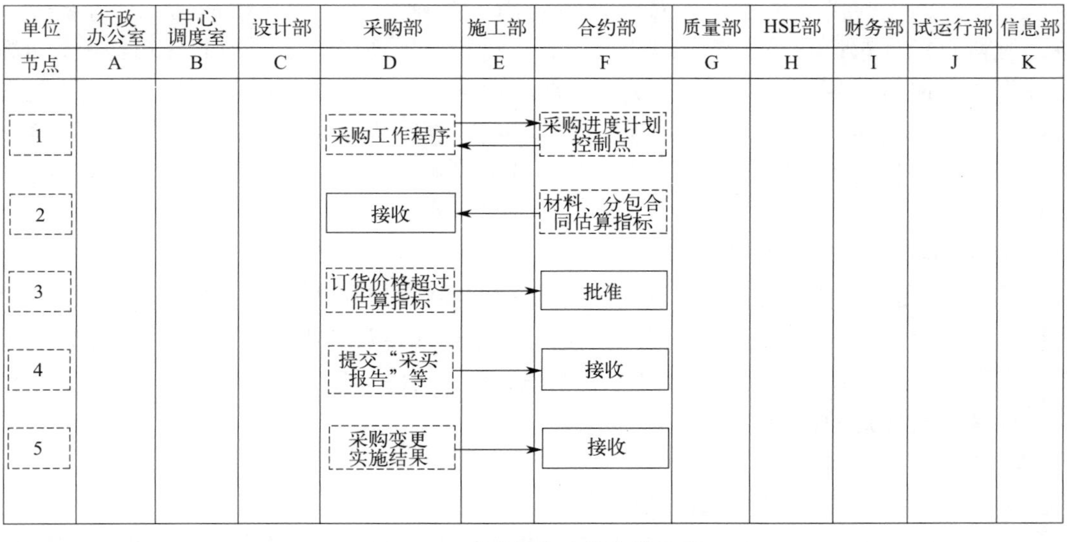

单位	行政办公室	中心调度室	设计部	采购部	施工部	合约部	质量部	HSE部	财务部	试运行部	信息部
节点	A	B	C	D	E	F	G	H	I	J	K
1				采购工作程序		采购进度计划控制点					
2				接收		材料、分包合同估算指标					
3				订货价格超过估算指标		批准					
4				提交“采买报告”等		接收					
5				采购变更实施结果		接收					

图 2-85　采购部与合约部协调图

（2）采购-设计接口风险防范

采购与设计的接口关系中，对下列主要内容实施控制：①设计部编制设备材料表，提交给采购部；②设计部编制材料请购单，提交给采购部；③采购部编制采购进度计划，获得设计部同意，提交项目经理批准；④设计部对供货厂商报价的技术部分提出评审意见，提交给采购部，选择合格供货厂商；⑤采购部催交供货商最终确认图纸，提交设计部；⑥采购部组织各种协调会，邀请设计部参加。如图 2-86 所示。

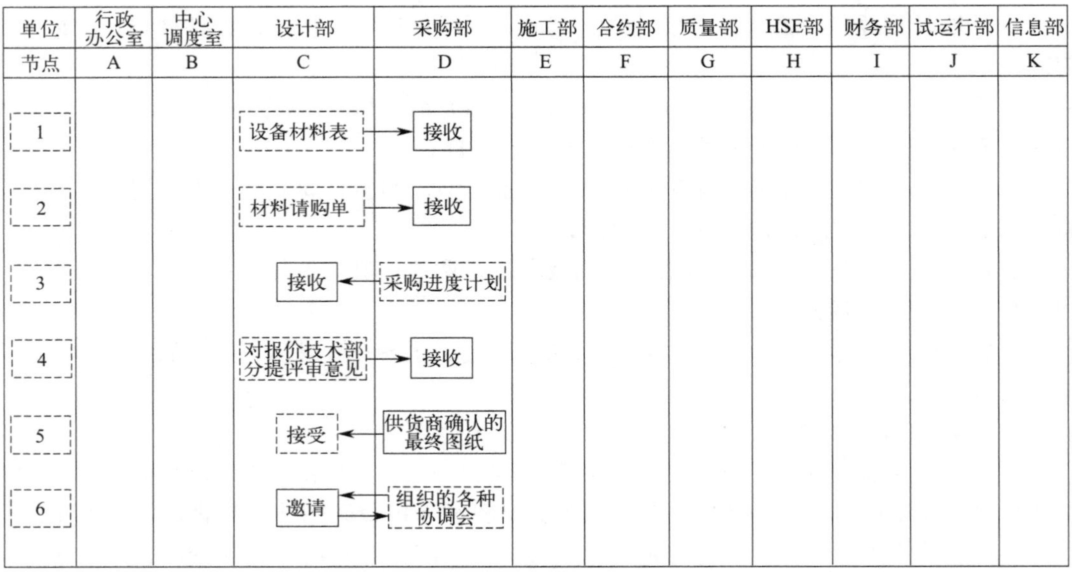

单位	行政办公室	中心调度室	设计部	采购部	施工部	合约部	质量部	HSE部	财务部	试运行部	信息部
节点	A	B	C	D	E	F	G	H	I	J	K
1			设备材料表 →	接收							
2			材料请购单 →	接收							
3			接收	← 采购进度计划							
4			对报价技术部分提评审意见 →	接收							
5			接受	← 供货商确认的最终图纸							
6			邀请	⇄ 组织的各种协调会							

图 2-86　采购部与设计部协调图

（3）采购-施工接口风险防范

采购与施工的接口关系中，对下列主要内容实施控制：①采购部向施工部提供设备、材料到货状态；②采购部组织所有设备、材料运抵现场；③现场的开箱检验；④施工过程中发现与设备、材料质量有关的问题，由采购部与制造厂协调解决；⑤评估采购变更对施工进度的影响；⑥施工部库房管理人员，在工程总承包项目完工后，要分类将库房剩余设备材料清点统计清楚，并注明设备材料的由来，提交采购部处理。如图 2-87 所示。

（4）采购-试运行接口风险防范

采购与试运行的接口关系中，对下列主要内容实施控制：①试运行所需材料及备件的确认；②试运行过程中出现质量有关的问题，试运行部要及时通知采购部。采购部应及时与供应商联系，采取措施把问题处理好。如图 2-88 所示。

3. 采购过程风险防范

a. 采购货源风险

针对采购货源风险的应对措施如下：

投标阶段寻求业主支持，努力获得指定供货商的联系方式以便获得准确的采购报价。在符合招标文件规定的情况下，投标报价时应在当地考虑多家货源，并报请业主同意潜在

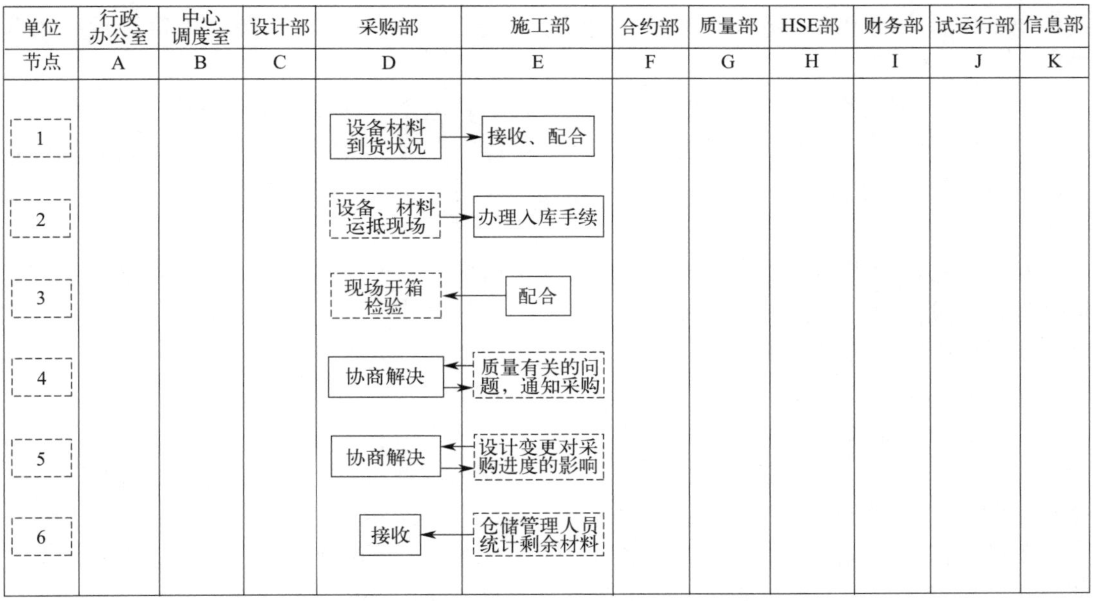

单位	行政办公室	中心调度室	设计部	采购部	施工部	合约部	质量部	HSE部	财务部	试运行部	信息部
节点	A	B	C	D	E	F	G	H	I	J	K
1				设备材料到货状况 →	接收、配合						
2				设备、材料运抵现场 →	办理入库手续						
3				现场开箱检验	← 配合						
4				协商解决 ⇄	质量有关的问题，通知采购						
5				协商解决 ⇄	设计变更对采购进度的影响						
6				接收	← 仓储管理人员统计剩余材料						

图 2-87　采购部与施工部协调图

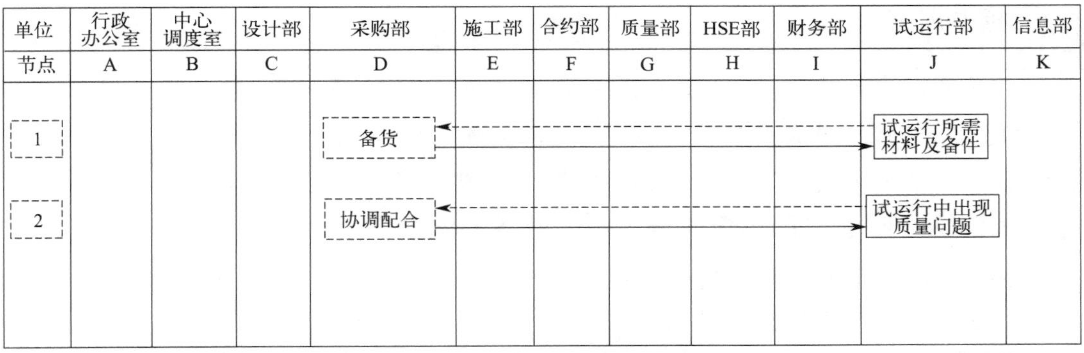

单位	行政办公室	中心调度室	设计部	采购部	施工部	合约部	质量部	HSE部	财务部	试运行部	信息部
节点	A	B	C	D	E	F	G	H	I	J	K
1				备货 ⇄						试运行所需材料及备件	
2				协调配合 ⇄						试运行中出现质量问题	

图 2-88　采购部与试运行部协调图

的供货商的选择，尽量不只报一家。如果可能，请求业主取消强制性要求，适当放宽供货商范围。

对于业主指定的供货商，如果发现其在以往的项目合作中出现过重大事故，或有过供货不良记录，总承包单位应主动收集信息并及时向业主提出更换请求。

对于只能从唯一供货商处采购的设备、材料，采购部应尽早与相关设计部进行沟通并优化设计，减少对该设备、材料的依赖程度，以避免采购实施时受制于供货商。

对于大宗材料或价格昂贵的设备，总承包单位应尽量采取招标方式选择供货商。必要时，签订有约束力的供货合同，即如果总承包单位中标，承诺按报价购买，供货商承诺按报价供应，同时加大违约金约定。

b. 价格上涨风险

针对价格上涨风险的应对措施如下：

了解工程所在国的经济形势，掌握国际市场各种物价浮动的趋势，在投标报价时对于某些受市场影响较大的设备和材料价格考虑采取适合的价格上涨系数，确定合理的风险费用。

项目主合同签订阶段争取合理的合同条款，尽量包含针对材料和设备价格波动的调价条款；如果合同中已包含了调价条款，总承包单位应在项目实施过程中积极准备和提供各阶段材料、设备涨价的记录和证据，并严格按照合同要求计算采购变动费用，及时与业主进行沟通和交涉。

实际采购过程中调整采购计划，根据市场价格变动趋势和工程计划进度选择合适的进货时间和批量；根据周转资金的有效利用和汇率、利率等情况采用合理的付款方式和付款币种，尽可能减小价格变动对工程总成本和期望效益的影响。

c. 法律法规风险

针对法律法规风险应对措施如下：

在合同形成阶段，对工程所在国当地情况进行深入调查和分析，与当地的我国工程公司、驻外使馆以及工程咨询协会等积极进行沟通，尽早完成相关法律法规内容及应对措施的研究。

委托工程所在国的相关行业机构（如会计师事务所、律师事务所、物流公司、清关代理公司等）提供与该工程相关的法律法规与政策规定等，依次制定计划并形成合同。

能力训练

工程总承包项目采购风险渗透到采购工作的方方面面，是一个复杂而系统的工程。俗话说：“未雨绸缪早当先，居安思危谋长远。”如何做好采购风险的管理工作关系到企业价值的提高，因此，能够及早识别采购过程中的风险，在合理成本的范围内控制采购风险，对企业发展意义深远。

训练 2-46：货源质量问题该如何把控

GQ 公司某水电站工程，采购员王军发现个别供货厂家提供的产品出厂质量控制不到位，致使部分产品运至现场后才发现有质量问题。最严重的是钢板供货厂家提供的 7# 伸缩节现场无法处理，需要重新从国内制造、发运。

造成损失：金结及钢板供货厂家的供货问题造成经济损失达 180 万元，影响了 GQ 公司的形象，造成无法弥补的影响。

训练 2-47：材料价格上涨该如何防范

GQ 公司某水电站工程，在投标预算时，其中一种热收缩套的价格为 260 元/套，但是在一年后实施采购时，该材料已经上涨到 385/套，每套平均价格上涨幅度高达 48.08%。

造成损失：采购成本大幅增加，此项材料直接损失 206 万元。

训练 2-48：法律法规风险该如何应对

GQ 公司某西气东输工程，全长 960km。投标阶段因不了解当地对于进口方面的规定，在项目初期需要进口大量的施工设备、材料运至项目所在地。由于总承包单位未及时在项目所在国注册，公司只能将已采购的材料、设备物权临时移交所在国负责进口的公司，自己失去了对材料设备采购的实际控制权。

造成损失：发生设备运输损坏、清关时间滞后等多项风险事件，极大地影响了项目的进度及工期。

分组模拟场景，完成以下任务：

（1）训练2-46：采购货源风险该如何把控？

（2）训练2-47：价格上涨风险该如何防范？

（3）训练2-48：法律法规风险该怎样应对？

工程总承包模式是以设计为主导，统筹安排采购、施工、管理等部门的管理，采购工作在项目实施过程中发挥“承上启下”的作用。采购部门与其他相关部门的协调尤为重要，这样才能减少采购澄清次数、提高采购进度，从而提升采购管理效益。

训练2-49：沟通工作不到位，严重影响工期进度

GQ公司某水电站工程，采购部经理张亮没有指派专人负责跟踪、督促专业的采购清单提交落实问题，导致各专业与采购接口管理存在不到位现象，如：造成钢板发运遗漏、管件型号发运错误等。

造成损失：对工程的钢管制作安装进度造成重大影响，进而影响整个工程20天的直线工期。

训练2-50：协调事项不具体，自掏腰包还要被降级

张亮负责这次采购的外部协调工作，由于时间紧急，张亮联系了瓷砖供应商，与之商定采购的相关事宜后，马上找到一家物流公司，通知到货时间，让物流公司赶紧把货运到目的地。

建材运到工地后，验货人发现里面有一批瓷砖破损，幸好数量不多。张亮向公司说明了情况，公司高层召开紧急会议，商讨解决办法。最后，各部门协商决定变更采购计划，寻找新的供货渠道。张亮自费从其他供应商那里进了一批货，补上漏洞。张亮还因此被降了一级。

分组模拟场景，完成以下任务：

（1）训练2-49：采购部经理张亮错在哪里？如果你是张亮会怎么做？

（2）训练2-50：在外部协调上，张亮哪些地方做得不合理？如果你是张亮会如何做？

场景 2.4.5

图 2-89　场景 2.4.5

近年来，工程总承包相关的政策文件更新很快，为了更好地理解文件精神，采购部经理张亮对《示范文本》和《管理办法》中涉及采购管理的内容进行了系统的学习和整理，如图 2-89 所示。

杜荀鹤的《题弟侄书堂》中说："少年辛苦终身事，莫向光阴惰寸功。"意思是年轻时候的努力是有益终身的大事，对着匆匆逝去的光阴，不要丝毫放松自己的努力。

你了解：《示范文本》和《管理办法》中涉及采购管理的条款有哪些？

知识导入

2.4.5　解读工程总承包相关政策之采购管理

2.4.5.1　《示范文本》采购相关重点条款解析

第 6 条　材料、工程设备

【范本原文】

6.2.1　发包人提供的材料和工程设备

发包人自行供应材料、工程设备的，应在订立合同时在专用合同条件的附件《发包人供应材料设备一览表》中明确材料、工程设备的品种、规格、型号、主要参数、数量、单价、质量等级和交接地点等。

承包人应根据项目进度计划的安排，提前 28 天以书面形式通知工程师供应材料与工程设备的进场计划。承包人按照第 8.4 款［项目进度计划］约定修订项目进度计划时，需同时提交经修订后的发包人供应材料与工程设备的进场计划。发包人应按照上述进场计划，向承包人提交材料和工程设备。

发包人应在材料和工程设备到货 7 天前通知承包人，承包人应会同工程师在约定的时间内，赴交货地点共同进行验收。除专用合同条件另有约定外，发包人提供的材料和工程设备验收后，由承包人负责接收、运输和保管。

发包人需要对进场计划进行变更的，承包人不得拒绝，应根据第 13 条［变更与调整］的规定执行，并由发包人承担承包人由此增加的费用，以及引起的工期延误。承包人需要对进场计划进行变更的，应事先报请工程师批准，由此增加的费用和（或）工期延误由承包人承担。

发包人提供的材料和工程设备的规格、数量或质量不符合合同要求，或由于发包人原因发生交货日期延误及交货地点变更等情况的，发包人应承担由此增加的费用和（或）工期延误，并向承包人支付合理利润。

6.2.2　承包人提供的材料和工程设备

承包人应按照专用合同条件的约定，将各项材料和工程设备的供货人及品种、技术要求、规格、数量和供货时间等报送工程师批准。承包人应向工程师提交其负责提供的材料和工程设备的质量证明文件，并根据合同约定的质量标准，对材料、工程设备质量负责。

承包人应按照已被批准的第 8.4 款［项目进度计划］规定的数量要求及时间要求，负责组织材料和工程设备采购（包括备品备件、专用工具及厂商提供的技术文件），负责运抵现场。合同约定由承包人采购的材料、工程设备，除专用合同条件另有约定外，发包人不得指定生产厂家或供应商，发包人违反本款约定指定生产厂家或供应商的，承包人有权拒绝，并由发包人承担相应责任。

对承包人提供的材料和工程设备，承包人应会同工程师进行检验和交货验收，查验材料合格证明和产品合格证书，并按合同约定和工程师指示，进行材料的抽样检验和工程设备的检验测试，检验和测试结果应提交工程师，所需费用由承包人承担。

因承包人提供的材料和工程设备不符合国家强制性标准、规范的规定或合同约定的标准、规范，所造成的质量缺陷，由承包人自费修复，竣工日期不予延长。在履行合同过程中，由于国家新颁布的强制性标准、规范，造成承包人负责提供的材料和工程设备，虽符合合同约定的标准，但不符合新颁布的强制性标准时，由承包人负责修复或重新订货，相关费用支出及导致的工期延长由发包人负责。

【条文解析】

对于工程而言，材料、设备不仅在工程整体造价中占比高，而且关乎工程整体的质量及安全。本条对发包、承包双方均提出明确要求，各自须提供的各项材料和工程设备都要符合合同要求，并且都需要另一方共同参与检验。

对于检验问题，不论是发包人（或工程师）还是承包人对于另一方进场的材料检验合格，都不能以此来认定材料符合合同约定的质量标准。首先，不论是发包人还是承包人，其检验义务仅限于对设备、供材的外观、数量检验以及合格证明文件检验。对于设备、材料内部构造是否符合技术要求，并不具有相应检测能力，不能以此种方式的认可作为设备、材料符合质量标准的依据。其次，发包人、承包人根据合同具有提供质量合格设备、材料的义务。当设备、材料实际确存在质量问题时，即使发包人参与检验也不应认定供材符合质量要求。

2.4.5.2　《管理办法》采购相关重点条款解析

第二十四条　【工程总承包项目的工期责任】

【办法原文】

建设单位不得设置不合理工期，不得任意压缩合理工期。

工程总承包单位应当依据合同对工期全面负责，对项目总进度和各阶段的进度进行控制管理，确保工程按期竣工。

【条文解析】

本条共两款。第1款系对建设单位的要求，针对事件中较为突出的建设单位设置不合理工期以及任意压缩合理工期问题进行规定。第2款系对工程总承包单位的要求，从两方面进行了规范：首先从责任承担上确立了工程总承包单位全面负责的原则；其次对工程总承包单位应当采取什么方式来确保工期目标的顺利实现进行了规范。

【理解与适用】

1. 建设单位不得设置不合理工期，且不得压缩合理工期

合理工期应主要参照建设行政主管部门颁布的工期定额来认定，但需要注意的是，合理工期不完全等同于定额工期。定额工期反映的是社会平均水平，是经选取的各类典型工程经分析整理后综合取得的数据，而特定项目的合理工期还需要结合项目特点、承包范围、施工工艺、管理措施、技术手段等方面来设置或约定合理工期。因此，即便合同约定的工期低于定额工期，亦非必然为不合理工期或任意压缩合理工期。

对于建设单位来说，若试图将合同工期压缩至定额工期的80%以下，需满足下列两项要求，一是需组织专家论证；二是需增加相应赶工措施费用，否则即应视为设置不合理工期或任意压缩合理工期。综上，判断工期是否合理的关键是使投资方、各参建单位在质量符合国家要求的基础上都获得满意的经济效益。

2. 工程总承包单位对工期全面负责

本款规定旨在确立工程总承包项目中，对工期负责的主体是承包单位。

（1）工程总承包单位应当对于工期产生的问题直接负责

工程总承包模式下，尤其是结合工程总承包合同的特征，发包人对工程的价格固定、工期固定的期待和要求比较高，除法律规定或合同约定可以顺延工期外，工程总承包单位都必须严格按合同约定的工期组织实施设计、采购、施工等各项工作，采取积极措施保证合同工期的实现。

（2）工程总承包单位应当全面管理工期

工程总承包单位在承接工程总承包项目时必须意识到自己是工期的真正负责人，对于工程工期的管理属于职责范畴，工程总承包单位对于工期并不仅仅是负责，还要全面主动地管理，确保工程按期竣工。

（3）工程总承包单位不可对建设单位任意压缩合理工期予以盲目服从

工程总承包单位作为有资质、有经验的总承包单位，应充分认识到不合理工期对工程质量、安全可能造成的危害。此时，应积极主动与建设单位沟通，科学论证，不可盲目服从，否则因此发生的质量、安全事故的，工程总承包单位也应承担相应的过错责任。

3. 工程总承包单位应当对项目总进度和各阶段的进度进行管理，通过设计、采购、施工、试运行各阶段的协调、配合与合理交叉，科学制定、实施、控制进度计划，确保工程按期竣工

工程总承包单位应加强对这些阶段的管理和融合，合理交叉和衔接，科学制订和管理进度计划，将项目总进度进行合理分解和交叉；使设计、采购、施工、试运行等各阶段有序衔接和联动；科学进行工期管理，通过阶段进度控制达到整体进度控制；确保工程按期竣工。

第二十一条　【工程总承包单位的分包方式】

【办法原文】

工程总承包单位可以采用直接发包的方式进行分包。但以暂估价形式包括在总承包范围内的工程、货物、服务分包时，属于依法必须进行招标的项目范围且达到国家规定规模标准的，应当依法招标。

【条文解析】

本条通过“工程总承包单位可以采用直接发包的方式进行分包”条款的规定，明确了工程总承包活动中工程总承包单位主要的分包方式——直接发包，直接发包其高效、便捷等优势符合工程总承包活动中分包的实际需要。此外，该条款后半段规定“但以暂估价形式包括在总承包范围内的工程、货物、服务分包时，属于依法必须进行招标的项目范围且达到国家规定规模标准的，应当依法招标”，此规定是本条的重点所在，其通过但书的形式来强调“属于依法必须进行招标的项目范围且国家规定规模标准的项目”进行分包的，工程总承包单位必须进行依法招标后方可分包。总而言之，除以暂估价形式包括在工程总承包范围内且依法必须进行招标的项目外，工程总承包单位可以采用直接发包的方式对总承包合同中涵盖的其他专业业务进行分包。

【理解与适用】

1. 工程总承包项目在分包时，由于工程整体在建设单位招标发包时相关分包内容已经包括在总包范围内，且项目明确要求具体。在投标时不包括总价中的相应价款和有关技术、工期、质量、实施方案等实质性内容已经同其他投标人的充分竞争，也即进行过法定的招标程序。而暂定价项目是未来必然发生但在招标时尚未确定具体要求的项目，招标时是按照招标人暂定的价格计入投标总价，不允许修改，也即该暂定价项目的价格及其他相关内容未经过竞争，所以在工程实施过程中就该部分暂估价项目如何处理就是个问题。

2. 以暂估价形式包含在工程总承包范围的项目则属于特殊情形，根据《招标投标法实施条例》第二十九条第二款关于暂估价的规定“前款所称暂估价，是指总承包招标时不能确定价格而由招标人在招标文件中暂时估定的工程、货物、服务的金额”，按照前述规定并结合实践中包含暂估价的招标操作模式，暂估工程、货物、服务的价格是由建设单位在进行总承包招标时给定的，该部分暂估工程、货物、服务仍然属于总承包范围，但相关价款由投标人在投标报价时按照招标人给定价款列入投标报价，在不同投标人之间该部分价格不可竞争，相当于建设单位在进行总承包招标时，暂估价部分的工程、货物、服务价款未经过充分竞争，未实质上履行招标投标程序。

第二十三条　【工程总承包项目的安全责任】

【办法原文】

建设单位不得对工程总承包单位提出不符合建设工程安全生产法律、法规和强制性标准规定的要求，不得明示或者暗示工程总承包单位购买、租赁、使用不符合安全施工要求的安全防护用具、机械设备、施工机具及配件、消防设施和器材。

工程总承包单位对承包范围内工程的安全生产负总责。分包单位应当服从工程总承包单位的安全生产管理，分包单位不服从管理导致生产安全事故的，由分包单位承担主要责任，分包不免除工程总承包单位的安全责任。

【条文解析】

本条总共2款，分别针对3个不同主体（建设单位、工程总承包单位、分包单位），规定了其在工程总承包模式下的安全责任。

第1款规定了建设单位的安全责任。严禁建设单位违法干涉工程总承包单位对于安全生产法律、法规和强制性标准的遵守，以及工程总承包单位有关安全防护用具、机械设备、施工机具及配件、消防设施和器材的采购、租赁和使用。

第2款分别规定了工程总承包单位和分包单位的安全责任。工程总承包单位应当就承包范围内工程的安全生产负总责，无论工程总承包单位是设计企业还是施工企业，其均应采取积极措施加强对项目建设的安全管控。而分包单位作为其分包承揽工程的直接责任单位，更应加强自身的安全生产能力，并服从工程总承包单位的安全生产管理。如果分包单位拒绝服从管理而导致安全生产事故的，则其应承担主要责任。但是，分包不免除工程总承包单位的安全责任。

【理解与适用】

1. 建设单位的安全生产责任

工程总承包模式下设计、施工都在工程总承包单位承包范围内，建设单位对工程设计、施工的要求指向的是工程总承包单位，本条则针对工程总承包模式强调了建设单位的首要安全责任。

2. 总承包单位的安全生产责任

工程总承包模式下，因为设计、采购、施工都属于工程总承包单位的承包范围，毫无疑问，工程总承包单位应属于《安全生产法》中提到的“生产经营单位”，工程总承包单位应就其承包范围内工程的安全生产负总责。这里有两个问题需要进一步阐释：

第一，传统施工承包模式下对于施工单位而言，所谓安全生产责任突出的是施工现场。但是工程总承包模式之下，除了施工以外，工程总承包还有设计与采购两个环节在内，而这两个环节均不一定在施工现场。因此，要将原先施工承包模式下的安全生产责任规定范围从对“施工现场”调整为对“承包范围内的工程”。

第二，针对安全生产，工程总承包单位须负的是总责。本条突出了工程总承包单位针对安全生产负总体责任的意思。对于工程总承包单位来讲，不能因将部分工程分包而忽视或放松对项目安全生产的管理，更不能认为分包工程部分就无须承担安全生产责任了。

3. 分包单位的安全生产责任

工程总承包下的分包单位同样负有安全生产责任，分包单位应接受工程总承包单位的安全生产管理。若分包单位不服从管理导致生产安全事故的，作为过错方，应当由其承担安全生产事故的直接责任。

专家答疑

困惑2-22：施工总承包是采购-施工总承包，工程总承包是设计-采购-施工总承包。施工总承包合同含有材料采购的合同条款，工程总承包的采购和施工总承包的采购有什么不同？

答疑：工程总承包中的采购与施工总承包合同的采购均是指工程建造过程中必要的材料、

设备的购置。但是工程总承包采购包含大型、特种、定制材料、设备的采购，这里“采购”是涵盖了设备设计、建造、运输、保险、安装调试乃营运、保修等全过程阶段的联合管理。

困惑 2-23：工程总承包中为什么把采购提到和设计、施工并列的高度？

答疑：大型、特种、定制材料、设备采购并不仅仅是单纯的买卖合同关系，与普通建材或非定制设备的采购管理有着极大的不同。此类型设备是按需定制，涉及设备的设计，一般价值较高，体型和重量一般也偏大。运输风险、运输难度、运输费用需要专项管理；为保证设备质量还常常需要监造变更修订设计；为控制过程风险，还涉及设备保险；而且往往技术复杂，安装调试均具有较大难度，因此还需要构建专项的技术服务架构等等，在各类履约管理中还掺杂着知识产权、国际货物买卖、国际货运、融资租赁、技术保护与技术引进等可能的特种管理体系。

因此，在某些项目中，采购的管理难度甚至要高于“设计”和“施工”，当然有必要将“采购”作为和“设计”“施工”并列的管理重点进行管理。

困惑 2-24：设备供应问题如此复杂，在这种前提下，又该怎么理解工程总承包人对设备供应的管控机制？

答疑：大型、特种设备采购的管理中的相关要点，通常包括采购相关文件、采购合同的签订、设备的制造、检验、货物运达现场、施工、安装（大型设备）试验、调试和试运行。比较一下，是不是很容易发现，两者相似性极高？那么为什么会产生如此高的相似性？原因在于：特种、定制设备的采购中是包括专项设计的，涵盖了设计的内容；此类型设备的安装通常也是施工过程的重中之重，涵盖了大量施工相关内容，因此特种、定制设备的采购本身就是一种涵盖了采购、设计、施工的“小型工程总承包”。

工程总承包单位要拿出构建工程总承包全过程管控机制的态度与认知，才能做好工程总承包管控机制。这需要工程总承包单位建立有设备采购的完善的管理机制和与之相适应的体制，从企业管理的部门设置、制度配套和专有人员三个方面逐步建立、健全，才能适应工程总承包合同“采购”的市场需求。

能力考核—守正创新、砥砺前行

屈原《离骚》说：“路漫漫其修远兮，吾将上下而求索”，诗人在面对困境和迷茫时，选择了不断探索、不断追求的态度。意思是做事情要有坚持不懈、勇往直前的精神。

请同学们结合所学知识，分组讨论形式，完成以下作业：

1. 拟定 AAA 医院项目采购管理组织架构

要求：依据本部分所学内容，拟定 AAA 医院的采购管理组织架构图。

2. 拟定 AAA 医院项目采购招标流程图

要求：依据某工程总承包项目采购招标流程图，拟定 AAA 医院项目采购招标流程。

3. 拟定 AAA 医院项目的采购计划

要求：依据某工程总承包项目采购计划，拟定 AAA 医院项目的采购计划。

参考
采购计划

4. 拟定 AAA 医院项目的采购方案

要求：依据某工程总承包项目采购方案，拟定 AAA 医院项目的采购方案。

考核形式

（1）分组讨论：以 4～6 人组成小组，成果以小组为单位提交；

（2）成果要求：分为 4 个模块，手写同时上交汇报 PPT；

（3）汇报形式：每小组派 1～2 名代表上台演讲，时间要求 15～20 分钟；

（4）评委组成：老师参与、小组互评，背靠背打分；

（5）综合评分：以 4 个模块赋不同权重，加权平均计算最终得分；

（6）心得体会：老师指派或小组派代表，谈谈本次作业的心得体会。

小 结

随着我国采购体制机制持续优化，采购事业取得了巨大的成就。逐步建立了“管采分离、机构分设、政事分开、相互制约”的工作机制，形成了以“集中采购为主、分散采购为辅”的采购格局，确立了以“公开招标为主、多种采购方式灵活应用”的交易模式，推广了“互联网＋政府采购”的主要运行模式……目前全国大部分省份都已实现采购评审、投诉处理、合同签订、履约验收、信用评价、资金支付等全流程电子化。突出了信息公开机制下的阳光采购，完善了政府采购行政裁决机制，畅通了供应商救济渠道，依法采购意识已深入人心。

本部分要求读者了解采购管理的程序、掌握采购管理的内容、厘清采购风险的要点，理解政策文件中采购管理的相关条款，具备采购管理人员的独立上岗能力。在采购实践中要注意以下几点：（1）明晰甲供设备范围及管理界面；（2）关注自购设备材料商定价；（3）采购方式、采购流程对工期的影响；（4）长周期设备、特殊设备材料需特别对待；（5）外部环境变化的预判和预案；（6）做好全程可追溯的记录。

合格的采购管理人员不仅要具有过硬的专业知识，还要具备：（1）遵纪守法素养，如采购员在和供应商接洽时需秉持的职业操守，在采购谈判过程中对维护企业利益的正确态度等；（2）公平正义精神，如招标投标采购被誉为“阳光采购”，在招标投标中保证廉洁，抵制“拉关系”“走后门”等社会不良风气；（3）承受困难的毅力：采购工作要与企业内外方方面面的人打交道，经常会受到来自企业内外的“责难”，采购人员具有应付复杂情况和处理各种纠纷的能力，在工作中被误解时，能在心理上承受得住各种各样的“压力”。

附录

附件 2-5：项目总体采购计划的编制内容

项目总体采购计划

1. 编制目的

a. 明确采购范围与各采购环节的进度，编制资金使用计划，保障采购工作有序开展；b. 有效衔接设计与施工两个环节；c. 估算项目采购工作量的大小，合理配置采购所需的资源；d. 分析项目采购中可以预见的各种风险，并筹划对策。

2. 编制依据

a. 工程总承包合同；b. 设计资料和方案资料；c. 项目管理计划和项目实施计划，总进度计划；d. 项目概算或估算；e. 采购对象的市场价格信息、交货周期信息及各种历史资料和采购经验；f. 工程总承包企业有关采购管理程序和制度，法律法规中有关采购工作的各类规定。

3. 编制内容

（1）采购工作范围

a. 项目背景、概况；b. 明确工程总承包合同中采购的一般规定和特殊要求，包括采购总体责任、分包策略及分包管理原则，物资采购的进度和质量监控，进度、费用控制原则，业主方的采购协助与甲供设备材料、设备材料分交原则；c. 根据合同要求，清晰界定采购对象的范围，包括要完成的各子项、各系统的内容，与外界系统的工作界面；d. 根据项目经理的安排和企业的有关规定，明确采购人员与项目部其他人员和区块的职责与工作接口，制定与业主相关部门的沟通方式和业主对采购文件审查规则，制定与厂家/供货商的协调程序。

（2）采购工作所需资源分析

a. 采购工作最重要的资源是资金，根据采购工作的范围以及各类价格信息资料，分析项目完成所需的资金进度安排；b. 分析采购人员要完成这些工作所需要的其他资源，包括人力资源、物质资源和其他各类需求如信息支持、职能部门支持等；c. 根据分析得出的需求落实哪些资源已经解决，哪些资源尚未解决，提出需要的协助和建议；d. 对于各类资源，应明确投入的时间，对人力资源，应明确组织关系和指挥体系，确定工作职责和分工；e. 采购费用控制的主要目标、要求和措施；f. 采购质量控制的主要目标、要求和措施。

（3）采购对象市场状况分析

a. 根据采购对象的范围界定，分析各采购对象的市场状况，对非充分竞争市场状况下的采购对象，以及垄断或独家提供的采购对象，应用表格形式列明，并根据不同情况针对性地提出采购措施；b. 对生产或准备周期较长的采购对象，应给予特别关注，如可能影响项目进度，应逐项列明，并提出相应对策；c. 对可预见的其他可能影响项目进度和整体经济效益的采购对象，应有相应的对策和预案，有效规避项目的整体风险。

（4）采购工作进度计划

a. 根据项目经理的总体进度安排和采购部经理掌握的资源情况，制定采购工作总体进度计划，进度计划可以用表格形式或其他方式表达；b. 进度计划应包括主要采购对象的合同签约时间和工程子项的开工时间（设备到货时间）安排；c. 对上述涉及的可能影响项目进度的采购对象，应给予特别关注。

（5）采购协调程序，特殊采购事项的处理原则，现场采购管理要求

（6）其他

a. 约束条件：包括项目总体资金充裕度、设计文件提交时间和其他限制采购工作顺利进行的外部因素，提出应对的措施、建议；b. 合同类型：如有可预见的采购对象的合同格式不能采用企业标准合同格式的，应在采购计划内明确，并提出应对的措施、建议；c. 供方选择方式：如在采购实施过程中，有业主指定等不能按企业采购管理办法进行供方选择的，应列明对象和原因及采购经理的意见、建议；d. 过程文件管理：应在满足企业有关规定的前提下，结合项目具体情况，对采购的过程文件管理制定存档、分发等方面的具体细则，以便采购人员共同遵照执行，具体可以参照企业有关项目档案的管理办法。

附件 2-6：工程项目采购计划申请表

工程项目采购计划申请表

采购类别 （打钩选择）	设备、工具采购□ 生产主材料采购□ 生产附耗材采购□		涂装类物资采购□ 气体、燃油采购□ 办公用品采购□		生活用品采购□ 水、电采购□ 其他用品采购□
申请部门		申请人		申请时间	
项目号		设备号		其他	

申请物资采购清单

序号	物资名称	规格型号	数量	单位	单价	总价	使用时间	备注
1								
2								
3								
4								
5								
6								
7								
8								
合计								

申请审批意见	部门意见	主管副总意见	总经理意见
	审核人签字： 年　　月	审核人签字： 年　　月	审核人签字： 年　　月
采购执行意见	采购员意见	采购部门意见	主管副总意见
	签字： 年　　月	审核签字： 年　　月	审核签字： 年　　月
财务审核	结算员： 年　　月	财务主管： 年　　月	财务总监： 年　　月

注：

1. 本表适用于物资购置全过程，并为档案材料之一，请注意妥善保管；
2. 申请程序：物资需求部门填写本申请表—部门领导签字确认—主管副总签字确认—总经理签字确认；
3. 在得到申请审批确认后，方可进入采购执行程序，否则不予采购（紧急采购另行规定）；
4. 进入采购程序后，采购员及时与需求部门沟通，确认物资的质量、性能、品牌及使用时间等；
5. 采购部门须认真采购、物美价廉、讲究采购原则。

附件 2-7：项目阶段性采购计划明细表

项目阶段性采购计划明细表

合同号：　　　　　　　　　　项目名称：　　　　　　　　　　编号：

序号	采购对象名称	单位	数量	主要技术参数	预计价格（万元）	支付节点初步计划	采购方式	采购进度	候选供方名单	备注

附件 2-8：项目阶段性采购计划评审表

项目阶段性采购计划评审表　　　　编号：

<table>
<tr><td colspan="2">项目名称</td><td></td><td>合同号</td><td></td></tr>
<tr><td colspan="2">业主单位</td><td></td><td>采购部经理</td><td></td></tr>
<tr><td colspan="2">项目进展概况</td><td colspan="3"></td></tr>
<tr><td>序号</td><td>评审部门</td><td colspan="2">会签意见</td><td>采购部经理意见</td></tr>
<tr><td>1</td><td>项目采购部经理</td><td colspan="2"></td><td></td></tr>
<tr><td>2</td><td>项目经理</td><td colspan="2"></td><td></td></tr>
<tr><td>3</td><td>项目负责人</td><td colspan="2"></td><td></td></tr>
<tr><td>4</td><td>公司采购主管部门</td><td colspan="2"></td><td></td></tr>
<tr><td>5</td><td>公司副总经理</td><td colspan="2"></td><td></td></tr>
</table>

岗位 2.5　工程总承包施工管理

施工 岗位导入

AAA 医院项目前期准备工作完成后，施工单位一进场就遇到了下列难题：一是项目位于北方，施工时处于冬季，混凝土结构低温施工难度大、龄期要求高；二是施工场地狭窄，材料种类多，各专业交叉施工频繁；三是医院项目专业设备多，安装调试要求高。面对如此艰巨的任务，如何发挥工程总承包科学的管理模式，优质、高效地完成医院的建设任务？如图 2-90 所示。

图 2-90　施工 岗位导入

施工阶段是工程总承包项目建设全过程中的重要阶段，施工管理涉及多部门、多专业的综合管理工作，包含从项目施工准备、实施阶段直到项目竣工的所有活动。施工管理工作任务艰巨繁重，如果主次不分、重点不明，就可能乱了章法、劳而无功。因此，面对千头万绪的工作，要保持清醒的认识，跳出“眉毛胡子一把抓”的泥潭，要善于抓重点工作、抓关键环节。

施工 能力培养

（1）通过学习施工管理的概念、施工部职能分工和职责范围，能够拟定施工部的组织架构。

（2）通过了解施工管理的程序，能够画出施工管理全流程图、编制施工执行计划，规划施工的关键工序和关键节点。

（3）通过掌握施工各阶段的管理内容，能够对施工进度管理、费用管理、质量管理的重点和难点进行分析及评估，提出建议和措施。

（4）通过厘清施工风险管理的重点和防范措施，能够识别施工风险点，掌握风险处理程序。

（5）通过理解政策文件中施工管理的相关条款，能够表达清楚该条款在实践应用中的意义。

场景 2.5.1

图 2-91　场景 2.5.1

施工部是工程项目的执行者，承担着项目实施的重要使命！AAA 医院项目完成部分采购任务，GQ 公司着手组建项目施工部，启动施工准备工作，如图 2-91 所示。

《孙子兵法》中说：“谋定而后动”。告诉我们做事情之前，要提前做好准备工作，有备而无患。

你知道：

（1）什么是施工管理？

（2）施工管理组织机构该如何设置？

知识导入

2.5.1　认识施工管理

2.5.1.1　施工管理概述

1. 施工管理

施工管理是以项目的施工为管理对象，以取得最佳的经济效益和社会效益为目标，以施工组为中心，以合同约定、项目管理计划和项目实施计划为依据，实现资源的优化配置和对各生产要素进行有效的计划、组织、指导和控制的过程。如图 2-92 所示。

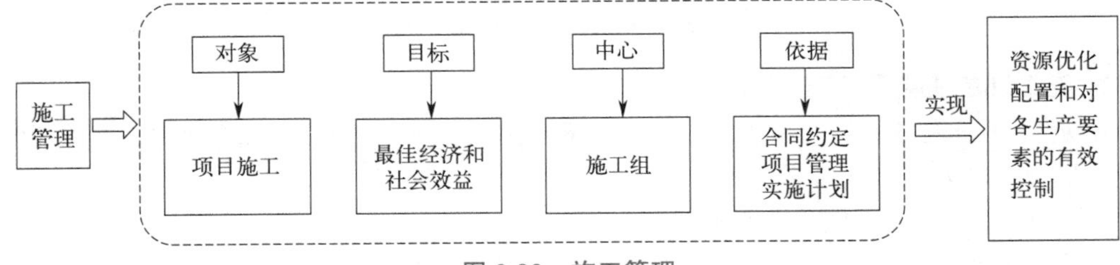

图 2-92　施工管理

2. 施工管理的模式

工程总承包项目施工管理通常有两种模式：第一种是企业直接承担施工任务；第二种是将施工工作分包。

（1）工程总承包企业直接承担施工任务，施工管理包括下列主要工作内容：

a. 进行项目施工管理规划；

b. 对施工项目的生产要素进行优化配置和动态管理；

c. 施工过程管理；

d. 安全、职业健康、环境保护、文明施工和绿色建造管理等。

（2）工程总承包企业将施工工作分包，施工管理包括下列主要工作内容：

a. 选择施工分包商；

b. 对施工分包商的施工方案进行审核；

c. 施工过程的质量、安全、费用、进度、职业健康和环境保护以及绿色建造等控制；

d. 协调施工与设计、采购、试运行之间的接口关系；

e. 当有多个施工分包商时，对施工分包商间的工作界面进行协调和控制。

2.5.1.2 施工组织机构

1. 施工组织机构

项目施工管理应由施工部经理负责，并适时组建项目施工部。在项目实施过程中，项目施工部经理接受项目经理和工程总承包企业施工管理部门的双重领导，向项目经理和工程总承包企业施工管理部门报告工作。如图 2-93 所示。

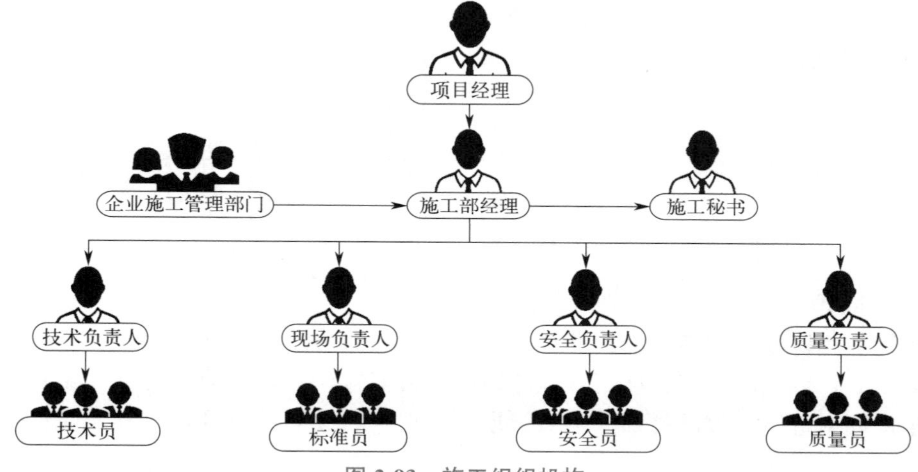

图 2-93 施工组织机构

2. 施工部的主要职责范围

a. 负责现场施工单位的组织、协调和管理工作，使现场施工合理有序地开展，确保工期、质量、现场安全及文明施工。

b. 负责施工现场临时设施的规划及管理。

c. 参与对施工和安装分包方的考核、评价和选择，做好项目施工的分包管理。

d. 负责制订施工一、二、三级进度计划并下达给施工分包方，审核施工分包方上报的施工第四级进度计划。

e. 督促和检查施工分包方按施工进度计划要求施工，并核实施工分包方的已完工程量统计报表，做好统计工作，为控制部门、业主及企业相关职能部门等提供准确的进度报告。

f. 组织现场施工生产调度会，协调解决各单位提出的施工问题。

g. 评审施工分包方的施工组织设计和施工技术措施、方案。

h. 做好设计、施工单位之间的联络协调工作。

i. 组织项目单位工程、分部分项验收。

j. 负责施工资料管理，做好资料的接收、编目、发放/回收、归档等工作，确保资料的及时性、完整性、有效性和可追溯性；做好施工文件资料的整编工作，及时办理竣工资料的移交工作。

k. 做好施工变更管理，协调设计变更和施工变更的及时性、一致性，避免不必要的返工现象。

l. 负责与业主方对施工场地“三通一平”、地下管线、基准点、控制坐标进行交接并做好记录。

3. 施工部经理的职责与任务

a. 组织施工现场调查，提出初步的施工方案。

b. 组织编制项目施工管理执行计划。

c. 组织制定项目现场施工管理文件，确定现场施工管理组的人员及岗位，在具备现场施工条件时，组织施工管理人员进驻施工现场，并根据工作需要，对现场施工管理人员进行合理调配。

d. 组织业主、施工分包方对现场施工的开工条件进行检查，提出施工开工申请。

e. 协助计划工程师进行第一级和第二级进度计划的编制。参与组织施工第三级进度计划的编制工作，组织施工分包方按计划实施。

f. 实现费用控制工程师确定的施工费用控制目标。负责审查工程进度款的支付，审查施工分包合同的变更和索赔，参加施工工程结算。

g. 受项目经理委托直接与业主、地方政府协调处理项目实施中的问题。

h. 负责与业主、施工分包方的联络和协调工作。

i. 组织审查施工分包方提出的施工组织设计、施工方案、施工技术措施。

j. 组织图纸会审和设计交底。

k. 负责组织现场文明施工管理工作。

l. 负责现场施工协调工作，定期主持召开现场施工协调会。

m. 负责组织制定各专业的质量控制点，参与工程质量评定、质量检查、质量验收、处理质量事故，组织质量大检查。

n. 参与施工现场的安全管理工作和安全大检查，参与处理安全事故。

o. 组织工程中间交接，组织审查、移交工程交工资料。

p. 试车期间，组织处理试车中发现的工程质量问题。

q. 负责组织编写工程施工总结。

专家答疑

困惑 2-25：工程总承包是指设计-采购-施工总承包，是目前世界范围内通用的工程项目管理模式。工程总承包里的施工管理部分和传统施工总承包里的施工管理部分比有什么优势呢？

答疑：工程总承包项目施工管理是全方位的，要求总承包商将施工项目的进度、质量、费用等重要的管理要素纳入正规化、标准化管理，使得项目施工各项工作有条不紊地顺利进行。工程总承包的施工管理内容，往往会前置化，放入设计与采购阶段通盘统一考虑，优化项目资源配置，管理效率更高。

而传统施工总承包是在施工图设计审查通过后开展工作，相比之下趋于被动，反映相关问题的流程机制更为烦琐，资源配置效率低。

困惑 2-26：随着信息化时代浪潮来临，“互联网+”也在建筑工程行业蓬勃发展。工程总承包施工管理开始走向数字化、模板化、精细化方向。那么施工管理方面的信息化应用有什么新进展呢？

答疑：施工管理过程会出现大量数据、报表和报告，准确统计、分析、对比后形成项目过程资产，既可作为对本项目管理水平评价的必要依据，又可作为制定下个项目 HSE、质量、进度、费用基准的重要参考。工程承包商会要求将施工管理尽量量化，以实现精细化过程管理的目标。

工程总承包企业常常会借助外力联合开发一套符合自身行业施工管理特点的“施工管理过程控制系统”，通常会包含 HSE、质量、进度、费用、材料控制、文档、合同管理等功能。借助信息化软件可大大避免施工管理过程中出现各类错漏，从而提高施工管理水平。

场景 2.5.2

李威作为 GQ 公司的新人，被公司分派到 AAA 医院项目施工部。施工部经理张闯首先对这位新毕业的大学生表示欢迎，并告诉李威现在需要对施工各个阶段有一个清晰的认识，以便尽快融入工作，如图 2-94 所示。

图 2-94　场景 2.5.2

《荀子·儒效》中说："故闻之而不见，虽博必谬；见之而不知，虽识必妄；知之而不行，虽敦必困。"这段话告诫我们，学习、思考和实践应该环环相扣，把学、思、行三者统一起来，成为一个完整的学习过程。

你知道：

（1）施工管理分为哪些阶段？

（2）每个阶段工作内容有什么？

知识导入

2.5.2　了解施工管理程序

施工管理全过程分为施工准备程序、施工实施程序、施工收尾程序。

2.5.2.1　施工准备程序

施工准备阶段的程序是：建立施工监督部门，编制项目施工部署，编制施工执行计划，提出施工方案，供设计部门参考，施工项目分包工作，审查施工图纸，编制施工分包招标文件，组织招标、评标、决标并签订施工分包合同，编制施工程序文件（协调、进度、合同管理、材料控制等方面）。如图 2-95 所示。

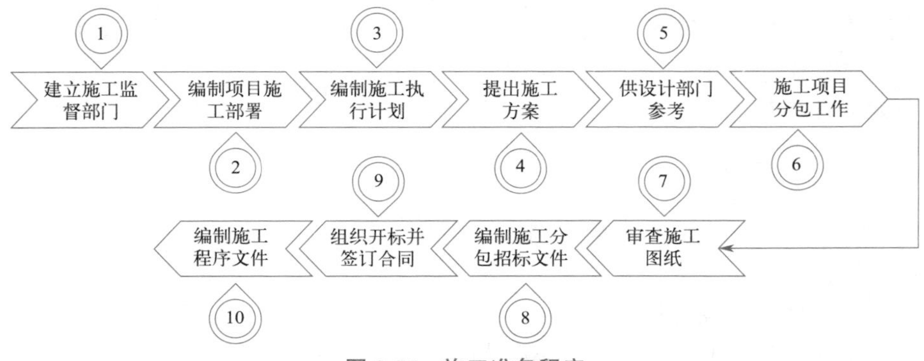

图 2-95　施工准备程序

［详解］

1. 施工执行计划

施工执行计划应由施工部经理负责组织编制，经项目经理批准后组织实施，并报项目发包人确认。

（1）编制依据

施工执行计划主要根据下列文件、图纸、工程法规、质量检验评定标准等编制而成：

a. 工程总承包合同文件及项目实施计划文件；

b. 工程施工图纸及其标准图集；

c. 工程地质勘察报告、地形图和工程测量控制网；

d. 气象、水文资料及地区人文状况调查资料；

e. 工程建设法律法规和有关规定；

f. 企业积累的项目施工经验资料；

g. 现行的相关国家标准、行业标准、地方标准和企业施工工艺标准；

h. 企业质量管理体系、职业健康安全管理体系和环境管理体系文件。

（2）施工执行计划宜包括下列主要内容：

a. 工程概况；

b. 施工组织原则；

c. 施工质量计划；

d. 施工安全、职业健康和环境保护计划；

e. 施工进度计划；

f. 施工费用计划；

g. 施工技术管理计划，包括施工技术方案要求；

h. 资源供应计划；

i. 施工准备工作要求。

2. 项目分包工作

项目分包工作是施工准备阶段的工作重点内容，分包商的质量是影响工程质量的关键因素之一。项目分包工作分为分包商的选择和分包商的管理。

（1）分包商的选择

合格专业的分包商应该具有良好的安全与质量记录、经验丰富的技术工人队伍、良好的装备设施。能够在不出现财务问题的前提下按业主要求的标准完成所承担的工程任务。如果仅仅依靠报价选择分包商，往往会产生低素质的分包商逐出高素质分包商而中标的现象。因此，选择分包商要考虑以下因素：

a. 技术专业力量。

b. 经济资源实力。

c. 分包商以往的业绩。

d. 有效的交流和信息共享平台机制。

（2）分包商的管理

a. 选择优秀的分包商合作

一般情况下，在一些特殊专业或特殊技能的分项工程（如钢结构、外装饰、地基加固等)，总包商没有能力独立完成或独立完成成本高，可以通过向分包商广泛地询价而降低报价，从而增加中标的概率。优秀的分包商应做到与总承包商在技术、经济资源上具有互补性，具有良好的业绩和良好的运营记录。

b. 为分包商做好技术指导

从全行业看，合作分包商都具有较强的施工能力和资金能力，但在管理和技术上相对有所欠缺。总承包商在技术和管理上的积累对分包商具有有效的协同补充价值，有更合适的施工方案、更高的专业管理能力、更优秀的技术人员，有力地保证了工程的质量。

c. 为分包商提供必要的培训

总包承包商一旦与分包商建立合作关系，总承包商应在培训分包商成员、提升其整体素质方面出台相应的政策，还应尽可能地为分包商提供各种必要的培训和技术支持，尤其是对一些复杂与技术含量高的工程，这样不仅可以帮助分包商顺利完成分包任务，同时还可提升总承包商自身形象，沉淀积累技术。

d. 为分包商协调好外部关系

总承包商为分包商提供一个和谐的外部环境是工程顺利实施的重要保障。首先，总承包商加强与业主、监理单位的沟通，争取施工有利条件，以便缩短工序间隙时间，加快进度，避免人工、机械的窝工，为施工争取有利条件；其次，总承包商认真协调施工驻地各有关部门合作关系，可以有效避免地方人员干扰分包商的施工，避免分包商发生非生产性成本；最后，做好与分包商、供应商的协调，使各分包单位之间相互配合至关重要。

e. 协助分包商控制成本，确保分包商盈利

总承包商应通过计量和资金拨付控制，及时了解掌握分包商的成本、利润及运营情况，发现异常需尽早协助分包商分析节超原因，及时建议及纠正分包商的施工成本曲线。公平合理地善待分包商，公平合理地分配风险，使总包商所确定的分包价格让分包方觉得自身能够获利，得以保证资金流有序循环，人员精力充沛，层级管控高效。

f. 严控 HSE 管理

分包商受经济利益和体制的影响，HSE 管理基础差，意识淡薄，往往忽视安全投入。因此，生产活动中应严控分包商的 HSE 管理，在具体施工过程中，通过明确相关方职责，采取适当监督手段，落实相关规章制度，加强沟通协调，通过多种手段宣贯 HSE 理念，持续营造浓厚的安全气氛，加强承包商 HSE 管理是确保施工作业安全的重要途径。

g. 建立激励机制促进分包商积极性

制定分包商统一的管理制度，让分包商在相对统一的作业环境与标准下进行考核，根据形象面貌、文明施工、设备状态、质量、HSE 及综合进度与技术创新等诸多方面进行考核，匹配相应的管理制度。这种考核目标化的激励方式，能够有效地提升分包商的积极性，从而推动整改 EPC 总承包项目的整体进度和形象。

2.5.2.2　施工实施程序

施工实施阶段的程序是：施工准备，检查设备和材料到库情况，检查分包商编制的

工作计划，报送项目进度、费用等报告，处理工程变更，设备和材料的库房管理，协助施工现场 HSE 管理，填写施工管理日志和资料归档，试运行前准备工作。如图 2-93 所示。

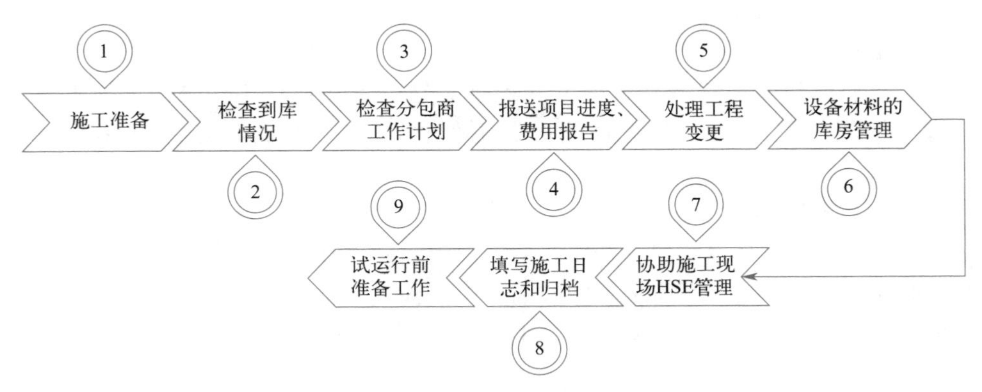

图 2-96　施工实施程序

［详解］

1. 施工准备

施工准备工作内容如下：

a. 协调业主做好施工场地和施工临时用地的“三通一平”工作；

b. 对施工场地进行详勘；

c. 组织施工招标投标相关工作；

d. 办理有关项目开工各项手续；

e. 准备进驻施工现场的人员、装备；

f. 落实建筑施工周转材料、建筑材料供应渠道；

g. 落实建筑队伍生活驻地、临时设施问题等。

2. 工程变更

（1）施工变更管理原则

a. 施工变更按照项目变更程序进行；

b. 施工变更要以书面形式签认，并作为相关合同的补充内容；

c. 任何未经审批的施工变更均无效；

d. 对已批准或确认的施工变更，项目部要监督施工分包商按照变更要求实施，并在规定时限内完成；

e. 对影响范围较大或工程复杂的施工变更，项目部要对相关方做好监督和协调工作；

f. 变更要以保证安全和质量为前提。

（2）施工变更管理程序

a. 当施工变更涉及质量、安全和环境保护等内容时，要按照规定经有关部门审定；

b. 施工组要了解实际情况并收集与施工变更有关的资料；

c. 对项目发包人或项目分包人提出的施工变更，项目部需根据实际情况和有关资料，按照施工合同的有关条款，对施工变更的费用和工期做出评估，确定施工变更的合理性，包括：确定施工变更项目的工程量，确定施工变更的单价或总价，确定施工变更需要的合理工期；

d. 施工变更单需包括变更要求、变更说明、变更费用和工期等内容以及必要的附件；

e. 施工组要根据施工变更单组织施工。

2.5.2.3　施工收尾程序

施工收尾阶段的程序是：竣工验收阶段，竣工结算阶段，竣工决算阶段，资料交付阶段，考核评价阶段。如图 2-97 所示。

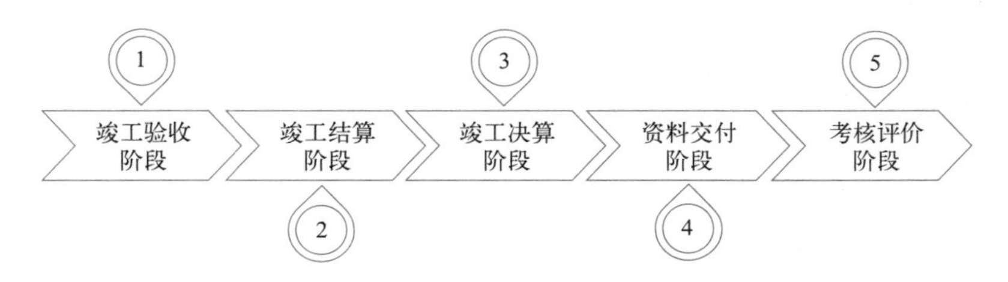

图 2-97　施工收尾程序

[详解]

1. 竣工验收阶段

项目竣工验收由总承包商负责，做好竣工验收前的各项准备工作。竣工验收依据以下资料：

a. 经过上级批准的可行性研究报告；

b. 施工文件、详细施工图纸及说明书；

c. 设备技术说明书；

d. 招标投标文件和工程合同；

e. 施工变更、修改通知单；

f. 现行施工规范、规程和质量标准；

g. 引进项目的合同和国外提供的技术文件等。

2. 竣工结算阶段

竣工结算报告由总承包商编制，项目业主负责审查，双方最终确定。编制项目竣工结算报告依据以下资料：

a. 工程合同；

b. 工程投标中标报价单；

c. 竣工图、施工变更、修改通知；

d. 施工技术核定单、材料代用核定单；

e. 现行工程计价、清单规范、取费标准及有关调价规定；

f. 有关追加、削减项目文件；

g. 双方确认的经济签证、工程索赔资料；

h. 其他有关资料等。

施工项目竣工验收后，项目业主或总承包商应在约定的期限（注：对 EPC 总承包项目应在试运行性能考核后的特定时间内）内向总承包商或施工分包商递交工程项目竣工结算报告及完整的结算资料，经双方确认并按规定进行竣工结算。通过施工项目竣工验收程序，办完施工项目竣工结算，总承包商应在合同约定的期限内进行工程项目移交。

3. 竣工决算阶段

（1）项目竣工决算报告编制的依据

a. 建设项目计划任务书和有关文件；

b. 建设项目总概算和单项工程概算书；

c. 建设项目施工图纸及说明书；

d. 施工交底、图纸会审纪要；

e. 招标标底、工程合同；

f. 工程竣工结算书；

g. 各种施工变更、经济签证；

h. 设备、材料调价文件及记录；

i. 项目竣工文件档案资料；

j. 历年项目基建资料、财务决算及批复；

k. 国家、地方主管部门颁发的项目竣工决算的文件等。

（2）项目竣工决算报告包括的内容：

a. 项目竣工财务决算说明书；

b. 项目竣工财务决算报表；

c. 项目竣工图；

d. 项目造价分析资料表等。

4. 考核评价阶段

考核评价程序如下：

a. 制定施工考核评价办法；

b. 建立施工考核评价组织；

c. 编制施工考核评价方案；

d. 实施施工考核评价工作；

e. 提出施工考核评价报告。

能力训练

“良好的开端是成功的一半。”这句话说的是做事情前期工作的重要性，工程总承包项目亦是如此。做好施工准备工作，才能保障工程顺利实施。

训练 2-51：如何做好施工阶段准备工作

GQ 公司作为总承包商承揽的某自来水厂的厂房新建项目，项目准备开工建设，施工部经理张闯忙得不可开交，李威作为新员工非常想替领导分忧。

训练 2-52：如何选择合格的施工分包商

GQ 公司作为总承包商承揽的某自来水厂的厂房新建项目，甲方对工程的工期有明确要求，在进行施工图设计和物资采购的同时，也要筹备筛选合适的施工分包商。

以分组讨论形式，完成以下任务：

（1）训练 2-51：如果你是李威，你会怎样建议施工准备阶段的重点工作呢？

（2）训练 2-52：如果你是李威，你该怎样提供施工分包商选择的具体方案？

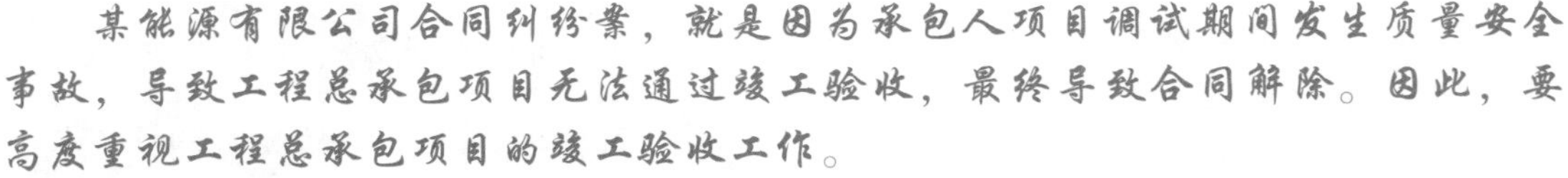
某能源有限公司合同纠纷案，就是因为承包人项目调试期间发生质量安全事故，导致工程总承包项目无法通过竣工验收，最终导致合同解除。因此，要高度重视工程总承包项目的竣工验收工作。

训练 2-53：施工结束意味着万事大吉吗

GQ 公司承揽的某自来水厂的厂房新建项目历经 15 个月的工期终于全面完成了施工任务。施工部经理张闯看着自己管理建造的成果格外开心。公司总裁王强提醒他，完成施工是值得庆贺，但接下来面临的各方代表参加检查的竣工验收很重要，可千万不能马虎。

以分组讨论形式，完成以下任务：

总裁王强为什么说竣工验收很重要？

场景 2.5.3

李威对施工阶段的管理程序进行了学习，领导提出了新问题："你觉得施工管理过程中哪些要素是管理的重点呢?"李威想了半天，回答道："我觉得质量是最重要的，绝不能允许豆腐渣工程出现，必须真材实料，不能马虎。"领导微笑地点点头，质量确实是我们重点关注的要素之一，你还有补充吗？如图 2-98 所示。

图 2-98　场景 2.5.3

苏轼在《题西林壁》中写道："横看成岭侧成峰，远近高低各不同。"要认清事物的本质，就必须从各个角度去观察，既要客观，又要全面。

如果你是李威，你会如何回答呢?

知识导入

2.5.3　掌握施工管理内容

2.5.3.1　施工为主线的进度管理

1. 进度管理定义

进度管理是指根据合同工期要求编制施工进度计划，对施工的全过程经常进行检查、对比、分析，及时发现实施中的偏差，并采取有效措施，保证工期目标实现的全部活动。

2. 施工进度控制

施工组应根据施工执行计划组织编制施工进度计划，并组织实施和控制。

施工进度计划应包括施工总进度计划、单项工程进度计划和单位工程进度计划。施工总进度计划应报项目发包人确认。

（1）施工总体进度控制

施工进度计划宜按下列程序编制：收集编制依据资料，确定进度控制目标，计算工程量，确定分部、分项工程的施工期限，确定施工流程，形成施工进度计划，编写施工进度计划说明书。如图 2-99 所示。

施工组对施工进度计划采取定期（按周或月）检查方式，掌握进度偏差情况，对影响因素进行分析，并按照规定提供月度施工进展报告。

施工组应检查施工进度计划中的关键路线、资源配置的执行情况，并提出施工进展报告。施工组宜采用赢得值❶等技术，测量施工进度，分析进度偏差，预测进度趋势，采取

❶ "赢得值"解释详见——知识拓展 2-19

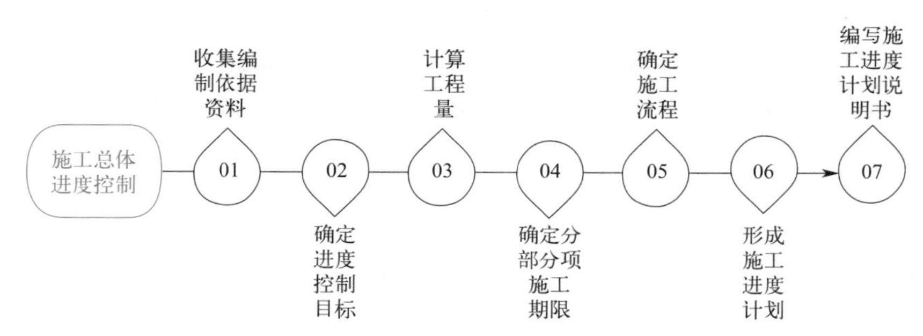

图 2-99　施工进度计划的编制

纠正措施。

（2）分包商的进度控制

总承包商在总进度计划的编排上要充分考虑分包商的意见，使得总进度计划最大限度地趋于科学合理。总承包商对分包商进度控制的手段包括：改变某些工作间的逻辑关系，缩短某些工作的持续时间，资源供应的调整，增减施工内容，增减工程量，起止时间的改变等。

3. 施工为主线的进度管理

（1）全局视野进行顶层设计

工程总承包模式下，各项工作相互关联，总承包商不能只关注某一工作任务本身，而要着眼于该工作任务的前后全链条工作，甚至包括不属于工程总承包的工作范围，但需要相关方协同完成。通过高效、畅通的跨板块协同，能够大幅提升管理效率，助力进度目标实现。

（2）技术调整合理缩短工期

工程总承包模式最大的优势是设计施工无缝衔接，通过设计的技术性调整，在满足规范合同约定的前提下合理缩短工期、降低资源投入。设计部经理应组织各专业设计团队共同进行工期优化分析的专题讨论，合约部经理、施工部经理、项目总工共同参与，通过技术工艺优化、设计方案调整、“永临结合”布置等，综合考虑技术、工期、经济的平衡关系，实现技术型调整合理缩短工期。

（3）总体工期完成动态管理

a. 各环节的动态管理

在实施过程中应注意各个环节、各个层面的执行情况，并及时调整各方面资源投入和工作时长，以保证最终节点顺利完成。具体从以下方面着手：作业面进度情况；周转材料、设备进场及安装情况；材料及加工构件进场情况；劳动力情况跟踪检查。

b. 偏差问题处理

针对项目实际进展与进度计划比较过程中发现的进度偏差，进行细致详细的分析：首先，判断该进度偏差是否可能对关键线路造成影响，影响程度如何；其次，对造成进度偏差产生的原因进行分析。若该偏差验证影响关键线路，则应当汇总偏差数据；若并未对关键线路造成严重影响，则由项目经理根据造成偏差的原因，制定整改措施，纠正进度偏差；再次，项目经理或施工部经理在对汇总后的偏差数据加以确认分析之后，组织相关各方召开工程进度协调会，确认造成进度拖延的责任单位或责任人，并确定整改要求；最后，根据现场的实际情况，在不同施工阶段、不同施工工序中调整现场设施布置、机械设备调配使用、劳动力资源的合理调配、各专业单位物料的进出场和堆放安排、与周边环境及相关部门的良好沟通，以确保整个现场有序地、按计划地、高效地开展工作。

2.5.3.2 成本为主线的费用管理

1. 费用管理定义

费用管理是指在施工过程中项目质量符合标准和工期遵照合同要求的基础上，对工程费用的核算与支付实行有效的监督和控制。

2. 施工费用控制

（1）施工总体费用控制

施工组织应根据项目施工执行计划，估算施工费用，确定施工费用控制基准。施工费用控制基准调整时，应按规定程序审批。施工费用控制主要包括：人工费、材料费、机械使用费、施工分包费的费用控制。

项目部根据施工分包合同约定和施工进度计划，制定施工费用支付计划并予以控制。通常按下列程序进行：进行施工费用估算，确定计划费用控制基准；制定施工费用控制（支付）计划；评估费用执行情况，对影响施工费用的内外部因素进行监控，预测、预报费用变化情况。如图 2-100 所示。

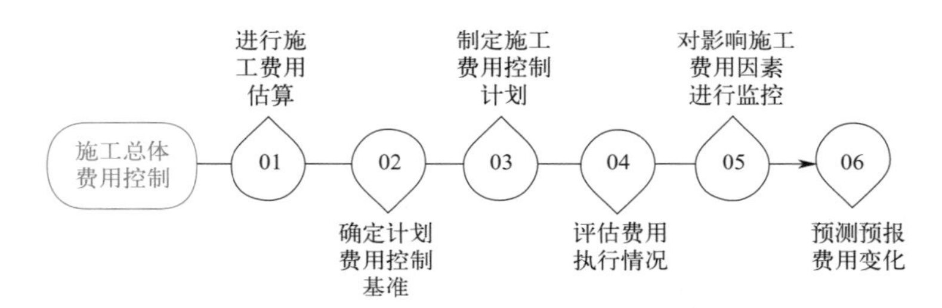

图 2-100 施工总体费用控制

（2）分包商的费用控制

为加强成本管理，增加经济效益，总承包商对分包项目的分包造价一般是通过招标方式确定的。其中，专业分包是单独通过招标投标或议标确定的，而对机械（工具）分包及材料分包是在进行劳务分包招标投标的同时确定的。

3. 成本为主线的费用管理

（1）设计阶段的成本管理

a. 可行性研究阶段的风险评估

项目潜在投标人的角色，往往会直接参与可行性研究报告的编制或密切关注可行性研究报告的编制，以期获得第一手资料。在对照可行性研究报告过程中，应重点关注项目背景、工程设计方案、投资估算三方面的内容。

首先，项目背景方面，应充分考虑到项目所在地的地质条件可能会对地基与基础工程造成的成本风险影响，有条件的应参考同一地区类似项目情况进行评估。

其次，工程设计方案方面，对已明确的设计内容结合概算指标、企业定额、类似项目经验、市场询价进行总体估算。

最后，投资估算方面，总体估算完成后，应与投资估算中的工程费用进行对比。找出差异内容分析原因，进行修正或提醒相关单位完成投资估算的修正。

b. 初步设计阶段的成本测算

首先，初步设计阶段成本测算的精准度高于初步概算，目的是较准确地进行项目直接成本的核算，对项目利润风险有较为清晰的判断和认识。例如，某污水处理厂项目，采用工程总承包模式，投标限价 7 亿元。某竞标单位经过成本测算后，发现实施成本已大幅度超过投标限价，主要原因是发现初步设计中顶板构造不满足填土厚度荷载要求，需要对顶板构造进行加强处理，造成成本增加约 2000 万元。竞标单位经过研究后决定放弃投标。后续该项目实际中标人也的确因上述问题预判不足而陷入困境，最终与建设单位进行长期的索赔与反索赔的“拉锯战”，对项目实施造成了极其不利的结果。

其次，初步设计阶段的成本测算主要为投标服务。投标人在此基础上确定风险可控后，再进一步研究投标文件的相关要求，明确投标策略，进行投标商务报价文件的编写。

最后，与施工总承包模式不同，总承包方需要按照招标文件要求考虑概算中的二类费用，如建设工程一切险等各类保险费用、建设手续办理费用、工程各类监测检测及验收费用，尤其是不同地区的规定费用、附加费率有较大的差异。

c. 施工图设计阶段的成本测算

施工图设计阶段的成本测算不等于施工图预算。

首先，动态变化。施工图设计阶段的成本测算，综合单价随分包采购合同的签署固化而不断进行调整，市场价、企业定额被分包、采购合同替代。

其次，报警机制。在调整过程中同样应对偏差报警部分采取措施。其阶段的变化主要基于分包竞争状态、总承包方的采购能力、市场动态变化所造成的价格变化。

变更影响。实施过程中由于各种变更情况形成分包合同和采购合同价款的变更，特别是由于工程量增加而形成分包价款索赔。总承包方应充分发挥技术优势，在基于问题可靠解决的前提下，尽量以低成本原则进行设计变更，选择最优方案减少损失。

（2）施工阶段的成本管控

a. 成本管控计划

施工阶段成本管控计划编制应考虑日常费用和一次性费用支出两部分。日常费用包括项目人力配置及工资收入水平、业务性费用、差旅费用、办公费用、误餐费用、大临设施日常开支。一次性费用支出包括工程一切险、各类行政事业性收费、保函所发生的财务成本等内容。

日常费用应按月排定预算计划，按照工期、收尾销项周期考虑预算成本开销，一次性费用支出应通过政策依据、经验数据、类似项目历史成本、总承包方管理制度进行评估并单独列项计入。

b. 分阶段成本管控

施工阶段成本预算计划不应该自始至终保持统一的标准额度，而应该视项目实施的不同阶段、项目实施所在地的交通条件等特点，结合项目成本支出的具体需求予以预测估算。

例如，某垃圾填埋场项目，地处偏僻地区，无公共交通可以抵达，在成本预算计划中应充分考虑交通费用需求。同时此项目由于处于尚未封场完成的垃圾填埋区域中建设，周边环境较为恶劣，总承包方还应考虑卫生防疫、人员劳防保障方面的管理费用，这些都是基于项目特点而必须考虑的管理成本。

项目经理应每月对汇总后的管理成本数据进行审核，对超出预算计划的费用应具体分析原因并予以说明。这样有利于管理成本的分类，分阶段地分析，为今后类似项目的管理成本测算提供依据。

（3）更高维度的总包索赔

工程总承包合同索赔与施工总承包合同索赔存在很大的差异，主要体现在：

a. 工程总承包合同索赔往往因政策性、决策性意见而产生，以提升建设标准、功能及建设单位合同外任务布置为索赔原则，施工总承包合同索赔既可能因为政策性、决策性意见而产生，也可能因为现场的各种工况变化而产生，以单纯造成工程量增加为索赔原则。

针对政策性意见造成的总包索赔，主要是针对总承包合同签署完成后，因为政策性意见造成了总承包合同的变更而产生的费用。因此，总承包方应重点关注政策性意见提出并明确的时间、原因、与原先政策性意见的区别，有经验的总承包方应基于招标文件的理解和后续可能发生的政策性意见进行分析、预测，从而制定有利于后续实施、索赔的投标方案。例如，某海绵城市示范区项目，项目中标后相关设计规范进行了修订发布，对暴雨强度相关规定进行修订，总承包方按规范要求扩大了雨水排水管道的管径，并提出了索赔意见，以规范要求为依据最终获批。此项索赔的关键对比因素在于政策性意见的提出时间晚于项目中标、合同签订的时间，从而使索赔成立。

针对决策性意见造成的总包索赔，主要为建设单位对项目的功能、标准提出的意见，其前提是不能违反政策性意见。建设单位的决策性意见应尽量在工程总承包招标前明确，并尽量在工程总承包招标文件中完整表达。例如，明确要求更换投标方案中约定的某种建材料以提高耐久性，总体景观绿化方案重新调整设计，增加超出合同约定的设备以提升总承包合同约定的主要功能指标，还有较为常见的是移交接管单位出于今后接管运行的考虑通过建设单位提出的种种消缺要求。

相对于政策性意见而言，决策性意见的索赔难度较大，往往因为固定总价模式的理解差异、总承包方的弱势地位而难以成立，所以总承包方应尽可能在相关内容实施前与建设单位达成索赔意见，积极获得建设单位的理解和支持。

b. 工程总承包合同索赔更强调“因”，一切索赔基于“因”的建立和确认，而施工总承包合同索赔单纯以“果”作为索赔依据，因此，工程总承包合同的索赔难度要大于施工总承包合同。

2.5.3.3 产品为主线的质量管理

1. 质量管理定义

质量管理是指在施工阶段，控制施工组织关于质量的相互协调活动，是使工程项目施工围绕着使产品质量满足不断更新的质量要求而开展的管理活动。

2. 质量管理控制

（1）施工总体质量控制

施工组应监督施工过程的质量，并对特殊过程和关键工序进行识别与质量控制，且应保存质量记录。

施工总体质量控制包括：对供货质量按规定进行复验并保存活动结果的证据；监督施工质量不合格品的处置，并验证其实施效果；对所需的施工机械、装备、设施、工具和器具的配置以及使用状态进行有效性和安全性检查，必要时进行试验；对施工过程的质量控制绩效进行分析和评价，进行持续改进；根据施工质量计划，明确施工质量标准和控制目标；对项目分包人的施工组织设计和专项施工方案进行审查，对质量记录和竣工文件进行评审；组织或参加工程质量验收。如图 2-101 所示。

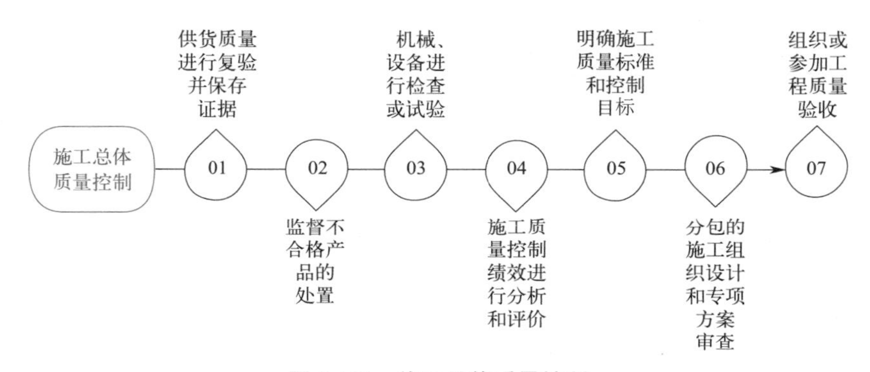

图 2-101 施工总体质量控制

（2）分包商的质量控制

总包商必须全面管理、监督各分包商的工作，确保分包商的工作质量符合合同及相关规范标准。除了按照企业质量体系中相关文件严格进行执行外，还需要注意以下几点：

a. 使用更严格的规范标准

当工程项目是在国外建造时，合同既可以约定使用项目所在国的规范标准，也可以使用中国或者欧美的规范标准，虽然各国的总体要求基本相同，但在具体细节上仍然存在一些差异。因此，在保证费用变化不大的条件下，项目实施尽量选用更加严格的标准执行，执行高标准的规范要求将为项目的质量提供更加充分的保证。

b. 成立专业的质量管理队伍

总承包商需要聘请有相关工程经验和管理能力的人员，成立专业的质量管理队伍，对工程项目的设计方案、设备制造、材料采购及施工安装等各个具体的实施环节进行全过程的质量控制和管理。

3. 产品为主线的质量管理

工程总承包不仅要按图施工，还应对最终完成项目的功能、规模、外观及质量全面负责，突破施工总承包在设计方面无法自主的桎梏，从单一的“来样加工”转为“设计施工一体化”，总承包方应以对待作品的态度来进行项目实施。实施完成的项目也将在很长一段时间内形成总承包方独有的业绩和实力展现，为后续市场的拓展和经营打下良好的基础。主要表现在以下两个方面：

（1）前瞻的项目定位

在招标投标阶段充分考虑项目总体定位，在满足功能、规模等约束性指标的前提下，如何提升整体外观造型、细节品质应有明确的定位。

（2）商务经营的匹配

总承包方要综合考虑总体定位、商务经营情况进行平衡，不能因为提升质量而突破商务底线，也不能为了追求利润而盲目降低品质。

例如，某大型排水泵站项目，地上泵在投标阶段为常规建筑结构，外墙采用普通涂料装饰。中标后，建设单位提出了周边沿河景观带开发的统一协调需求。总承包方在选择建筑外立面装饰材料时，比对了穿孔铝板、仿石涂料、干挂陶土板和干挂石材等材料，结合项目的成本测算，选择了成本能够负担的总体干挂陶土板、局部穿孔铝板的立面装饰方案。项目完成后，此泵站成为城市中心沿河景观带的重要组成部分，得到了媒体和周边市民的广泛关注，也成为工程总承包单位对外包装宣传的典型案例。

知识拓展

拓展 2-19：赢得值

赢得值是指已完项目的预算费用，用以度量项目完成状态的尺度。赢得值具有反映进度和费用的双重特性。

采用赢得值管理技术对项目的费用、进度进行综合控制，可以克服过去费用、进度分开控制的缺点，即当费用超支时，很难判断是由于费用超出预算，还是由于进度提前；当费用低于预算时，很难判断是由于费用节省，还是由于进度拖延。引入赢得值管理技术即可定量地判断进度、费用的执行效果。

用赢得值管理技术进行费用、进度综合控制，基本参数有三项：

（1）计划工作的预算费用（budgeted cost for work scheduled，BCWS）；

（2）已完工作的预算费用（budgeted cost for work performed，BCWP）；

（3）已完工作的实际费用（actual cost for work performed，ACWP）；

其中 BCWP 即赢得值。

能力训练

俗话说：“心急吃不了热豆腐。”指的是做事不能着急，最好的方式是按部就班，严格按计划行事。特别是在事件的关键环节上，更应该细心严谨对待。

训练 2-54：赶工时期易出事故

GQ 公司承接的某发电厂三期扩建工程发生冷却塔施工平台坍塌的特别重大事故，导致 2 人死亡、3 人受伤，事故后果惨烈。

导致事故发生的一个重要原因，就是冷却塔施工过程中，存在明显的抢工期现象。施工单位为完成工期目标，不断加快施工进度，导致拆模前混凝土养护时间减少，混凝土强度不足。

以分组讨论形式，完成以下任务：

为什么会频频出现“赶工期”现象？

新员工的岗前培训一直都是工程施工单位的重点工作之一，新员工往往缺乏安全意识，因此其上岗操作也是需要重点防范的风险。

训练 2-55：当新员工遇上新工艺，我们要格外当心

2020 年 3 月 25 日，GQ 公司承接的氮气改造工程竣工投入使用，公司特种车辆调度室碳粉准备作业使用的压缩气体由压缩空气更换为氮气。3 月 30 日，碳粉准备作业班 2 名新入职的作业人员在未采取通风措施和氧含量检测的情况下，贸然进入罐体作业，发生中毒窒息事故，导致 2 人死亡。

事故原因是为了争时间、抢速度，没有对操作者和相关人员开展新工艺相关的安全培训便仓促上马、试车、使用，进而酿成悲剧。

从事故原因分析，我们应该吸取什么样的教训？

敬畏自然，保护自然，对大自然的极端天气，我们要格外上心，予以重视。该做好的防护措施和紧急抢险预案一个都不能少。

训练 2-56：当节假日时期碰上极端天气，我们要十二分小心

2017 年 2 月 16 日，GQ 公司承接的某写字楼项目突发大火，过火面积约 $300m^2$。起火原因为遭遇雷电天气（三级/较重），导致该项目建筑材料仓库失火。

当时正值 GQ 公司节后复工。节假日前后，一些职工沉湎于春节的欢乐气氛中，心浮气躁，进入工作状态慢，放松了对安全生产的警惕性，碰上气象因素的影响，极易导致生产设施、生产环境等出现问题，进而造成经济损失和人员伤亡。

以分组讨论形式，完成以下任务：

如果你是 GQ 公司领导，事故给你带来什么启示？

场景 2.5.4

《群书治要·昌言》中说："安危不贰其志，险易不革其心。"这句话的意思是无论所处环境是安全还是危险，都不会动摇自己的志向；无论成就事业困难还是容易，都不会改变自己的初心。越是困难时刻，越要坚定信心。面对重重挑战，我们决不能丧失信心、犹疑退缩，而是要坚定信心、激流勇进。

图 2-102 场景 2.5.4

施工阶段是各类工程风险高发的重点环节，因此，风险管理是施工管理的重要内容。而 AAA 医院项目是市重点建设项目，也是市重点民生工程，施工部经理张闯深知，做好风险管理尤为重要，如图 2-102 所示。那么：

（1）施工管理过程中会有哪些风险？

（2）该如何防范施工风险的发生？

知识导入

2.5.4 厘清施工风险要点

2.5.4.1 施工风险分析

施工风险分为施工进度风险、施工费用风险、施工质量风险和施工安全风险，如图 2-103 所示。

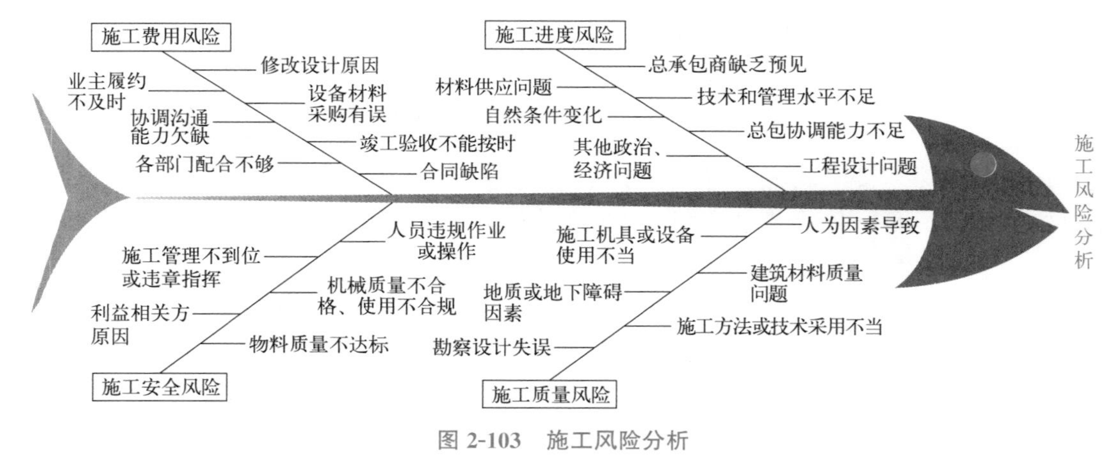

图 2-103 施工风险分析

1. 施工进度风险

施工进度风险一般指工期延误，是项目各方发生纠纷的重要原因。在工程总承包模式下产生工期延误的因素有很多，归纳下来主要有如下方面：

（1）总承包商缺乏充分预见。

（2）自身技术和管理水平不足。

（3）总承包商对外协调能力欠缺。

（4）工程设计漏洞或设计参数不当。

（5）材料供应环节风险。

（6）项目的自然条件（工程地质与水文条件）变化。

（7）其他政治、经济等环境因素。

2. 施工费用风险

施工费用风险管理是指总承包商对项目施工过程中所产生的影响费用风险的潜在因素进行辨识和评价，并实施有效控制的过程。在工程总承包模式下影响费用的风险因素很多，归纳下来主要有如下方面：

（1）修改设计导致费用增加。

（2）设备材料采购有误。

（3）竣工检验、试车不能按时进行，货物准备不足。

（4）合同缺陷。

（5）业主履约不及时。

（6）承包商协调沟通能力欠缺。

（7）各职能部门配合不够。

3. 施工质量风险

工程总承包项目的质量风险贯穿于工程的各个阶段中，具有多元性、严重性和潜伏性等特点。在工程总承包模式下影响质量的风险因素很多，归纳下来主要有如下方面：

（1）人为因素（工人操作不当或管理人员疏忽失误）。

（2）项目所使用的建筑材料质量问题。

（3）施工方法或技术采用不当造成的质量问题。

（4）施工机具或设备使用不当造成的质量问题。

（5）项目所在地的地质、地下障碍等自然环境因素。

（6）工程项目勘察设计失误造成的质量问题。

4. 施工安全风险

施工安全管理，是施工管理者运用经济、法律、行政、技术、舆论、决策等手段，对人、物、环境等管理对象施加影响和控制，排除不安全因素，以达到安全生产目的的活动。在工程总承包模式下影响质量的风险因素很多，归纳下来主要有如下方面：

（1）人员引起的安全风险（违规作业、违规操作、打架斗殴）。

（2）施工机械质量不合格、管理使用不合规引发的风险。

（3）物料质量不达标。

（4）施工管理不到位或违章指挥。

（5）利益相关方原因。

2.5.4.2 施工风险防范

1. 施工进度风险防范

（1）投标进度风险防范

在项目承接之前，应对项目所在地的政治环境、社会环境、自然环境、法律环境、业主的资金来源及可靠程度进行充分的调查研究，尤其是要对项目的施工工程量、成本、工程技术难度反复研究，只有在此基础上，才能对工期有正确的判断。

例如，某公司高速公路项目，由于在投标时，对业主提供的项目功能、地质情况等均没有进行充分的调查研究，导致合同执行中实际工程量与投标工程量出现较大偏差。同时，存在大量索赔项，工程投入大大超过原计划，工期延误，最终不得不终止合同履行。

（2）设计进度风险应对

加强与业主的沟通，对外要明确设计内容的深度，对内要责任到人。让经验丰富的设计人员参加设计或审图，并且专业要配套，安排他们对施工图进行专业自审和会审，可以最大限度地解决设计中的“错、漏、碰、缺”问题。

（3）采购进度风险防范

与材料供应环节有关的风险，承包商可以采取以下几方面措施：及时制订采购计划；严格对供货商的资金、信誉和供货能力等方面进行调查了解；与供货商签订完善的供货合同以制约其行为；加强督办、驻厂监造、第三方检验以及运输管理等工作，杜绝不合格设备和材料到达现场等。

（4）实施进度风险防范

在项目实施阶段，在确保工程质量的前提下，总承包商应协调好勘察、设计、采购和施工等各个方面主体的关系，确保互相配合，工程衔接顺利，加快施工进度，缩短工期。

例如，某轻轨工程项目，项目最终严重亏损，原因之一就是承包商没有处理好与业主、分包商之间的关系，其自身的管理水平有限，导致面对业主拆迁进度缓慢、分包商消极怠工造成工期延误时束手无策。

（5）竣工验收工期风险应对

在项目竣工验收阶段，总承包商应及时做好相关人员的培训、试车和维修工作，并进行工程竣工验收、结算、移交的协调工作等，确保如期验收合格，确保在竣工验收、试车阶段不发生由于风险发生导致的工期延误。

在工程总承包模式下影响工期的原因有很多，这就需要承包商对可能影响工期的因素在承建项目前有充分的预见和认识，并通过有效的风险管控措施对工期风险予以防范。

2. 施工费用风险防范

（1）提高设计水平，降低后续成本

为保证高质量的设计方案，设计阶段要实地考察，深入了解当地地质情况和气候情况，不能将以往的其他区域经验照搬照抄，以减少设计风险；同时，设计人员应听取施工技术人员的意见，召开图纸会审会议，在保证设计安全的情况下，在取得业主和施工技术人员的意见后再进行设计。

（2）与供应商建立稳定的供求关系

为规避、减少采购环节对项目成本构成的风险，可与部分材料供应商签订长期供货协议，选择有资信、有能力、服务好的供货商作为询价对象，尽量与材料、设备供应商建立长期稳定的供求关系，相互之间建立良好的信誉，可以有效地减少材料、设备供应环节的费用风险。

（3）选择有经验的项目经理，减少费用风险

经验丰富的项目经理对施工现场有一定的经验，可以运用其经验降低安全、质量和进度问题给成本带来的风险。同时要关注管理人员的流失，做过多项工程的项目经理或施工部经理，一般对于项目的管理较有经验，这类人员的流失会使企业的费用风险加大。

（4）有效控制工程变更及其索赔

对工程变更及索赔进行有效控制是施工阶段费用风险控制的关键。由于分包施工单位往往采取低价中标、索赔盈利的方式承揽工程，总承包单位应事前把关，严格审核工程变更，特别是严格控制增加投资的变更，减少不必要的工程费用支出，避免费用失控。

（5）合同完备性应对措施

工程总承包项目涉及面广，合同履行中不确定性因素多，给合同履行带来很大的成本风险。如果合同不够完备，就可能会给当事人造成重大损失。因此，必须对合同的完备性进行审查。

3. 施工质量风险防范

（1）总承包商的工作

a. 确定工程项目质量风险控制方针、目标和策略；根据相关法律法规和工程合同的约定，明确项目参与各方的质量风险控制职责。

b. 对项目实施过程中业主方的质量风险进行识别、评估，确定相应的应对策略，制订质量风险控制计划和工作实施办法，明确项目机构各部门质量风险控制职责，落实风险控制的具体责任。

c. 在工程项目实施期间，对建设工程项目质量风险控制实施动态管理，通过合同约束，对参建单位质量风险管理工作进行督导、检查和考核。

（2）设计部的工作

a. 在设计阶段，总承包商应做好方案比选工作，选择最优设计方案，有效降低工程项目实施期间和运营期间的质量风险。

b. 将施工图审查工作纳入风险管理体系，保证其公正性和独立性，摆脱业主方、设计方和施工方的干扰，提高设计产品的质量。

c. 项目开工前，由总承包商组织设计、施工和监理单位进行设计交底，明确存在重大质量风险源的关键部位或工序，提出风险控制要求或工作建议，并对参建方的疑问进行解答、说明。

d. 工程项目施工过程中，及时处理新发现的不良地质条件等潜在风险因素或风险事件，必要时重新进行验算或变更设计。

（3）施工部的工作

a. 严格审核施工分包商资质，制订施工阶段质量风险控制计划和工作实施细则，并监督其严格贯彻执行。

b. 总承包商与施工分包商共同开展与工程质量相关的施工环境、社会环境风险调查，按承包合同约定办理施工质量保险。

c. 严格进行施工图审查和现场地质核对，结合设计交底及质量风险控制要求，编制高风险分部分项工程专项施工方案，按规定进行论证和审批后方可实施。

d. 按照现场施工特点和实际需要，对施工人员进行针对性的岗前质量风险教育培训；关键项目的质量管理人员、技术人员及特殊作业人员，必须持证上岗。

（4）设备和材料采购部门的工作

加强对建筑构件、材料的质量控制，优选构件、材料的合格分包商，对其提供的设备、构件、材料进场进行监督管理和质量复验，以免将不合格的构件和材料用到项目上。

4. HSE 风险应对要点

（1）建立 HSE 风险管理体系

从项目开始启动，总承包商的项目经理或 HSE 经理就要在相关工程师协助下建立 HSE 风险管理体系，并编制相关管理文件。项目 HSE 风险管理总体系应将项目划分为项目启动、施工前期、物资采购和开车试调四个阶段，每个阶段都有不同的 HSE 风险管理任务，并对应不同的管理重点，针对这些管理重点，制定相应的管理方法和确定管理内容。

（2）明确各级 HSE 管理责任

施工阶段，参加项目的分包商陆续进驻施工现场，人员及施工工具增加，各方作业交叉进行，现场施工复杂。这一阶段是项目安全管理的关键期，总承包商应按照“一岗双责”“管生产必须管安全”的原则实施管理。

（3）建立完善的安全培训机制

从项目开始建设，凡是进入现场的人员都必须接受进场的安全教育培训。由总承包商组织各分包商、项目经理和安全负责人参加定期安全工作会议。主要针对各阶段施工的特点，对危险源防治、事故防范措施、安全基础知识和国家法律法规等内容进行培训教育，通过定期和不定期的培训，提高分包商的安全管理水平，将事故尽可能消灭在萌芽状态之中。

能力训练

面对复杂陌生的外国工作环境，在海外工程总承包项目的管理中，我们更要坚持底线思维、问题导向，增强忧患意识，把防范化解风险挑战摆在突出位置，把困难估计得更充分一些，把风险思考得更深入一些，下好先手棋，打好主动仗。

训练 2-57：投标阶段，也会有进度风险

某国外高速公路项目，由于在投标时，对波兰业主提供的项目 PFU（功能说明书）、地质情况等均没有充分调查研究，导致合同执行过程中实际工程量和投标工程量出现较大偏差。

造成损失：造成工程大量索赔项，约合人民币七百万元经济损失，工期延误一年，对公司造成了巨大损失。

答案

进度风险源自细节

训练 2-58：工程质量问题，源于细节

某国外高速公路项目，在高速公路沥青混合料路面面层施工过程中，需采用滚筒式静态压路机碾压。但因为施工员小刘大意疏忽，初压时滚筒未预热即开始施工，导致初压滚筒温度过低，以及后续复压、终压时，温度均偏低，且并未被发现。

造成损失：部分高速公路沥青混合料路面质检不合格，导致需要重新返工，整体工期延误两个月，直接损失合人民币两百余万元。

训练 2-59：人的因素，潜在的风险

某国外高速公路项目，GQ 公司由于前期投标工作延误了工期，在工程施工阶段施工人员加班加点，超负荷工作，导致项目作业人员在高强度工作压力下完成的部分公路路基工程质量验收不合格。

造成损失：验收不合格的部分公路路基重新返工，此项直接损失合人民币三百余万元，并且导致工期延误三个月。

分组模拟场景，解决下列问题：

（1）训练 2-57：项目起始投标阶段，该如何把控进度？

（2）训练 2-58：如何从细节上防控工程质量问题？

（3）训练 2-59：针对人因控制，你有何妙招呢？

除了人为主观因素易造成工程各类风险问题之外，各类外部客观因素也不容小觑，也是工程建设过程中重点防范的方向之一。

训练 2-60：机械使用需当心，违规操作危害大

某国外高速公路项目，GQ 公司项目施工人员在公路沥青路面施工期间，使用压路机夯实。但作业人员仅经过几周机械培训，并未取得相应机械操作资格证书。最终完成的垫层质量抽检不达标，造成返工。

造成损失：验收不合格的部分公路沥青路面重新返工，此项直接损失合人民币五百余万元，并且导致工期延误三个月。

训练 2-61：合同条文翻译偷懒，造成致命疏忽

某国外高速公路项目，GQ 公司在没有事先勘探地形及研究当地法律法规、经济、政治环境的情况下，就与波兰公路管理局签下总价锁死的合同。该项目投标时采用的是国际工程通用的 FIDIC 合同，中标签署时采用波兰语合同，GQ 公司只是请人翻译了部分波兰语主合同，合同附件并未翻译，包括其中的关键条款部分。

造成损失：导致项目后期发生的成本上升及工期延误都无法从业主方获得赔偿。

分组模拟场景，解决下列问题：

（1）训练 2-60：对工程机械设备进行操作前，我们应该有哪些准备工作？

（2）训练 2-61：境外工程项目往往会出现语言翻译以及合同规则等问题，对此同学们有什么建议？

场景 2.5.5

图 2-104　场景 2.5.5

近年来，工程总承包相关的政策文件更新很快，为了更好地理解文件精神，施工部经理张闯对《示范文本》和《管理办法》中涉及施工管理的内容进行了系统的学习和整理，如图 2-104 所示。

中国古代唐朝名臣、著名书法家颜真卿曾说“三更灯火五更鸡，正是男儿读书时。黑发不知勤学早，白首方悔读书迟。”作为青年学子更应该珍惜宝贵时光，勤勉学习。

你了解：《示范文本》和《管理办法》中涉及施工管理的条款有哪些？

知识导入

2.5.5　解读工程总承包相关政策之施工管理

2.5.5.1　《示范文本》施工相关重点条款解析

第 7 条　施工

7.5　现场劳动用工

【范本原文】

7.5.1　承包人及其分包人招用建筑工人的，应当依法与所招用的建筑工人订立劳动合同，实行建筑工人劳动用工实名制管理，承包人应当按照有关规定开设建筑工人工资专用账户、存储工资保证金，专项用于支付和保障该工程建设项目建筑工人工资。

7.5.2　承包人应当在工程项目部配备劳资专管员，对分包单位劳动用工及工资发放实施监督管理。承包人拖欠建筑工人工资的，应当依法予以清偿。分包人拖欠建筑工人工资的，由承包人先行清偿，再依法进行追偿。因发包人未按照合同约定及时拨付工程款导致建筑工人工资拖欠的，发包人应当以未结清的工程款为限先行垫付被拖欠的建筑工人工资。合同当事人可在专用合同条件中约定具体的清偿事宜和违约责任。

7.5.3　承包人应当按照相关法律法规的要求，进行劳动用工管理和建筑工人工资支付。

【条文解析】

2020 年 5 月 1 日起《保障农民工工资支付条例》正式实施。作为国家有效保障农民工工资支付的重要举措，《保障农民工工资支付条例》第五十五条规定有下列情形之一的，由人力资源社会保障行政部门、相关行业工程建设主管部门按照职责责令限期改正；逾期不改正的，责令项目停工，并处 5 万元以上 10 万元以下的罚款；情节严重的，给予施工单位限制承接新工程、降低资质等级、吊销资质证书等处罚：

1. 施工总承包单位未按规定开设或者使用农民工工资专用账户；
2. 施工总承包单位未按规定存储工资保证金或者未提供金融机构保函；
3. 施工总承包单位、分包单位未实行劳动用工实名制管理。

第 8 条　工期和进度

【范本原文】

8.1.2　开始工作通知

经发包人同意后，工程师应提前 7 天向承包人发出经发包人签认的开始工作通知，工期自开始工作通知中载明的开始工作日期起算。

除专用合同条件另有约定外，因发包人原因造成实际开始现场施工日期迟于计划开始现场施工日期后第 84 天的，承包人有权提出价格调整要求，或者解除合同。发包人应当承担由此增加的费用和（或）延误的工期，并向承包人支付合理利润。

【条文解析】

依据 2020 年版《示范文本》1.1.4.1 规定，开始工作通知：指工程师按第 8.1.2 项［开始工作通知］的约定通知承包人开始工作的函件。按本条约定，发包人或发包人聘用的工程师应当在开始工作前 7 天内向承包人发出书面通知，通知承包人具体开始工作的时间。如因发包人原因造成实际开始现场施工日期迟于计划开始现场施工日期后第 84 天的，承包人有权提出价格调整要求或者解除合同。

上述约定看似逻辑通畅，事实清晰，但在实践过程中开工的具体日期常常产生争议，尤其是在范本条文中又同时掺杂着计划开始工作日期和实际开始工作日期、计划开始现场施工日期和实际开始现场施工日期等时间点概念，就使得简单的开工日期的确定常常存在一些争议，见表 2-12。

2020 年版《示范文本》涉及的工作日期、施工日期　　表 2-12

1.1.4.2　开始工作日期	计划开始工作日期
	实际开始工作日期
1.1.4.3　开始现场施工日期	计划开始现场施工日期
	实际开始现场施工日期

相关司法解释并未对开始工作日“开始现场施工日期”作区分规定。当发包、承包双方就开工日期存在争议时，一般参照《最高人民法院关于审理建设工程施工合同纠纷案件适用法律问题的解释（一）》第八条规定处理。“当事人对建设工程开工日期有争议的，人民法院应当分别按照以下情形予以认定：

（一）开工日期为发包人或者监理人发出的开工通知载明的开工日期；开工通知发出后，尚不具备开工条件的，以开工条件具备的时间为开工日期；因承包人原因导致开工时间推迟的，以开工通知载明的时间为开工日期。（二）承包人经发包人同意已经实际进场施工的，以实际进场施工时间为开工日期。（三）发包人或者监理人未发出开工通知，亦无相关证据证明实际开工日期的，应当综合考虑开工报告、合同、施工许可证、竣工验收报告或者竣工验收备案表等载明的时间，并结合是否具备开工条件的事实，认定开工日期。”

2.5.5.2 《管理办法》施工相关重点条款解析

第二十二条 【工程总承包项目的质量责任】

【办法原文】

建设单位不得迫使工程总承包单位以低于成本的价格竞标，不得明示或暗示工程总承包单位违反工程建设强制性标准、降低建设工程质量，不得明示或暗示工程总承包单位使用不合格的建筑材料、建筑构配件和设备。

工程总承包单位应当对其承包的全部建设工程质量负责，分包单位对其分包工程的质量负责，分包不免除工程总承包单位对全部建设工程所负的质量责任。

工程总承包单位、工程总承包项目经理依法承担质量终身责任。

【条文解析】

本条共3款。第1款分别从工程成本价、工程建设强制性标准以及建筑构配件和设备质量等方面，对建设单位提出了守住质量“底线”的根本要求。第2款则包括了两层意思：一方面，基于工程总承包单位的角度，阐述了工程总承包单位应当对工程质量“负总责”的要求，其须对承包范围内的全部工程质量负责，不因分包单位的存在而免除其质量责任；另一方面，基于分包单位的角度，要求其对自身分包工程的质量负责。正如工程总承包单位不会因为分包单位的存在而免除工程质量责任一样，分包单位自然也不因总包单位的存在而免除其质量责任。第3款则将工程总承包单位与项目经理对承建项目的质量终身责任予以强调和明确。

【理解与适用】

1. 建设单位应当对工程总承包项目的质量负首要责任。

建设单位是项目实施管理总牵头单位，要根据设计、施工方案，组织设计、施工、监理等单位，定期对项目实施情况进行实地检查并及时解决问题，加强质量管理。显然，针对一项建设工程项目的质量保障问题，作为建设单位，负有不可推卸的首要责任。但实践中基于成本、利润等各方面原因，建设单位对于承包单位往往会提出诸多有可能影响工程质量的要求。

2. 工程总承包单位应当对其承包的全部建设工程质量负责，分包单位对其分包工程的质量负有不可推卸的责任，分包不免除工程总承包单位对全部建设工程所负的质量责任。

工程总承包单位是工程总承包项目的总承包单位，与施工总承包模式相比，工程总承包模式下，设计、采购、施工等环节均在工程总承包单位的承包范围内。在此情形之下，工程总承包单位应当对其承包的全部建设工程质量总负责，建设工程项目的分包单位应当对其承包范围内的工程质量负责，乃是该项责任的应有之义，也是现行法律规定十分明确的事项。

3. 工程总承包单位与工程总承包项目经理应就工程质量承担终身责任。工程承包单位应当对其所承包的工程项目承担相应的质量责任，属于其法定职责。除了工程总承包单位以外，工程总承包项目经理个人也应当承担相应的工程质量终身责任。

第二十四条　【工程总承包项目的工期责任】

【办法原文】

建设单位不得设置不合理工期，不得任意压缩合理工期。

工程总承包单位应当依据合同对工期全面负责，对项目总进度和各阶段的进度进行控制管理，确保工程按期竣工。

【条文解析】

本条共两款。第 1 款系对建设单位的要求，针对事件中较为突出的建设单位设置不合理工期以及任意压缩合理工期问题，进行规定。第 2 款系对工程总承包单位的要求，从两方面进行了规范：首先从责任承担上确立了工程总承包单位全面负责的原则；其次对工程总承包单位应当采取什么方式来确保工期目标的顺利实现进行了规范。

【理解与适用】

1. 建设单位不得设置不合理工期，且不得压缩合理工期

合理工期应主要参照建设行政主管部门颁布的工期定额来认定，但需要注意的是，合理工期不完全等同于定额工期。定额工期反映的是社会平均水平，是经选取的各类典型工程经分析整理后综合取得的数据，而特定项目的合理工期还需要结合项目特点、承包范围、施工工艺、管理措施、技术手段等方面来设置或约定合理工期。因此，即便合同约定的工期低于定额工期，亦非必然为不合理工期或任意压缩合理工期。

2. 工程总承包单位对工期全面负责

本款规定旨在确立工程总承包项目中，对工期负责的主体是总承包单位。

(1) 工程总承包单位应当对于工期产生的问题直接负责

工程总承包模式下，除法律规定或合同约定可以顺延工期外，工程总承包单位都必须严格按合同约定的工期组织实施设计、采购、施工等各项工作，采取积极措施保证合同工期的实现。

(2) 工程总承包单位应当全面管理工期

工程总承包单位在承接工程总承包项目时必须意识到自己是工期的真正负责人，对于工程工期的管理属于职责范畴，工程总承包单位对于工期并不仅仅是负责，还要全面地主动积极管理，确保工程按期竣工。

(3) 工程总承包单位不可对建设单位任意压缩合理工期予以盲目服从

工程总承包单位作为有资质、有经验的总承包单位，应充分认识到不合理工期对工程质量、安全可能造成的危害。此时，应积极主动与建设单位沟通，科学论证，不可盲目服从，否则因此发生的质量、安全事故的，工程总承包单位也应承担相应的过错责任。

3. 工程总承包单位应当对项目总进度和各阶段的进度进行管理，通过设计、采购、施工、试运行各阶段的协调、配合与合理交叉，科学制定、实施、控制进度计划，确保工程按期竣工。

专家答疑

困惑 2-27：在工程总承包模式下，主体部分和主体结构应当如何理解？

答疑：首先，法律法规对此的规定不具体也不明确，相关条款有涉及主体结构和主体

部分的内容，但是并未给出相应的定义。由于工程项目以及施工和设计工作本身的复杂性和专业性，很难在有限的法条篇幅内对特别具有技术性的问题作详尽的规定。

但是，对于主体结构的范围，有关建筑工程的国家标准从技术角度作了规定。《建筑工程施工质量验收统一标准》GB 50300—2013 附录 B 中主体结构分为混凝土结构、砌体结构、钢结构、钢管混凝土结构、型钢混凝土结构、铝合金结构、木结构等子分部工程。这是目前国家标准中对于建筑工程主体结构范围较为详细的规定。

对于主体部分的范围，可以把《示范文本》和相关法规结合起来理解。《示范文本》中规定："设计人不得将工程主体结构、关键性工作及专用合同条款中禁止分包的工程设计分包给第三人。"通过这一内容，我们可以理解为设计工作的主体部分不仅有工程主体结构，还包括其他关键性工作。

困惑 2-28：工程总承包模式下，设计或施工的主体部分和主体结构是否可以分包？

答疑：设计或施工的主体结构和主体部分应当由工程总承包单位完成。《建筑法》第二十九条第一款，《民法典》第七百九十一条第三款，《建设工程勘察设计管理条例》第十九条，《建设工程质量管理条例》第四十条、第七十八条等都有关于主体结构的规定。因此，设计或施工的主体结构和主体部分只能由工程总承包单位或直接分包设计、施工业务之一的分包商承揽，不得分包给其他单位。

困惑 2-29："工程总承包单位和工程总承包项目经理在设计、施工活动中有转包、违法分包等违法违规行为或者造成工程质量安全事故的，按照法律法规对设计、施工单位及其项目负责人相同违法违规行为的规定追究责任。"如何解读本条中对工程总承包单位和工程总承包项目经理追究责任的规定？

答：本条款之所以规定总包人及其项目经理需要对设计、施工活动中的违法违规行为承担责任，是因为工程总承包单位需要对承揽项目的设计、采购、施工等阶段全面负责，需要对项目的造价、工期、安全、质量等事项全面负责。因此，即使总承包单位仅自行实施了项目的设计主体部分和施工主体部分，其余部分都依法依约分包出去了，但是如果最终分包出去的设计或者施工工作出现了问题，有违法违规的情况，总承包单位及其项目经理仍然是不能够免责的，需要按照法律法规对设计、施工单位及其项目负责人相同违法违规行为的规定追究责任。

能力考核—守正创新、砥砺前行

当今世界正经历"百年未有之大变局"，机遇和挑战并存，实现中华民族伟大复兴的中国梦，要坚持守正创新，以"吾志所向，一往无前，愈挫愈勇，再接再厉"的不屈精神，不忘初心使命，矢志砥砺前行。

请同学们运用所学知识，开拓思路进行创新，完成以下任务：

1. 拟定 AAA 医院项目矩阵式扁平化的组织架构图

要求：自学矩阵式扁平化组织架构，并结合本教材知识体系，拟定 AAA 医院项目新型的管理组织架构。新型的管理组织架构可以是根据施工管理环节重点关注的因素（如安全、质量、进度、成本等）对传统组织架构的进一步优化，并阐述如此优化的理由。

2. 拟定 AAA 医院项目各阶段的进度计划报告表

要求：参考搜集到的工程总承包项目各种类型的进度计划报告，结合 AAA 医院项目的合同工期，分别拟定项目年报、项目月报、项目周报、项目日报的进度计划报告表。

3. 列出 AAA 医院项目施工管理要点，并提出进一步的优化方案

要求：自行查找资料，学习各类工程总承包项目施工管理的内容，列出 AAA 医院项目的质量、进度、费用的管理要点，针对传统管理要点的控制措施提出进一步优化的想法，并阐述理由。

4. 阐述不同项目接口工作表差异的原因，并拟定 AAA 医院项目施工接口工作表

要求：自学 3 个以上工程总承包项目的接口流程图，找出不同项目接口工作表的差异之处，说明产生差异的原因，拟定 AAA 医院工程施工接口流程图和工作表。

5. 思考 AAA 医院项目施工管理其余的风险内容，以及新技术新工艺会产生哪些新的风险

要求：根据本部分所学内容，思考除本部分讲述的五种施工风险类型之外，你还能了解到什么因素也可能成为施工风险？结合目前新的施工技术和新的施工工艺，谈谈新技术新工艺会产生哪些新的风险。

考核形式

（1）分组讨论：以 4～6 人组成小组，成果以小组为单位提交；
（2）成果要求：分为 5 个模块，手写同时上交汇报 PPT；
（3）汇报形式：每小组派 1～2 名代表上台演讲，时间要求 15～20 分钟；
（4）评委组成：老师参与、小组互评，背靠背打分；
（5）综合评分：以 5 个模块赋不同权重，加权平均计算最终得分；
（6）心得体会：老师指派或小组派代表，谈谈本次作业的心得体会。

小　结

本部分从施工管理的概述与组织结构出发，带领读者逐步了解工程总承包管理中施工管理的相关知识。在学习中要善于分类思考，将完整的施工过程划分为不同的施工阶段，依据不同阶段的管理内容形成不同的能力体系，可以更好地理解所学知识，更快地适应工作岗位。

本部分要求读者了解施工管理的程序，掌握施工管理的内容，厘清施工风险的要点，理解政策文件中施工管理的相关条款，具备施工管理人员的独立上岗能力。在实践中要注意几项要点：（1）明晰总包与施工分包的管理界面；（2）了解现场管理的权限划分；（3）施工提前介入施工图设计；（4）除了关键路径，还应关注关键链；（5）制定业主、监理、地方政府部门的协调机制；（6）做好特殊时期、特定环节的升级管理；（7）将竣工资料、创优报优的要求转化为实施过程的要求和记录。

合格的施工管理人员不仅要具有过硬的专业知识，还要具备：（1）良好的沟通能力，施工管理人员要和业主、监理、检测、设计、采购以及当地居民等各类人员进行交流，良好的沟通是项目高效运行的前提；（2）较强的组织能力，施工管理人员要现场监督、审核上报施工进度和质量文件，组织各级分包商的进场管理等，较强的组织能力是项目的顺利实施的基础；（3）风险控制能力，项目的实施过程千变万化，会有各种不确定性，努力把项目过程中的不确定变为确定，减少项目中的意外事件，通过事前预防替代事后救火，减少不确定造成的消极影响，扩大不确定造成的积极影响，确保项目成功。

希望同学们经过本部分的学习，在今后的学习生活中能够勤思考、多实践、善总结。

模块3 工程总承包管理实务案例

案例3.1 合同管理案例——某国外大型水电站项目

3.1.1 案例项目简介

某国外大型水电站工程总承包项目，经公开招标，由某设计院和施工单位组成的联合体中标，招标完成后承发包双方就工程的总承包合同进行充分的谈判和磋商，基于对承发包双方平等互利、风险合理分摊和有利于项目顺利实施的原则，承发包双方就该项目的工作范围、支付方式、变更和结算等重要条款在合同中做了以下约定。

1. 工作范围

合同中关于项目范围的约定主要有：工程规划范围内的初步设计深化、施工图设计和专项设计等所有设计；项目前期及竣工涉及的所有报建报批手续的协助办理；本工程所有工程材料及设备的采购、保管、安装及调试；本工程所有相关检测、测绘、测量及试验等工作内容；工程施工、验收、移交、竣工结算、竣工图制作、资料归档、备案和保修服务等。

2. 项目目标

（1）工期目标

设计开工日期：2021年2月18日，实际以发包人确认平面图之日开始计算工期。

施工开工日期：2021年5月8日，实际以监理单位签发开工报告之日起算。

工程竣工日期：2022年9月30日。

工期总日历天数：总工期590日历天，合同工期从实际设计开工之日起计算，其中施工工期自开工报告签发之日起算，工期总日历天数与根据前述计划开竣工日期计算的工期天数不一致的，以工期总日历天数为准。

（2）质量目标

工程设计质量标准：符合现行国家规范，达到《建筑工程设计文件编制深度规定》（2017年版）要求。

工程施工质量标准：达到现行国家验收标准的“合格”等级。

3. 合同价款

a. 合同价款：本合同含税价格为人民币（大写）：××××元。其中：设计费含税金额为人民币××××元，税率为6%；建筑安装工程费含税金额为人民币××××元，税率为9%，设备购置费含税金额为人民币××××元，税率为13%；总承包管理费含税金额为人民币××××元，税率为9%；暂列金额含税金额为人民币××××元，税率为9%。

b. 合同模式：本合同为总价合同，除因国家法律法规政策变化引起的合同价格变化，以及合同中其他相关增减金额的约定进行调整外，合同价格不做调整。当施工期的人工、钢材、水泥及预拌混凝土、电缆、铝型材信息价的平均值与合同签订时的价格相比涨跌幅度超过5%时，应对超过5%的部分进行调差。

c. 税率调整：本合同为多税率合同，相关税率按国家有关规定执行；如遇国家增值税税率调整，未结算部分金额按照“不含税净额＋调整后税金”原则进行结算。

4. 支付方式

a. 预付款：发包人应在合同签订后30日历天内，支付建筑安装工程费中标价的10%的预付款。

b. 设计费支付：施工图完成并经图审合格后30日历天内支付至设计费的85%，剩余设计费在建筑工程五方竣工验收后30日历天内一次性付清。

c. 工程费用支付：工程进度款按月申报，由监理、造价咨询单位、发包人核实后按已完成工作量的70%支付工程进度款，建筑工程五方竣工验收合格后付至实际完成工程量合同价。竣工结算经审计后30日历天内，支付至结算总价的97%。剩余3%留作质量保证金，缺陷责任期满后30日历天内结清剩余质量保证金（不计利息）。

d. 设备款：电梯、空调两项设备到货验收合格支付相应设备价款的70%，竣工验收合格，付至设备价款总额的100%。

e. 总承包管理费：在竣工验收后30日历天内支付80%，在结算审计完成后30日历天内无息付清余款。

f. 安全文明施工费支付比例和支付期限的约定：合同签订后30天内，首次支付暂按签约合同价对应建筑安装工程费的1.5%计，剩余额度与同期工程进度款一并支付，累计支付比例为100%。

g. 工程价款支付方式约定：发包人按照本合同及联合体协议约定，将本工程的工程价款先行支付给联合体牵头人，联合体牵头人收到发包人支付的工程价款后，再按照本合同及联合体协议的约定将所属联合体成员工程价款支付至联合体成员。

5. 变更约定

a. 变更范围：因发包人需求调整需在施工图设计阶段变更的，或者实施过程中因发包人原因要求变更的部分按变更考虑，具体以发包人出具或确认的变更单为准。发包人完成图审工作之后，如发包人指示的工程变更（以发包人通过监理工程师发出的规模性、功能性或标准的工程变更联系单为标志，以按本合同审查通过的施工图为参照）或国家规范调整、不可抗力引起的变更按实结算；施工图审之后，因承包方设计的错、缺、漏项等原因产生的变更必须经过发包人同意。因承包方原因产生的变更导致的费用增加不予调整、工期延误不予认可。

b. 变更价款确定：工程变更发生的工程量增减，单价按照施工图预算基准价编制口径进行测算，下浮率按投标下浮率不变，即材料、人工价格按照投标当月的造价管理部门发布的正刊信息价，机械价格按定额机械费计取；材料价格无信息价的，由发包人、承包人、全过程造价咨询单位、监理单位共同进行市场调查询价后确定。以上增减部分取费按投标口径计取。变更价格最终以全过程造价咨询单位审定价的中标折扣率为准。（中标折扣率：中标价/最高限价）

c. 风险范围及幅度的约定：变更部分施工当时的人材机信息价与基准价变更幅度超过±5%时，人材机单价予以调整。

6. 工程结算

a. 结算范围：竣工结算价由合同包干总价及变更费用组成。根据总价包干原则，在竣工结算审核时，仅对变更部分进行审核，对工程总承包合同中的固定总价包干部分（合同价部分，包括设计费，不含暂列金额）不再另行审核。发包单位有权对包干部分是否按合同全部完成进行调查并依调查情况调整合同价格。

b. 结算时间：工程竣工验收达到合格标准后，承包人应在 28 天内向发包人递交竣工结算报告及完整的结算资料，发包人委托的结算审计单位收到承包人提交的竣工结算文件后 2 个月内完成结算审核初稿。

c. 结算审核费用：结算审计单位结算审核时，审查费用由发包人、承包人分别承担，基本费由发包人承担，核减额+核增额超过一定比例后产生的追加费用均由承包人承担，并由承包人向结算审计单位支付，支付依据具体详见发包人与结算审计单位签订的委托服务合同。

7. 工程担保

a. 履约担保：合同协议书签署前，承包人需向发包人提供中标价 3%的履约保证金。履约保证金中，工期履约保证金占 25%，质量履约保证金占 35%，安全文明施工履约保证金占 20%，项目管理班子到位率履约保证金占 20%。履约担保期限自提交之日起至竣工验收合格之日结束，若工程延期承包人应及时办理延期担保。本工程履约保证金可采用现金或银行保函。

b. 质量保证金：本工程缺陷责任保修金为最终定案工程费用的 3%，缺陷责任期满无质量问题无息返还质保金。

c. 工程款支付担保：本工程发包人未提供工程款支付担保，发包人在合同签订后 30 日历天内，支付建安工程费中标价的 10%的预付款，未要求承包人提供预付款担保。

3.1.2　案例经验总结

1. 做好合同评审工作和合同细节拟定

工程总承包项目一般使用的是招标方式来确定承包人。承包方在实际编制投标方案时，需要重点关注招标文件中的工程内容、范围以及拟定合同的相关条件，做好评审和拟定工作，还需要将相关费用反映在投标文件中。上述工作内容都包含在招标范围之内，所以要将上述项目在合同中予以明确，保障合同签订的精细化。

2. 关注合同实施计划和过程控制要点

合同实施计划是关注的重点，合同实施总体安排、施工内容、责任等是合同实施计划中的主要内容。在合同实施期间，需关注的要点较多，要确保合同体系与其他体系及安排保持一致，在施工全过程中，对合同中存在的问题及时进行协商与处理，明确合同订立过程中产生的特殊问题、合同实施责任分配、合同实施的主要风险等内容。

在不同阶段合同关联的侧重点不同，报价签约的预留利润是投标阶段关注的重点；材料设备商是施工过程中需有效管理的环节，对成本进行严格管控；在合同范围之外需要做好签证索赔工作；在最后的结算阶段，需要关注的是工程款何时能收回。在实际合同实施过程中，需要定期或者不定期对合同实施中的偏差进行定量或定性分析，和专业的人员一起来制定纠偏措施。

3. 明确合同条款有利于分包方的管理

工程总承包模式，总承包商处于主导地位，对各供方管理过程中，会通过采购合同、分包等多种途径予以实现。劳务分包、专业分包等是分包的主要内容，在选择分包商和供货商的过程中，要利用竞争性谈判、招标等方式实现。

合同管理中，分包类型不同，最终的标准合同也不同，合同通用条款内容基本类似，差别在于对一些特殊性或者个性问题需制定专用条款。各分包合同之间工程界面的划分需要相互连接，在设备调试期间也要明确责任主体、范围，与供应商之间进行良好沟通，在双方合同中均要体现这些条款。明确好合同条款更有利于对分供方的管理。

4. 控制合同实施中风险管理的要点

风险管理需要贯穿于整个总承包项目，控制好风险才能确保项目的有效开展，降低风险带来的经济损失。在项目实施全过程中，所包含的风险存在着很多争议。例如，在勘察风险中包含有地下管线等物体勘察不仔细等问题，在设计风险中还包含有方案不合理的情况。

采购风险主要包含了汇率的波动、材料价格的波动，所需材料设备市场缺乏等；地质条件的变化，施工人员的素养、技能等会引起施工风险；在价格波动下，施工材料、设备等成本会上升，会加大财务风险；在项目施工结束后，如果验收过程不够规范与合理，也会造成验收风险出现。工程项目在设计过程中，当设计不合理，或者在设计期间所使用的设备、技术与标准不符合要求，都会对项目验收及施工产生极大风险。这些风险都是合同实施过程中面临的问题，因此做好合同风险管理十分必要。

5. 积累项目全过程的合同管理后评价

合同执行期间面临着不同的问题，这些问题都会引起合同风险。在施工项目全过程对合同履行情况进行总结，判断是否对合同执行过程中的问题与风险进行有效处理，并提出下一次风险及问题规避与处理方法。合同履行结束后，合同评价需具体到其中某一条款，对其进行详细评价，确保能为合同有效管理提供保障。通过不同项目来对合同情况进行积累，总结其中的问题和经验，这样可以有效提升合同管理的整体水平以及工程的抗风险能力，保证整个工程的质量。

6. 分解项目预算控制并及时回笼资金

在财务管理中，预算管理是十分重要的一个环节，也是合同中的重要依据性文件。在项目合同中做好项目预算控制并分解好合同，是有效提升资金效率的关键部分。加强收款管理是总承包合同管理中的要点，在收款结算过程中要通过工程进度、合同条款予以处理，并及时回笼资金。分包合同中的财务管理，要严格执行付款管理合同的条款，在施工进度要求下，科学安排付款。

案例 3.2　设计管理案例——某国宾接待中心项目

3.2.1　案例项目简介

项目承建单位：A 集团有限责任公司

项目性质：工程总承包

开竣工日期：2015 年 7 月 6 日开工，2016 年 4 月 30 日竣工

1. 项目概况

某国宾接待中心工程为 G20 峰会项目（图 3-1），项目位于西湖北面，宝石山南侧，北山路以北，香格里拉以东，整个项目三面靠山、一面临湖。项目建设范围主要包括礼宾组团和两个元首组团，项目用地面积为 106068m^2，总建筑面积为 36474.15m^2，其中地上建筑面积 21698.59m^2，地下建筑面积 14775.56m^2，建筑容积率为 0.205，建筑密度为 15%，绿地率为 60%。工程总造价 54263.3598 万元。

主要进度节点：2015 年 9 月 22 日完成全部土石方开挖工作；2015 年 11 月 1 日完成基础及地下室施工；2015 年 12 月 31 日完成主体框架施工；2016 年 4 月 22 日完成全部装饰装修工作。

图 3-1　某国宾接待中心项目

2. 项目难点

(1) 体形大，集团化作业难度高

由于本工程包含数个多功能综合性的建筑，体形大，势必在多个平面区域内同时进行施工，形成集团化作业。施工高峰周期长，劳动力及施工机械、材料需求量大。如何保障高强度不间断的劳动力及材料投入，以及随之而来的材料采购、加工、周转和班组管理、后勤保障工作，皆是确保工程建设顺利实施的重中之重。

(2) 依势成景的江南园林，施工难度大

工程设计理念追求与自然和谐一体，建筑体型和外部景观与宝石山体和西湖无缝衔接，融建筑于山水间，同时结合了青瓦飞檐、湖石小品、石板小径、乔木花卉等具有古典韵味的江南园林元素，对实体效果及整体布局提出了很高要求，施工具有挑战性。

建筑屋面为双曲面斜屋面，造型独特，采用了歇山、悬山、飞檐、翘角等传统元素和现代仿古金属瓦，传达中国古典建筑的韵味，同时体现了传承与创新的设计理念，结构和建筑施工难度大，工艺要求高。

（3）工期紧，任务重，施工压力大

为确保完成G20峰会接待任务，本项目在10个月工期内，需要完成设计、采购、施工等全部任务，在施工前期需要进行原有建筑物拆除和花木移植工作，工期任务非常紧迫。

3.2.2 案例经验总结

1. 发挥设计的龙头作用

工程总承包项目的设计团队急需转变传统设计观念，成为工程总承包队伍的领导者，切实通过设计降低成本，真正实行设计和采购、施工等环节的深度融合。在设计阶段，要做好施工部署和采购规划，目的是提高实施阶段的施工与采购效率，节约建设成本。在施工阶段，把设计与施工协调、设计与采购协调、施工与采购协调等由单位与单位间的外部协调，变成工程总承包单位内部协调，减少专业协调消耗、现场返工索赔、专业交叉损耗等。

2. 设计与施工深度协同

设计与施工协同是工程总承包实施最关键也是最难的内容，将施工经验融入工程设计，避免了实施中的专业碰撞、冲突，提高了工程效益。

某国宾接待中心项目，工程总承包单位在现场设置了设计分部，设计分部、技术部、工程部与安装分部为平行架构设置部门，在项目部集体办公，随时协调、沟通通畅，实现问题不过夜、现场不返工的优良项目管理状态。设计分部作为设计中心派出的工程服务部门，完全服从于总工程师与技术部管理。而工程部、专业分部与设计分部现场直接沟通，可根据工程特点提出可实施施工方案、施工工艺，将施工经验融入设计方案，设计方案更合理、可施工性更强。

3. 设计与采购有机连接

项目部进场后，以设计中心为重心，服务设计工作，集团各专业单位均深入设计，提前对接，了解工艺、材料设备参数与型号，提出优化建议。

在材料、设备选型，施工工艺选择方面充分发挥工程总承包模式的优势，特别是设备安装专业，因不同型号设备对机房、基础要求不同，对建筑结构设计造成了约束，项目部充分发挥了工程总承包模式优势，提前摸排，本着价廉物美、方便施工的原则，选择采购、加工周期短，付款和结算合理的供应商合作，既加快了工期，又节约了成本。装饰设计与样板施工的提前介入，结构施工后期，装饰样板提前介入，通过样板间展示装饰设计效果，优化装饰设计方案，减少了装饰修改、变更量，缩短了工期，节约成本。

4. BIM技术深化限额设计

设计分部根据建筑结构设计，建立BIM模型，优化建筑造型、功能布局与构造，专业间协同与碰撞检查等；而技术部、质量部、安装部、装饰装修分部等根据专业图纸与施工方案等建立BIM深化模型，形成多专业实施模型，通过BIM应用碰撞检查，综合排布管线、优化设计方案。特别是坚持BIM在安装工程深化设计中的应用，是提高安装工程质量、效率的最佳方法。

案例 3.3　采购管理案例——某疫情预备治疗中心装修改造工程

3.3.1　案例项目简介

项目承建单位：B 标准设计研究院

项目性质：工程总承包

开竣工日期：2020 年 2 月 5 日开工，2020 年 2 月 14 日竣工

1. 项目概况

将某“社区卫生服务中心”迅速改造为“疫情预备治疗中心”（图 3-2），以满足收治病人住院的需求。本项目时间紧、任务重、责任大，为按时保质完成任务，医院决定采用设计牵头的工程总承包模式进行实施。

图 3-2　某疫情预备治疗中心装修改造工程

2. 项目难点

（1）设计、施工周期紧张

2020 年 2 月 4 日接到设计任务，设计团队当天连夜进行方案设计，提出两套改造方案，于 2 月 5 日到某市政府进行方案汇报，会上明确改造方案。由于工程总承包具有技术策划响应迅速、省工期、省造价的优势，会议决定采用工程总承包模式，要求 10 日内完成项目的改造施工，整个工程设计、施工周期十分紧张。

（2）医疗流程改造复杂

本工程设计需满足《传染病医院建筑设计规范》GB 50849—2014 的要求。本工程现状功能为市中医院下属社区卫生服务中心，无法满足以上规范要求，需要重新进行医疗分区、医疗流程、动线等设计。

（3）综合限制因素多

本工程装修改造正值疫情严重时期，施工所需的材料、设备采购工作、施工人员组织等受到极大的影响，因此严重影响设计的选材及设备选型等；设计过程中，医院方、市卫健委、防疫中心等部门，均提出各自的建议，设计需满足各方的要求。

（4）成本的控制

本项目在疫情管控期间实施，设备采购、劳务费支出等各方面成本增加较大，与工程施工方充分沟通，满足使用功能、规范前提下，尽量采用施工快、成本低的工艺，如吊顶采用铝扣板、空调机组采用现货的模式。设计团队尽最大的努力从设计源头上给予成本严格控制。

3.3.2 案例经验总结

1. 明确招标采购范围

结合工程总承包项目特点、项目所在地基本情况、发包人基本需求等因素综合确定招标采购范围，考量工程地质勘察、第三方检测、功能性实验检测、项目配套工程施工图审查等专业工程，依托分供方合规名录、公司优秀分供方、云筑网平台、供方资源储备等，做好资源保障。

2. 制定完备采购计划

采购计划是对工程总承包项目所有设备、材料采购活动的整体安排和规划，对整个工程项目起指导作用，也是采购管理工作的一个重要组成部分。

首先，了解工程施工的逻辑关系，在进度计划中明确设备、材料进场顺序，参考工程施工进度，结合设备制造周期，以及土建接口提交的限制条件，合理确定采购文件提交时间和采购计划。其次，重点跟踪、关注关键路径上设备、材料的采购进度，特别是在赶工的过程中，随着项目的推进，关键路径上的设备是会不断发生变化的，需要高度关注。最后，对于预装设备、预埋材料要根据项目进度要求合理安排采购计划，此类工程材料滞后会直接影响到工程进度。

3. 完善优化采购程序

工程总承包项目中经常因设计进度滞后、设计采购文件技术不明确等频繁进行设计变更，从而影响采办工作的顺利进行，导致物资采购不能按时完成，既增加了采办人员与供应商商务谈判的难度，也增加了采办的人工成本。因此，工程总承包项目中的采购管理程序显得更为重要，不仅需要按照组织设计的原则和方法，还要细分采购的每一项工作的目的及各个岗位职责。

4. 优化供应商的选择

工程总承包项目供应商的选取尤为重要，由于总承包商与业主双方立场不同，总承包商对工程所需设备材料要求满足最高性价比，而业主要求的是品牌、质量和功能。一般业主会提供供应商短名单，要求总承包商选择短名单内的厂家，由此保证材料的品牌和质量。而总承包商一般为降低设备材料采购成本，通常会首选质量有保障，供货期能满足要求的供应商。因此，双方在推荐、选择供货商环节上需要交流、沟通、协调，从而保证采办工作的进一步开展。

5. 相互联动按需采购

按需采购是工程总承包项目招标采购的核心要素之一，结合项目设计参数、技术指标，以设计需求为出发点，明确资源需求数量、质量、到场时间等细节点，确保物资从出厂到分发使用全过程跟进保障。招标采购与设计、施工是项目的主线，其信息交流、衔接和协调工作顺畅是项目成功的保证。因此，在项目实施过程中需要加强沟通交流，及时传递更新技术信息。

案例 3.4　施工管理案例——某机场扩建工程

3.4.1　案例项目简介

项目承建单位：北京某城建集团

项目性质：工程总承包

开竣工日期：2004 年 3 月 28 日开工，2007 年 9 月 28 日竣工

1. 项目概况

某机场扩建工程主要由 3 号航站楼主楼（T3A）和国际候机指廊以及停车楼（GTC）等组成（图 3-3）。其中，3 号航站楼主楼是整个扩建工程的核心，地上五层，地下两层，其主要功能：四层为值机大厅，三层为旅客出发候机区，二层为国内旅客到达层和国际国内旅客行李提取大厅。经过公开招标投标，北京某城建集团获 3 号航站楼主楼 58 万 m^2、国际候机指廊 5.1 万 m^2 及捷运通道 3.22 万 m^2 的施工总承包权。

图 3-3　某机场扩建工程

本次扩建目标为：到 2015 年，年旅客吞吐量达到 7600 万人次，年货运吞吐量 180 万 t，年飞机起降 58 万架次。

3 号航站楼主楼工程于 2004 年 3 月 28 日开工奠基，2007 年 9 月 28 日竣工。自开工以来，累计完成混凝土浇筑 150 万 m^3，绑扎钢筋 25 万 t，土方挖运 230 万 m^3，钢结构施工 4 万 t，敷设主干缆线 1300km。

2. 项目难点

（1）工程政治地位显赫，规模体量大

某国际机场新航站区是中国的门户，面对世界的窗口。3 号航站楼被尊为“国门工程”，其政治地位显赫，它的建设必将成为中央及北京市领导关切的重点。同时，作为我国 2008 年举办奥运盛会的重要配套项目，国人关注、世人瞩目，影响广大、意义深远，总承包单位肩负巨大压力。

建筑宏伟，占地面积大，平面超长超宽，结构体量大，规模空前（仅三角区中心点距结构外边缘约 100m）。只有充分发挥集团公司各方面优势，提前做好大型机械配置和模架体系设计，按计划加工制作，及时组织进场，才能确保工程施工的顺利进行。

（2）工程结构复杂，施工技术要求高

建筑造型独特，结构形式新颖，设计理念表现先进、前卫，结构体系复杂，科技含量高。工程中大量使用高性能自防水混凝土、纤维混凝土；地下室外墙及首层楼板采用预应力混凝土技术；地上结构大范围采用国内少见的高等级清水混凝土结构、大体积混凝土、超长结构整体浇筑等。专业技术性强，质量要求高，施工难度大，施工中必须建立技术质量保障组织，配备高素质的且具有同类施工经验的专业技术人员，应用成熟可靠的工程经验和先进可行的工艺措施，有针对性地定制专项方案。

（3）安全、文明、环保要求高

T3A航站楼地处繁忙的首都机场空港区，由于紧邻正常运营的飞机东跑道东侧，施工中不允许出现任何影响飞机飞行安全的行为，不能发生施工扬尘、环境污染、影响交通、超高施工及空中出现漂浮物等现象。因此施工过程中需要建立专职安全防护管理部门，实行专人负责同机场空管方面取得紧密联系，制定专项防护管理措施，保证飞行安全和滑行区内正常运营。

3.4.2 案例经验总结

1. 施工加大检查和监控，做到有安排就有落实

以关键线路为依据，网络计划起止里程碑为控制点，从宏观的施工部署到微观的工序穿插，每一个环节都不容错过。在工程桩施工阶段，从区域划分、生产部署、计划安排、成孔的所顺序、资料归档、钻机布设、道路设置、钢筋笼后台加工等，逐一派人落实。要求各战区负责单位每日对现场150余台钻机认真进行巡视，询问钻机工作情况，检查钻机工作效率，每晚总部将各战区检查结果进行汇总，并提供给领导和相关部门进行分析，对钻机布设不合理的马上进行调整，对成桩率低的钻机要求马上更换或退出工作面，最终不但按期完成了阶段性工期目标，还创造了百日成桩7221颗的北京市桩基施工新纪录。

2. 积极为专业分包单位服务，赢得认可和信任

对每一个施工合同段，指派专人负责与专业分包单位之间的配合，积极深入现场，对现场进度实施动态跟踪，提供施工便利条件（诸如现场照明、现场办公、用水用电、垂直运输、材料设备进出场、材料设备堆放场地、消防安全保卫等）。及时通报整体施工安排，及时协调施工中与其他专业分包单位之间的各种问题，做好各分包单位的工序计划安排及相互之间的工序衔接和交接，为各分包单位创造良好的工作环境和作业条件，从而提高整个工程的施工效率和工程质量水平。

3. 制定合理的施工方案，保障工程的顺利开展

总部在制订好工程总控计划后，总部技术部根据工程总控计划要求，拟定好各阶段设计出图计划和施工方案编制计划。一方面牵头组织设计单位及相关单位召开设计进度协调会，在发放总控计划的同时，对出图计划和各专业图纸配套工作进行讲解及说明，确保各相关单位按期获得施工图纸；另一方面督促各施工单位按期编制有针对性的、具有现场指导意义的施工组织设计、施工方案和技术交底。同时，在主体结构工程、装饰装修工程等施工阶段开始前，在现场合适的位置进行样板和样板间的施工，提前解决设计、工艺及施工配合中存在的问题，并与业主积极沟通，提前做好材料设备选型工作，为全面展开施工做好充分的准备。